三峡水库

水体富营养化驱动机制与生物调控技术研究

马巍 等 著

中国水利水电出版社
www.waterpub.com.cn
·北京·

内 容 提 要

本书针对三峡水库支流库湾水深、流速慢、水环境容量小、分层异重流现象突出和干支流交互作用频繁的特点，以重庆市奉节县梅溪河和忠县黄金河支流库湾为典型代表，识别了三峡水库干支流水环境演变的主要环境影响因素、支流库湾水体富营养化演变的发生条件及其驱动机制，研究了典型支流库湾水体富营养化调控的可能途径，有针对性地研发了以水陆交错带末端拦截、植物营养竞争、基于食物网结构与功能优化的生物调控为核心的水体富营养化防治立体调控技术，研究确定了相关的关键技术参数并通过工程示范得到了验证，制定了适应三峡水库复杂水情条件和水位大幅度波动下满足容量总量控制与水华敏感区富营养化状态削减的水质目标管理方案，可为三峡水库支流库湾水体富营养化防治提供科学的技术支撑。

本书可为流域水资源保护、水体富营养化治理及水生态修复等学科的研究者提供参考，也可为流域水环境综合治理、湖库水环境保护等方面的管理者提供参考与借鉴。

图书在版编目（CIP）数据

三峡水库水体富营养化驱动机制与生物调控技术研究/
马巍等著. -- 北京：中国水利水电出版社，2022.9
ISBN 978-7-5226-0949-2

Ⅰ．①三… Ⅱ．①马… Ⅲ．①三峡水利工程－水体－
富营养化－研究 Ⅳ．①X52

中国版本图书馆CIP数据核字（2022）第157340号

书　　　名	**三峡水库水体富营养化驱动机制与生物调控技术研究** SAN XIA SHUIKU SHUITI FUYINGYANGHUA QUDONG JIZHI YU SHENGWU TIAOKONG JISHU YANJIU
作　　　者	马巍　等著
出版发行	中国水利水电出版社 （北京市海淀区玉渊潭南路 1 号 D 座　　100038） 网址：www.waterpub.com.cn E - mail：sales@mwr.gov.cn 电话：（010）68545888（营销中心）
经　　　售	北京科水图书销售有限公司 电话：（010）68545874、63202643 全国各地新华书店和相关出版物销售网点
排　　　版	中国水利水电出版社微机排版中心
印　　　刷	天津画中画印刷有限公司
规　　　格	184mm×260mm　16 开本　18.25 印张　445 千字
版　　　次	2022 年 9 月第 1 版　2022 年 9 月第 1 次印刷
定　　　价	**165.00 元**

长江三峡工程是当今世界上最大的水利枢纽工程，具有防洪减灾、水力发电、交通运输、风景旅游等多项重要功能。工程建成后形成了水面宽度 60～1000m、库区长度 663km、水面总面积 1084km² 的河道型水库，范围涉及湖北省和重庆市的 26 个县（市、区），穿流 2 个城市、11 个县（区），库区面积 57197km²。三峡水库正常蓄水位 175.00m，洪水期防洪控制水位 145.00m，淹没陆地总面积 632km²、消落带面积 349km²，总库容 393 亿 m³，其中防洪库容 221.5 亿 m³。自 2003 年三峡水库进行试验性蓄水以来，水库运行对保障长江中下游地区的防洪安全、促进长江黄金水道建设、加快推进长江经济带建设和长江流域绿色高质量发展具有十分重要的战略意义。

三峡工程采用"一级开发、一次建成、分期蓄水、连续移民"的建设方案，1993 年开始施工准备，2003 年第一次蓄水至 135.00m，2006 年蓄水至 156.00m，2008 年 10 月实施正常蓄水位 175.00m 的试验性蓄水，2010 年进入常态运行，2015 年 9 月顺利通过竣工验收。三峡工程通过在湖北省宜昌市三斗坪镇江段筑坝壅水，将坝址断面枯水期原本约为 70m、汛期约为 100m 的干流水位分别提升至 173.00～175.00m、145.00～155.00m，建库后枯水期和汛期水位分别抬升约 105m、50m，从而形成了水面面积 1084km²、总库容 393 亿 m³ 的超大深型河道型水库，显著地改变了三峡库区江段的水位、水深、水面面积、河道宽度、水流流速等水文与水动力特性因子，并与库区流域社会经济活动共同驱动着库区干支流水环境过程演变。

三峡水库作为我国深大水库的典型代表，受干支流营养盐输入、支流库湾水体流动性急剧减弱和自然环境条件复杂多样等诸多因素影响，三峡水库建成后各支流库湾水体富营养化问题日益突出。自 2003 年首次蓄水半年后坝前区部分支流库湾就出现了藻类水华现象，随着坝前蓄水位的逐渐攀升，库区回水区域进一步扩大，自下而上有更多的支流库湾面临日益严峻的水体富营养化及藻类水华问题。近年来三峡水库干支流水环境演变过程和水体富营养化演变特征总体表现为：①三峡库区贫营养断面不断减少，中富营养断面逐步增多，水体富营养程度逐步加重；②支流库湾藻类水华现象发生季节逐步由 2008 年以前的春-秋季向夏季集中；③库区出现水华现象的支流数以 2012 年为时间节点呈现先增加后波动式下降的趋势。

长江干流是推动长江经济带高质量发展、打造中国经济新支撑带的黄金水道，更是我国生态文明建设的一张绿色名片。坚持生态优先、绿色发展，把生态环境保护摆上优先位置是推动长江经济带高质量发展的重要前提和基础。近年来，长江经济带生态环境保护工作取得了阶段性进展，三峡水库干流水质优良（Ⅰ～Ⅲ类），但库区部分支流库湾水体富营养化问题较为突出且水华现象频发，严重威胁库区水生态环境安全，支流库湾水体富营养化和水华问题已成为三峡水库目前亟待解决的一项重担。本书针对三峡水库支流库湾水深、流速缓慢、水环境容量小、分层异重流现象突出和干支流交互作用频繁等特点，以重庆市奉节县梅溪河和忠县黄金河支流库湾为典型代表，识别了三峡水库干支流水环境演变过程的主要环境影响因素，研究了支流库湾水体富营养化演变的发生条件及其驱动机制，提出了典型支流库湾水体营养状态指数削减与富营养化水平调控的可能途径，有针对性地研发了以水陆交错带末端拦截、植物营养竞争、基于食物网结构与功能优化的生物调控为核心的水体富营养化防治立体调控技术，研究确定了相关的关键技术参数并通过工程示范得到了验证，制定了适应三峡水库复杂水情条件和水位大幅度波动下满足容量总量控制与水华敏感区富营养化状态削减的水质目标管理方案，可为三峡水库支流库湾水体富营养化防治提供科学的技术支撑。

本书是集体智慧的结晶。作者的科研团队以严谨的科学态度进行了撰写工作，全书由马巍统稿和定稿，水利部张云昌一级巡视员审定，各章撰写分工如下：

前　言：马　巍

第 1 章：马　巍　宋婷婷　孙　磊　陈　杰

第 2 章：马　巍　孙　磊　朱国进　徐仕臣

第 3 章：齐德轩　程　瑶　徐仕臣　孙　磊　洪学智

第 4 章：华玉妹　王超林　王　梓　牛世玉　杨诗杰

第 5 章：魏　虹　吴科君　汪　鹏　代潇潇　金　超

第 6 章：阚延福　池仕运　熊美华　汪鄂洲　蒋汝成

第 7 章：马　巍　齐德轩　关洪涛　王云飞　杨　凡

第 8 章：马　巍　蒋汝成

本书研究工作得到了中国林业科学研究院肖文发研究员，中国林业科学研究院森林生态环境与保护研究所刘常富研究员、曾立雄博士，水利部水利水电规划设计研究总院廖文根正高级工程师、史晓新正高级工程师，水利部信息中心王金星正高级工程师，中国长江三峡集团公司李翀正高级工程师、陈永柏正高级工程师，中国水利水电科学研究院王雨春正高级工程师、黄伟正高级工程师，重庆三峡渔业有限公司贺红川总经理、任旺副总经理，以及重庆三峡生态渔业公司忠县基地莫振华总经理、郑刚副总经理等专家的鼎力支持和帮助，在此表示深深的谢意！

这些年作者一直从事流域和大中型湖库水资源保护、水环境治理与水生态修复等相关的研究工作，本书是国家重点研发计划课题"三峡水库水体富营养化削减及生物调控技术与示范（2017YFC0505305）"研究成果的总结。期望通过总结这些研究成果，促进相关技术在我国流域水资源保护、水环境治理、水体富营养化防治与科学化管理中大力推广应用和普及。由于作者水平有限，书中的缺点和错误在所难免，竭诚欢迎读者批评指正和学术争鸣。相关建议可联系电子邮件 mawei@iwhr.com 作者收。

作者

2022 年 3 月

目录

第 1 章

研 究 概 述

1.1 研究背景

长江三峡工程是当今世界上最大的水利枢纽工程，具有防洪减灾、水力发电、交通运输、风景旅游等多项重要功能。工程建成后，形成了水面宽度 $60 \sim 1000m$、库区长度 $663km$、水面总面积 $1084km^2$ 的河道型水库。三峡水库正常蓄水位 $175.00m$，洪水期防洪控制水位 $145.00m$，淹没陆地总面积 $632km^2$，总库容 393 亿 m^3，其中防洪库容 221.5 亿 m^3。

自 2003 年三峡水库进行试验性蓄水以来，水库运行对保障长江中下游地区的防洪安全、促进长江黄金水道建设、加快推进长江经济带建设和绿色高质量发展具有十分重要的战略意义。三峡水库是我国深大水库的典型代表，受干支流营养盐输入、支流库湾水体流动性急剧减弱和自然环境条件复杂多样等诸多因素影响，三峡水库建成后各支流库湾水体富营养化问题日益突出。早在三峡水库建成蓄水前就有不少学者提出建库后会出现水体富营养化问题，自 2003 年首次蓄水以来，半年后坝前区部分支流库湾就出现了藻类水华现象，在坝前区与支流回水区等水流较平缓区域浮游植物数量增加明显，整体上由水库蓄水前的贫-中营养水平逐步转变为中-富营养状态。随着坝前蓄水位的逐渐攀升，库区回水区域进一步扩大，自下而上有更多的支流库湾面临日益严峻的水体富营养化及藻类水华问题。自 2010 年三峡水库进入常态调度运行后，支流库湾水体富营养化问题日益突出。

随着 2015 年长江经济带建设上升到国家战略、2015 年 4 月国务院颁布实施《水污染防治行动计划》（简称"水十条"）和 2016 年 12 月中共中央办公厅、国务院办公厅印发了《关于全面推行河长制的意见》后，三峡库区流域水污染综合防治工作得到加速，目前库区工业点源污染已得到有效控制，农业农村面源治理也初见成效，支流库湾的营养盐来源及其组成已发生较大变化，同时库区回水消落区（$145.00 \sim 175.00m$）的消落带生态系统演替过程逐步趋于稳定，三峡水库各主要支流库湾的水体富营养化演变趋势得到了局部遏制，出现藻类水华的支流数亦呈现先升高后降低的变化过程，三峡库区藻类水华现象频发问题逐步得到缓解。

针对湖库水体富营养化发生机理、养分管控、生物操控等方面，国内外学者都进行了大量探索研究与实例应用，同时针对三峡水库水体富营养化问题研究，也可大致分三个阶段：即三峡水库蓄水前（2003 年以前）、试验性蓄水运行期（2004—2010 年）和高水位常态运行期（2011 年以后）。大量研究结果均表明：外源控制是消除湖库类水体富营养化、抑制藻类水华问题的关键，以内源性营养物质控制为目标的生态修复措施是恢复湖库水生态系统的重要保障，流域综合管理才能从根本上改善缓流性水体环境质量，进而控制湖库类水体富营养化现象的发生。

三峡水库作为深大水库的典型代表，针对复杂多样的库区环境，支流水环境演变过程十分复杂，库湾水体富营养化演变与水华形成机制仍不十分清晰，如何有效地削减已占污染物入库主导地位的面源径流中的氮磷负荷，逐步降低支流库湾水体富营养化水平，并构建合理的水生生态循环系统是三峡水库水体富营养化控制与水华风险防控的瓶颈问题之一。目前由新西兰人研发的反硝化墙技术已在新西兰、加拿大、澳大利亚和国内汉江流域得以推广，基于生态系统能量流动和食物网结构的生物调控技术在国内外水体富营养化防治开展了较为广泛的探索应用，生态浮床技术作为一种行之有效的原位生态修复技术，已经被越来越多地应用于富营养化水体治理和水景观修复工作中。但是这些技术在深水大库中的应用相对较少，对大型水库流域水体富营养化削减与生物调控技术等方面的应用实践还缺乏理论支持和应用验证。

1.2　国内外研究进展

三峡水利枢纽工程建设驱动库区生态环境发生了快速变化，导致库区水土流失加剧、面源污染严重、消落带生态退化以及支流库湾水体富营养化等问题。为推进库区水生态环境的修复与保护，确保三峡水库和流域水生态环境安全，需深入理解人类活动和环境变化下的库区水环境系统及水体富营养化演变及其防控机制，识别支流库湾水体富营养化削减与藻类水华风险防控的有效途径，构建以面源污染防控为核心的流域生态/环境修复技术。同时在三峡水库支流库湾水体富营养化成因及其驱动机制、水体营养盐原位削减、水生态系统生物调控技术等方面都有了大量的科学认识和研究成果。

1.2.1　三峡水库水体富营养演化机理机制研究进展

水体富营养化是水体中生物对营养盐浓度升高的响应，而水华则是水体富营养化过程最为明显的表征。早在古代，蓝藻水华便已为人所知，目前大量的研究表明它们正在全球范围内迅速增加。20 世纪以来，美国、欧洲、日本等发达国家都陆续出现水域富营养化现象，甚至全世界 30% 以上的湖泊和水库均出现不同程度的富营养化现象。例如，针对北美和欧洲 100 多个湖泊沉积物岩心中蓝藻色素的分析表明，自工业革命以来，蓝藻在近 60% 的湖泊中大幅增长，其丰度远高于其他浮游植物；自 1945 年以来，蓝藻暴发增长的趋势愈发明显，并且将在未来几十年里继续增长。进入 21 世纪，世界水资源委员会报告表明全世界超过半数的水域均已受到不同程度的污染；联合国环境规划署（United Nations Environment Programme，UNEP）的调查结果也表明世界范围内大约有 30%～40% 的湖泊（水库）被污染，水体富营养化现象不断加剧。

我国湖泊（水库）富营养化发展速度相当快。过去四十多年来，伴随着国民经济的高速发展，大量的污染物排入附近的河、湖、沟渠及塘库等，导致我国湖库类水体富营养化程度不断加重，蓝藻水华问题日益突出。富营养化湖泊个数占被调查湖泊的比例由 20 世纪 70 年代末至 80 年代前期的 41% 发展到 80 年代后期的 61%，至 20 世纪 90 年代后期又上升到了 77%。随着近些年来我国加大了对流域水环境问题的治理力度，地表水环境质量状况总体情况有所好转，但大多数湖泊（水库）仍面临着水体富营养化问题，蓝藻水华问题依然不容乐观。

三峡水库自 2003 年开始试验性蓄水以来，支流水华问题频繁出现。近年来，三峡水库蓄水后库区干流水质总体良好，支流水质问题相对较为突出，支流库湾水华暴发频次高，部分支流几乎每年都会暴发水华，涉及范围广，已成为三峡水库最主要的水环境问题。

1.2.1.1 富营养化概念及其危害

富营养化（Eutrophication）是指在湖泊、水库以及海湾等缓流型水体的水生态系统中，藻类通过与其他水生生物的生存竞争，逐渐取得优势并占据其他水生生物的生存空间，同时也使自身种属减少，少数藻类恶性增殖，进而造成水中溶解氧的急剧变化，使鱼类等水生生物因缺氧而死亡，最终导致水体老化和衰亡的一种自然现象。一般认为，缓流水体中的自养型生物（主要是藻类）通过光合作用以太阳光能和无机物合成本身的原生质，这就是富营养化过程：

$$106CO_2 + 16NO_3^- + HPO_4^{2-} + 122H_2O + 18H^+ + 能量 + 微量元素 \longrightarrow$$

$$C_{106}H_{263}O_{110}N_{16}P_1（藻类原生质） + 138O_2$$

富营养化是缓流型水体自然演化的一种现象，但自然界的富营养化过程是非常漫长的，因为生成有机物（藻类）的速度和有机物被水体中微生物呼吸消耗的速度大致相当，所以若没有特殊情况，并非所有水体都会发生富营养化。但是当水体受到污染，大量的污染物进入将急剧加快水体中有机物（藻类）的生成，严重打破自然演替过程中有机物合成与微生物呼吸消耗这一生态平衡，从而导致藻类在水中大量繁殖，迅速积累，并出现严重的水景观问题及突发水污染事件等。水体富营养化问题通常更容易出现在水动力交换条件比较差且受人类活动影响较为剧烈的湖泊、水库、河口、海湾等较封闭的水域，如太湖（图 1.2-1）、滇池（图 1.2-2）、三峡水库支流库湾（图 1.2-3）、渤海湾（图 1.2-4）等。

随着经济社会的快速发展和人类活动的加剧，众多的湖泊、水库以及河流受到了水体富营养化和藻类水华问题的威胁，并严重威胁着人类社会的饮用水安全和水生态系统的健康发展。富营养化问题日益严重，已引起了国际学术界和管理部门的极大重视。譬如在过去的三十年里，水体富营养化已经代替有机污染成为欧洲大型河流的主要污染压力；2000 年欧盟发布的"水框架指令"（Water Framework Directive，WFD）中明确提出控制河流中营养盐和浮游藻类数量。

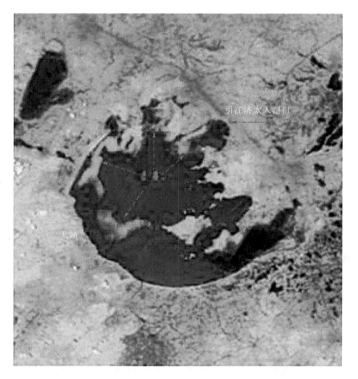

图 1.2-1　2007 年 5 月 6 日太湖蓝藻卫星遥感监测图

图 1.2-2　2017 年 11 月 6 日
滇池海埂公园水景观图

图 1.2-3　2008 年 7 月三峡水库
香溪河库湾水景观图

　　受经济社会的快速发展导致污染物排放量大幅增加、河湖水体水污染程度加重和水资源日益短缺等因素影响，自 20 世纪 80 年代开始我国一些河流在特定季节开始出现富营养化问题，进入 1990 年后湖库类水体富营养化问题日益严重。尽管对于不同的水域，由于区域地理位置、自然环境条件、气候特征、水生态系统结构和水污染特性等存在诸多的差异性，会出现多样的富营养化表现症状，但是富营养化发生所需的最必要的外力条件基本上是一样的。从富营养化发生过程可以看出，无机的氮（N）和磷（P）是藻类生长与繁殖的控制性因素，氮磷比例将决定该水域富营养化演变中营养盐的限制性条件。从国内已发生水体富营养化的湖、库的营养盐结构组成来看，磷的限制性作用更为突出。

图 1.2-4 2011 年 7 月渤海湾溢油赤潮水景观图

水体富营养化不仅影响水体的使用功能，而且会危害人类身体健康，其状况主要是人们通过对水体的一些性状指标和变化特征来识别并作出判断，主要表现为：水体中某种藻类成为水体中的优势种，并在水中大量繁殖，破坏了水生生物多样性与水生态平衡；优势种藻类的大量繁殖会增大水的浊度、降低水体透明度，同时微生物降解、衰老及死亡会消耗水体中更多的氧气，致使水下植物窒息，水体中溶解氧浓度过低导致鱼类和底栖无脊椎动物因缺氧而死亡、水产资源遭到破坏等；水体中溶解氧浓度过低将导致厌氧化学反应并致使水中含氮化合物增加，将损害机体的血红蛋白，使人畜中毒，损害人畜健康；含氮化合物中的亚硝酸盐还可在人体消化系统中引发食道癌和胃癌等疾病；由于藻类大量繁殖，藻类本身也将迅速死亡和腐烂，使水体腐化变质，最终加速湖泊的老化和衰亡；许多藻类能够向水体中分泌、释放有毒有害物质；蓝藻会产生带有异味的气体混合物，干扰湖泊的娱乐功能和水库储蓄饮用水的功能。此外，蓝藻水华还可以产生多种藻毒素，当被鸟类、哺乳动物和人类摄入时会引起肝脏、消化和神经系统的疾病。

1.2.1.2 水体富营养化影响因素识别

作为水生态系统的初级生产者，悬浮于水中且可随水流迁移扩散的藻类，若其大量生长且聚集在水表面会形成肉眼可见的藻类水华，导致河流水体富营养化。通常情况下，若自然河流下游流速较大，学者们认为下游浮游藻类主要来源于上游藻类的富集、附近的回水区或者底栖藻类再悬浮；若自然河流下游流速较小，则经过长距离的积累，浮游藻类也可能在下游达到一定数量并形成肉眼可见的聚集物，而在自然河流的上游区域，由于浮游藻类的初始接种密度小，一般不会形成肉眼可见的水华。一种比较特殊的情况是，当河流上游存在富营养化的湖泊时，因为上游湖泊在河流初始段为其提供了很高浓度的湖泊优势藻属接种液，若该河段水力停留时间（Residence Time，RT）较长则在上游河段即有可能暴发水华。湖泊水体富营养化演变过程中，营养盐、水动力条件、光照和温度、气象条件等非生物因素和浮游动物捕食等生物因素是影响湖泊水体富营养化的主要因素，也是最可能影响河流水体富营养化的因素。

1. 营养盐

营养盐的过量排放是目前被广泛接受的导致水体富营养化的基本原因，Atkinson et al.（1983）认为组成藻类的元素化学计量比接近为 C∶N∶P＝106∶16∶1，指出水中不同营养盐组成对藻类生长会产生影响。浮游藻类通过细胞分裂繁殖进行繁衍，一定数量的细胞分裂为两倍数量所需的时间称为倍增时间（Doubling Time，DT）。Redfield（1958）认为细胞在分裂时按一定的比例吸收碳（C）、氮（N）、磷（P）、硅（Si）等营养元素。随着细胞分裂，水体中的营养盐不断被消耗，当其中某一营养盐的含量低于生长所需的最低浓度时将限制藻类细胞的进一步分裂，该营养元素被称为限制性营养盐。此时，对限制性营养盐需求最低或者利用能力最强的浮游藻类会在与其他藻类竞争营养盐的过程中胜出，从而成为优势藻属，但当营养盐比率发生改变时，其他更适宜的浮游藻类将成为新的优势藻属。所以浮游藻类之间的演替取决于不同的藻类有不同的最适宜生长的营养盐比例。蓝藻、绿藻对磷元素需求较高，对硅元素需求较低，蓝藻适宜低氮环境，绿藻偏好氮磷比较高的环境，硅藻适宜较高的硅磷比和氮磷比环境。目前得到广泛认可的是磷（P）为淡水湖泊的主要限制性元素，P 与表征藻类生物量的叶绿素 a（Chl-a）之间有较显著的正相关关系。而河流中营养盐与 Chl-a 的关系相对较为复杂，限制性元素一直未有定论。Sterner et al.（1996）针对加拿大安大略省东部 31 条河流的研究发现水体中的 P 与 Chl-a 呈正相关关系，然而 Zeng et al.（2006）发现在三峡水库的干流中，Chl-a 与溶解态营养盐之间无显著的相关关系，在库区支流香溪河中甚至出现负相关关系。因此，Hilton et al.（2011）认为营养盐是藻类生长的驱动力，但在重度富营养化的河流、湖泊和水库中，营养盐相对较为丰富，故营养盐不是必需的限制性因素。

自然界中水体的无机磷来自土壤，不能被生物合成，只能通过生物转化得到。而氮则有更丰富的来源，其主要存在于大气中，生物可通过固氮来转化氮，蓝藻中许多种类都具有这种固氮能力，因此，蓝藻能够在水体缺氮时从大气中合成有机氮。水体中的二氧化碳是蓝藻光合作用生产的主要原料，大气中的二氧化碳可通过溶解的气体进入水体，蓝藻具有高度浓缩二氧化碳的机制和能力。因此，对淡水系统而言，磷是藻类生长和蓝藻水华发生的主要限制因子。

2. 水动力条件

水流条件的改变可能对藻类生物量有重要影响，低流速、小扰动有利于部分藻类的繁衍和聚集，湖泊表面受风生湖流或波浪扰动影响，藻类大量生长并易在湖湾或下风向的滞留区出现大量富集；但随着流速增大、紊动强度加剧，这部分藻类的生长繁殖会受到限制。通常情况下，每个藻种都有最适宜生长的水流流速范围，在此范围内有最优生长速率。因不同藻类的临界流速存在差异，所以当水体流速剧烈变化或逐渐增大时，适宜生长的藻类也有所不同。

河流与湖泊最显著的区别在于水动力条件的巨大差异，水力停留时间（Residence Time，RT）是一个表征不同水生态系统之间的水流条件的重要指标，湖泊中 RT 为水体完全混合的时间，河流里面因为污染物横向（垂直水流方向）混合很快，而纵向混合有限，因此河流中 RT 类似于传输时间。当 $RT < 60d$ 时，浮游藻类生物量受限于水流条件，而非营养盐。平均情况下，湖泊 $RT = 50 \sim 100$ 年；河流 RT 远远短于湖泊，为 $2 \sim 6$ 个月。根据 Zeng et al.（2006）提出的河流中营养盐与 Chl-a 不存在明确的线性关系可知，RT 所代表的水流条件可能是冲刷较快河流的主要限制性因素，而该条件对水力停留时间较长的湖泊影响较小。许多学者的研究结果也支持 RT 是河流藻类生物量的主要限制性因素。有关河流浮游藻类研究得到最多的结论是浮游藻类生物量与流量成反比，如果河流在传输过程中没有受到干扰且水流流速较慢，被水流携带的浮游藻类数量一天可增长 $1 \sim 2$ 倍，在河流中下游河段浮游藻类可能发展到相当大的数量，从而暴发藻类水华，如丹江口水库以下的汉江下游段。

水动力条件对于河流中浮游藻类生长的影响是直接作用还是间接作用，一直备受争议。直接作用指不同流速的水流通过物理作用限制或者促进藻类生长，间接作用是通过水流改变营养盐、光照等资源分布，由于不同藻类对于资源的竞争能力不同而导致藻类的生长或死亡。在不同的水动力情况下浮游藻类会依靠自身的特性增加竞争力，并成为优势种群，而且紊动对贫营养条件下的微囊藻生长影响显著，对富营养条件则不明显。Arin et al.（2002）认为富营养条件下，紊动加速离子向藻细胞表面的移动，从而刺激了藻类对营养盐的吸收。陈伟民等（2000）发现当水体扰动增大会导致悬浮物含量明显增加，透明度降低，从而引起水下光强分布等理化因子的改变，阻碍藻类生长。

实际上，水库（特别是河道型水库）是介于湖泊与河流之间的一类特殊水体，其特征一般包括：①流域面积大，流量周期性变化显著；②水体相对较深，垂向层化结构（光分层、温分层）季节变化明显；③水面纵深相对较大，生态系统空间分布特征显著；④受人工调蓄作用影响较大，水动力及生境条件随之影响而变化敏感。水库的富营养化过程更多的是大坝建设导致的生境条件演变，这种演变的核心是水动力背景的改变。因水动力条件改变而导致能量交换、水团混合、水体分层等过程发生变化，进而改变了浮游植物赖以生存的水下光场、营养盐等生境条件，最终以浮游植物群落结构变化、水体富营养化等形式表现出来。

3. 光照和温度

光照和温度会影响水体中植物的光合与呼吸作用。自然水体中，阳光进入水体以后会随着水深而衰弱，若水中还有颗粒物质，光线还会被散射。光在水中的光谱梯度变化是藻类光竞争演替的基础，因为不同藻类除共同含有 Chl-a 外还可能各自含有其他色素，不同色素吸收光谱的范围不一样，所以不同的藻类有不同的适宜光照条件。浮游植物利用自身对环境的适应能力在种群竞争过程中占据优势从而形成水华。河流紊动强度较强，剧烈翻滚的水流会卷带底泥及底栖藻类至水体中，水体透光度差，致使浮游藻类的生长在一定程度上受到限制，因此，光照可能是营养盐充足且 RT 较长的大型河流的主要限制因素。

富营养化水体水华定期发生，并在不同季节优势藻类发生演替。这种时间尺度上的藻类演替，可能是由于营养盐比例等发生了改变，但更重要的可能是温度改变，因为不同藻类适宜生长或者复苏的温度不尽相同，如卷曲鱼腥藻最适合生长及复苏的温度为 $22 \sim 24$℃，而微囊藻则在 15℃时生长速率加快。若河流水体紊动相对较弱，譬如在湖泊与河流的过渡区，夏季水体可能形成温度分层，部分具有伪空胞和上浮功能的蓝藻可利用自身优势上浮到水体表层获取更多的光照进行光合作用，大量生长的蓝藻在湖泊表面形成厚密的聚集物阻挡光线进入下层水体，导致蓝藻可最大程度地利用营养盐、光照等外部资源，且表层蓝藻会增加局部水温，促进水温分层更加稳定，使得具有浮力的蓝藻较于其他藻类更有竞争优势。但若河流水浅且紊动强烈，则水体常为垂向混合，蓝藻的上浮功能不能发挥优势。

4. 气象条件

影响水华发生的气象条件主要包括降雨和刮风等。研究发现，降雨对三峡水库支流-香溪河库湾水华的暴发具有阶段性抑制作用，降雨过程总是伴随着水华的消退。降雨导致上游来流量增加，加快了藻类随水流的迁移速度，增加了水体的混合层深度，也可破坏适宜藻类生长的分层环境，是水华消退的主要原因。降雨结束后，在 2～3d 适宜光照、温度条件下库湾水体水温分层恢复，藻类快速生长繁殖，导致库湾表层叶绿素 a 浓度回升。

5. 浮游动物捕食

大部分生态过程都非简单的叠加过程，生物物种之间的相互作用也不是简单的存在和消失。Gosselain et al.（1998）认为当外界的物理限制条件减弱，如流量降低，交换时间延长，气温升高且可捕的藻类较多时，生物影响（如浮游动物、食藻型鱼类捕食等）可能占据主要地位。当食物链的高级捕捉者数量减少时，被捕捉物种数量可能会大规模的暴发甚至带来灾难性的危害，反之亦然。Hairston 在 1960 年首次指出浮游动物捕食对藻类生物量具有显著影响，后来研究表明浮游动物捕食对藻类群落演替具有重要作用。

6. 各因素综合作用

Sverdrup（1953）在前人研究的基础之上提出了经典的临界层理论（Critical Depth Theory），即在营养盐充足的条件下，藻类初级生产力水平与光合有效辐射呈线性关系，而因呼吸、捕食、沉降、感染决定的初级生产力损耗则沿水深方向为一定值。藻类净生产力为零点的深度称为光补偿深度，光补偿深度以上至水面称为真光层；自表面沿水深往下进行净生产力累加，净生产力累加值反映了水柱中藻类增长潜力，在光补偿深度处达到最

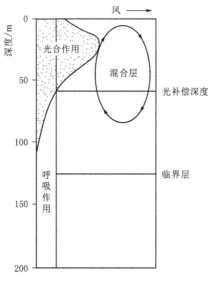

图 1.2-5　光补偿深度与
临界层深度的关系

大，自光补偿深度以下逐渐减小，也存在零值点，该点水深即为临界层深度；临界层深度以下，净生产力累加值小于零。混合层深度是指由于风搅拌等内、外部动力作用下形成的水体温度与密度均较均匀的表层水体深度。因此，混合层、光补偿深度与临界层三者的位置关系（图 1.2-5）在很大程度上决定了水华暴发的情势。陈洋等（2013）在关于藻类暴发性生长的研究中，以临界层理论为指导，探究了混合层深度对藻类生长的作用，通过围网实验发现真光层深度与混合层深度之比大于 1 时，藻类会迅速生长并暴发水华，反之则生长缓慢；真光层深度与混合层深度的比值存在一个临界值，低于临界值浮游植物生长会受光限制而不易暴发水华；在临界层理论的基础上，分析得到藻类净初级生产力与混合层深度存

在负相关关系，即混合层深度越小，藻类净初级生产力越大。

自然环境中，影响因素不会单一改变，各环境因子共同改变协同影响当地的水生态系统。正如上文所提到的，不同藻类都有各自适宜的营养盐比例、温度、光照条件等，当水生态系统更接近某种藻类的最适宜环境时，该种藻类可能大量生长繁衍并占据优势地位，而当水生态环境改变时，优势藻类可能发生演替。几乎没有研究明确阐述河流特别是激流中藻类之间的竞争原理，但是很多野外观测都描述了优势藻属随着外部环境的改变而改变这一现象。

1.2.1.3 近年来三峡库区水体富营养化演变情况

三峡水库蓄水过程依次经历了 135.00m（2003 年）、156.00m（2006 年）、175.00m 试验性蓄水（2008 年）和 175.00m 常态运行（2010 年以后）四个阶段。175.00m 蓄水位的实现标志着三峡水库正式进入常态运行阶段。通常情况下，一般会选取叶绿素 a（Chl - a）、总磷（TP）、总氮（TN）、高锰酸盐指数（COD_{Mn}）、透明度（SD）等 5 个水质指标作为水体富营养化评价因子。三峡库区支流众多，各支流的自然地理环境和水质污染特性都不尽相同，自 2003 年三峡水库试验性蓄水以来，支流水华问题频频出现，水华暴发频次高、涉及范围广，严重影响了库区人民正常的生产生活，已成为三峡水库最主要的水环境问题。根据中国环境监测总站发布的《长江三峡工程生态与环境监测公报》，近年来，三峡水库蓄水后库区干流水质总体良好，支流水质问题相对较为突出，部分支流几乎每年都会暴发水华。

1. 三峡库区水体富营养化演变特征

根据焦军丽等（2018）的研究结果，2011—2015 年期间三峡水库 28 条支流中春、秋两季的富营养化趋势较为严重，普遍为中-富营养等级。所监测的库区支流营养水平从季节上整体表现为春季高于秋季，春季库区支流富营养化断面平均占比为 44.0%，比秋季高 16.1%。2017 年《长江三峡工程生态与环境监测公报》显示，三峡库区 38 条主要支流富营养化程度较为严重，水华现象大多发生在 3—10 月。

陈秀秀等（2016）基于 2014 年 4 月三峡水库库首的 9 条支流（九畹溪、童庄河、香溪河、渣溪河、神农溪、大宁河、朱衣河、磨刀溪、小江）（图 1.2 - 6）的水环境监测数据，对三峡库区支流库湾的水体富营养状况进行了分析与评价，发现：9 条支流中，香溪河的综合营养状态指数由河口向库尾呈递增趋势，其他 8 条支流的综合营养状态指数均由自下游到上游递减，主要是因干流水体倒灌稀释作用有所减缓。本次调查结果大部分支流处于中营养水平，只有香溪河中上游已达到富营养水平，并有由轻度富营养化向中度富营养化转变的趋势。

根据 2009—2019 年《长江三峡工程生态与环境监测公报》公布的调查监测数据，并结合三峡水库各支流库湾水体富营养化研究成果，可以了解近年来三峡库区支流库湾的水环境变化过程及水体富营养化演变特征，归纳起来主要表现为以下三个方面。

（1）支流库湾贫营养断面减少，中-富营养断面逐步增多，水体富营养程度逐步加重。

为监测三峡水库成库后主要支流库湾的富营养化状况，自 2008 年起在受到长江干流回水顶托作用影响的 38 条主要支流以及水文条件与其相似的坝前库湾水域布设了 77 个营养监测断面，其中 42 个断面处于回水区和 35 个断面处于非回水区。采用叶绿素 a、总磷、总氮、高锰酸盐指数和透明度等 5 项指标计算水体综合营养状态指数，评价水体营养状态水平。

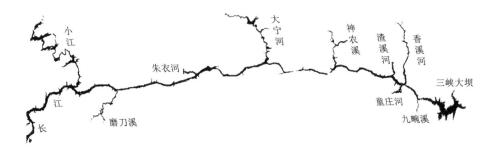

图 1.2-6　三峡库区九条支流分布图

2008—2019 年 38 条主要河流及坝前库湾水域的富营养程度统计见表 1.2-1。

表 1.2-1　　　2008—2019 年 38 条主要河流及坝前库湾水域的富营养程度统计

年份	富营养占比	中营养占比	贫营养占比	年份	富营养占比	中营养占比	贫营养占比
2008	14.6~28.1	69.5~81.7	1.2~7.3	2014	20.8~37.7	57.1~75.3	0.0~6.5
2009	10.9~42.7	57.3~89.1	0.0~4.9	2015	18.2~40.3	57.1~75.3	0.0~6.5
2010	20.8~47.6	52.4~78.0	0.0~4.9	2016	3.9~46.8	53.2~93.5	0.0~6.5
2011	20.8~39.0	58.4~77.9	0.0~5.2	2017	1.3~32.5	62.3~96.1	0.0~9.1
2012	7.8~37.7	58.4~85.7	1.3~10.4	2018	3.6~35.7	63.6~85.6	0.0~7.2
2013	15.6~39.0	58.4~80.5	1.3~6.5	2019	2.3~36.7	62.6~86.2	0.0~7.1

　　根据表 1.2-1，三峡库区支流库湾的富营养状况较为严重，部分年份的某些月份其富营养断面所占的比例最高几乎达到半数，而全年最低的情况也能达到 20% 以上，因此，治理三峡水库支流库湾水华问题刻不容缓。近年来，针对三峡库区部分支流库湾的富营养化治理工作取得了一些成绩，截止到 2019 年，根据公布的数据信息，三峡库区支流富营养化情况已经有所改善，但是形势依旧不太乐观。

　　在历年三峡库区支流库湾进行监测的 42 个回水区断面和 35 个非回水区断面中，其同一年的富营养断面所占比例也不尽相同，具体差异情况见表 1.2-2。回水区的富营养断面占比明显高于非回水区，这说明回水区的水动力条件更容易引起水体富营养化，三峡水库蓄水对支流库湾影响也更加明显。

表 1.2-2　　　　　　　回水区与非回水区富营养断面所占比例情况　　　　　　　　　　%

年　份	回水区富营养断面比例	非回水区富营养断面比例	年　份	回水区富营养断面比例	非回水区富营养断面比例
2008	20.90~37.60	10.30	2013	15.00~50.00	10.80~27.00
2009	12.50~60.42	13.06	2014	20.00~45.00	16.20~29.70
2010	10.40~66.70	26.80	2015	15.00~47.50	18.90~32.40
2011	25.00~52.50	13.50~24.30	2016	2.40~47.60	5.70~45.70
2012	5.00~52.50	10.80~24.30	2017	2.40~47.60	5.70~45.70

（2）三峡库区支流库湾水华发生季节逐步由春秋季向夏季转移。

随着三峡水库运行时间的延长，库区主要支流在水华敏感期各月的富营养断面占比也发生了一些变化。为了科学反映三峡库区支流库湾富营养化演变过程受三峡工程蓄水运行的影响，整理分析了 2008—2017 年期间 38 条河流在水华敏感期（3—10 月）回水区监测断面的富营养化比例的变化情况（表 1.2-3），结果显示：近年来三峡库区水华敏感期（3—10 月）回水区的富营养断面占比在 6 月、7 月有所增加，5 月富营养断面比例基本持平，其他月份富营养断面比例均出现了不同幅度的减少。

表 1.2-3　　2008—2017 年 38 条河流水质富营养断面百分比变化情况（回水区）　　　　%

年　份	3 月	4 月	5 月	6 月	7 月	8 月	9 月	10 月
2008	16	15	26	20	18	28	18	21
2009	16	11	36	43	32	29	34	15
2010	39	31	32	32	39	47	32	21
2011	34	38	46	49	51	40	34	26
2012	8	29	28	38	31	34	30	11
2013	18	20	29	32	40	33	16	22
2014	21	34	32	38	34	28	25	27
2015	17	28	21	40	36	26	35	28
2016	17	26	32	46	41	34	24	29
2017	8	22	26	33	26	28	22	22

三峡库区支流库湾水华发生季节呈现由春、秋季向夏季集中转移的特征。从图 1.2-7 中所示结果可以发现，自 2010 年三峡水库 175.00m 水位运行以后，库区支流水华问题在夏季（6—8 月）更为严重。夏季水温更高，水温分层现象也更加明显，蓝藻和绿藻可以利用自身的特点成为优势种。2011 年各支流水体富营养情况相对于其他年份显得更加严重，三峡库区年平均气温较常年偏高，年平均降水量较常年偏少。气温高、降雨少的环境更有利于浮游藻类生长，所以 2011 年藻华问题相对最为严重。到 2017 年三峡库区支流水华敏感期的富营养情况已经得到了相对不错的改善。

对比分析三峡水库常态运行前（2008 年/2009 年）、运行后（2016 年/2017 年）的数据（图 1.2-8）可以发现：三峡水库常态运行后，库区水体富营养化问题有所加重。水华暴发情况从多季（春、夏、秋）水华暴发，逐渐向夏季集中。2016 年/2017 年水华敏感期间富营养状态断面占比年内变化的整体趋势只有一个峰值，表示随着时间的推移，水华发生的情况在夏季最为严重，春秋两季水华暴发的情况逐步减轻。但是 2008/2009 年的整体趋势则存在三个峰值，表示三峡水库常态运行前，春、夏、秋三季都可能会发生水华现象。

（3）三峡库区出现水华现象的支流数呈现先增加后波动式下降趋势。

根据 2008—2019 年《长江三峡工程生态与环境监测公报》的巡查结果显示，三峡库区 38 条主要支流不同程度上均存在水色异常情况，其中 3—10 月发生频率较高，其余各月未观察到明显水色异常情况。存在水色异常的河流主要包括梅溪河、香溪河、大宁河、

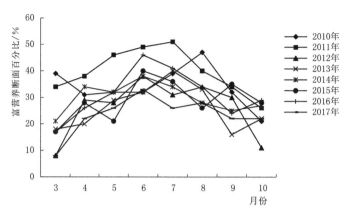

图 1.2-7　2010—2017 年三峡库区水体综合营养状态指数年内变化过程

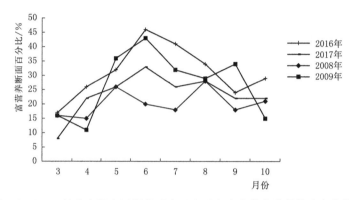

图 1.2-8　三峡水库常态运行前后库区主要支流水体富营养状态变化情况

神女溪等,其中梅溪河几乎年年都会出现水华情况。从年际变化过程来看,三峡库区支流水华问题,呈现先快速增加,至 2012 年接近 60％的监控河流（合计 22 条）出现水华问题,后面随着流域水污染治理工作的有序推进,2013—2017 年期间发生水华的支流数总体呈逐年减少趋势,期间的波动变化主要受长江干流及库区支流水文情势变化影响。2008—2019 年期间三峡库区主要支流出现水华的统计情况及发生水华的支流数量年际变化过程分别见表 1.2-4、图 1.2-9。

表 1.2-4　　　　　2008—2019 年三峡库区主要支流出现水华的情况统计表

富营养化河流	2008 年	2009 年	2010 年	2011 年	2012 年	2013 年	2014 年	2015 年	2016 年	2017 年	2019 年
梅溪河	√	√	√	√	√	√	√	√	√	√	
香溪河	√	√	√	√	√	√	√	√			√
神农溪	√	√		√	√	√		√	√		√
磨刀溪	√	√		√		√	√	√			
瀼渡河	√	√			√				√		
神女溪		√								√	
池溪河			√	√	√	√	√				√
抱龙河			√			√	√		√		

续表

富营养化河流	2008年	2009年	2010年	2011年	2012年	2013年	2014年	2015年	2016年	2017年	2019年
叱溪河				√	√	√		√	√		√
黄金河	√		√	√	√	√		√	√		
童庄河			√	√	√	√					√
草堂河		√		√	√	√		√			
御临河					√	√					
苎溪河	√	√			√	√	√	√		√	√
龙溪河					√						
小江		√	√								√
大宁河	√						√	√		√	
汝溪河	√			√	√	√		√			
龙河		√	√	√		√	√				
东溪河				√	√	√		√	√		
珍溪河				√	√						√
黎香河					√						√
青干河		√				√	√				
渠溪河	√			√							√
澎溪河	√					√		√	√	√	
汤溪河		√	√								
长滩河				√				√			
清溪河							√				
大溪河		√						√			
桃花溪										√	
朱衣河		√									
三溪河		√									
发生水华支流数	11	17	11	15	22	21	12	19	17	7	12

注　"√"表示发生水华。

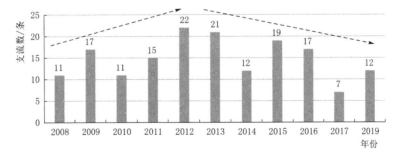

图 1.2-9　2008—2019 年三峡库区发生水华的支流数量年际变化过程

2. 三峡库区典型支流库湾水体富营养化演变特征

黄钰铃（2007）于 2006—2007 年对香溪河库湾水环境现状进行调查及富营养化评价，

认为其整体水质已达到重度富营养化水平，但对于支流库湾时间跨度较长的富营养化变化规律研究较少。裴廷权等（2008）于2008年对三峡库区典型次级河流——小江水域布点采样并进行富营养化模糊综合评价，结果表明：COD_{Mn}对库区的污染贡献最小，Chl-a、SD、TP、TN是影响库区次级河流富营养的主要污染因子。春末夏初在小江水域8个采样断面中，5个断面为中度富营养，3个断面为轻度富营养。桑文璐等（2018）使用改进的综合营养状态指数法与主成分分析法对2008—2015年期间香溪河水体营养化状况进行分析和评价，香溪河支流库湾综合营养指数呈上游＞中游＞下游，库湾上游常年处于富营养水平，为水华暴发敏感区。从营养盐沿程变化特征来看，香溪河库湾TN浓度从库尾至河口呈现逐渐递增的趋势，而TP浓度呈现自上而下逐渐递减过程，各指标区间变幅：透明度为0.6～6.0m，TN浓度为0.21～1.87mg/L，TP浓度为0.04～0.37mg/L，Chl-a浓度为0.53～184.61μg/L，具体分析结果见表1.2-5。从香溪河水体富营养化演变趋势看，水库蓄水过程能够临时降低水库干流水体中的营养盐浓度，但增大了来年支流水体富营养化风险，香溪河支流库湾水体富营养化问题将持续存在。

表1.2-5　2008—2015年香溪河库湾主成分分析法与改进综合营养指数法对比

年　份	采样区域	主成分1	主成分2	综合得分F	排名	综合营养指数法
2008	干流	−2.2681	1.5027	−1.5894	29	中营养
	下游	−1.1612	1.1612	−0.7431	16	富营养（轻度）
	中游	−0.1253	0.1675	−0.0726	11	富营养（中度）
	上游	1.8997	−0.1745	1.5263	5	富营养（中度）
2009	干流	−2.6378	0.1440	−2.137	32	贫营养
	下游	−2.0314	0.0849	−1.6504	27	贫营养
	中游	−1.5489	−1.3534	−1.5130	24	贫营养
	上游	0.0404	−1.8818	−0.3055	13	富营养（轻度）
2010	干流	−2.0006	0.2886	−1.5886	25	中营养
	下游	−1.071	0.1238	−0.8559	18	中营养
	中游	−0.1817	−0.2164	−0.1879	12	富营养（轻度）
	上游	2.4516	0.2530	2.0558	4	富营养（中度）
2011	干流	−1.1992	0.7910	−0.8410	19	中营养
	下游	−0.6897	0.7940	−0.4226	15	富营养（轻度）
	中游	0.1952	−0.6796	0.0377	9	中营养
	上游	3.4266	0.2189	2.8492	2	富营养（中度）
2012	干流	−2.5347	0.8468	−1.9260	31	中营养
	下游	−1.0812	0.6083	−0.7771	17	中营养
	中游	−0.1691	0.6193	−0.0271	10	富营养（中度）
	上游	1.4405	0.0503	1.1902	6	富营养（中度）
2013	干流	−2.1111	−0.0214	−1.7350	30	贫营养
	下游	−1.6043	−0.8884	−1.4754	23	贫营养
	中游	−0.926	−1.3525	−1.0028	20	中营养
	上游	0.6228	−1.9022	0.1683	8	富营养（中度）

续表

年 份	采样区域	主成分1	主成分2	综合得分F	排名	综合营养指数法
2014	干流	−2.2479	1.3800	−1.5949	28	中营养
	下游	−1.2562	0.8706	−0.8734	21	中营养
	中游	1.2096	1.5425	1.2695	7	富营养（中度）
	上游	5.6484	2.3489	5.0545	1	富营养（重度）
2015	干流	−2.0759	0.7938	−1.5593	26	贫营养
	下游	−1.6765	0.7763	−1.2350	22	中营养
	中游	−0.5794	0.1480	−0.4484	14	富营养（中度）
	上游	2.5635	1.3737	2.3493	3	富营养（重度）

3. 三峡水库支流库湾藻类演变特征

邱光胜等（2008）对三峡库区 2008 年支流富营养化状况进行了普查，选取 10 条流域面积大于 $1000 km^2$ 的一级支流：御临河、龙溪河、龙河、小江、汤溪河、磨刀溪、长滩河、梅溪河、大宁河、香溪河，开展水体富营养化相关指标监测，结果表明彼时的库区支流水体年度评价以中营养状态为主，春、夏两季营养水平较高，为水华高发期，水华优势种表现出由河流型硅藻类向湖泊型蓝藻、绿藻类的演变趋势。各支流的水华发生情况在发生时间、发生位置和程度上都存在着差异，在该次调查中发现了几种主要的水华类型：①甲藻型-硅藻型-蓝藻型，以香溪河为代表；②甲藻型-硅藻型-绿藻型，以大宁河为代表；③甲藻型-硅藻型，以小江为代表。由于各种藻类对环境的要求不一样，某一个季节的环境条件对某些藻类比较适宜，而对其他的藻类不适宜。

根据《长江三峡工程生态与环境监测公报》公布的调查监测数据，2004—2017 年三峡支流库湾发生水华的优势种见表 1.2-6。此外还有研究表明，甲藻、硅藻是中营养-富营养水体中的优势种属，蓝藻和绿藻则为富营养水体中的优势种属。从 2003 年开始蓄水（135.00m），2006 年（156.00m）、2008 年试验性蓄水（175.00m）到 2010 年以后的常态性运行（175.00m），表征富营养化水体的蓝藻与绿藻逐渐在三峡库区历年的优势种属中占据一席之地，并逐步发展为甲藻、绿藻、蓝藻等多种类型共存的情况，优势种总体表现出由河流型的硅藻类向湖泊型的蓝、绿藻类演变的趋势，三峡库区支流库湾的富营养化程度逐步加重。

表 1.2-6　　　　2004—2017 年三峡支流库湾发生水华的优势种

年 份	甲藻门	硅藻门	隐藻门	绿藻门	蓝藻门	年 份	甲藻门	硅藻门	隐藻门	绿藻门	蓝藻门
2004	√	√			√	2011	√	√	√		
2005	√					2012		√	√	√	√
2006	√	√	√	√	√	2013	√	√	√		
2007	√	√			√	2014	√	√		√	√
2008	√	√		√	√	2015		√	√	√	
2009	√		√		√	2016		√			√
2010	√	√	√	√	√	2017	√	√	√		

1.2.1.4　三峡库区水体富营养化演变及其驱动机理

根据 2003—2018 年《长江三峡工程生态与环境监测公报》结果显示,三峡库区长江干流共布设 9 个水质监测断面,在嘉陵江和乌江分别布设了两个水质监测断面,而三峡水库蓄水前后干流水体中营养盐浓度变化不大,水质基本维持在 II～III 类,总体水质良好。同时近年来库区的光温条件也没有明显变化,故三峡水库支流水华暴发最大可能是由于大坝建设改变了库区支流的水动力条件,并随着水动力条件改变而导致干支流能量交换、水团混合、水体分层等过程发生变化,进而改变了支流及其库湾浮游植物赖以生存的水下光场、营养盐等生境条件,最终以浮游植物群落结构变化、水体富营养化等形式表现出来。

(1) 水库修建将改变天然河流的连续性,打破原有的生态平衡,并营造出适宜于水体富营养化演进和藻类水华发生的动力场景。

在河流上筑坝将引起自然河流的水文、信息流、生物群落等因子在时间及空间上的不连续性,打破原有的生态平衡。对于浮游植物来说,大坝使水库的生境条件更类似于湖泊,进而导致水体富营养化及藻类水华暴发,水质下降。筑坝建库对河流最直接的影响就是降低河流的水流流速,同时还会对河流的水温时空分布特征以及水下光学特性造成改变。水体流速降低,水库中水力停留时间大幅度增加,如日本的 Asahi 水库以及波兰的 Sulejow 水库均是由于水体滞留时间过长导致水华发生。流速减慢还会促进水体中的泥沙沉降,从而大大提升水体透明度,例如美国的 Aswan 水库;同时流速减缓导致水体中的污染物扩散能力大幅降低,出现拦截营养盐的“过滤效应”,使得库区局部水质变差、藻类更容易聚集并产生水华。水库建设会导致水温时空分层特征发生改变,河流水体的季节性水温差异变小,并发生更加明显的水温分层现象,水体垂向交换性能减弱,混合层变浅,使藻类停留在光照充足的表层水体中大量繁殖,进而发生水华。Glenn et al.(2008)通过对多个水库进行研究,证明了水库修建导致的水体分层能够诱发藻类水华。

(2) 三峡水库支流库湾水体富营养化演变机理。

自 2003 年三峡大坝开始试验性蓄水以来,水环境问题逐渐显现出来,针对三峡库区水体富营养机理相关问题的研究也随之越来越多。国内学者分别从野外跟踪监测到室内外控制试验和数值模拟模型等方面,分别对支流库湾水体营养状态、营养盐来源、控源措施、支流水华特征、水华期特征藻类群落演化特征及其与环境因子的关系、水文水动力变化条件与藻类生长关系等方面进行了大量研究,以阐释三峡水库支流富营养化演变成因及其驱动机制。归纳总结起来,有以下几点认识:

1) 水库蓄水所形成的缓流态是支流库湾水体富营养化演变及藻类水华发生的直接诱因。

国际上根据水库的流速特征,一般将水库划分为河流型水库($v > 0.2 \text{m/s}$)、过渡型水库($v = 0.05 \sim 0.2 \text{m/s}$)、湖泊型水库($v \leqslant 0.05 \text{m/s}$)。自 2003 年三峡水库蓄水后,随着蓄水进程的逐渐推进,库区水位的大幅度抬升极大地增加了库湾河段的水深和河宽,河道过水断面面积增加几十倍至上百倍,从而极大程度地降低了入库支流库湾的水流流速,其中 175.00m 试验性蓄水阶段各支流库湾的平均流速就已低于 0.02m/s,那么三峡水库支流库湾属明显的湖泊型水体。

邱光胜等（2008）在三峡水库运行初期（2005年）调查了三峡水库10条主要支流的水华发生的情况，发现三峡库区支流水体的富营养化是藻类水华发生的根本原因，水库蓄水所形成的缓流态是支流库湾水体富营养化演变的直接诱因，而水温等气候条件则对水华发生时段和表现类型等有一定影响，此外，缺乏抑制藻类生长繁衍的上层消费者也是水华暴发的一个重要影响因素。通过朱晓明（2018）对三峡水库支流水华暴发机理分析研究表明，三峡水库在蓄水前后以及蓄水后干支流之间，其水体营养盐水平、水温及光照等条件并没有本质区别。三峡水库蓄水后之所以在支流库湾一年四季出现不同优势种的藻类水华，且从蓄水初期的河道型藻类水华逐步向湖泊型水华演替，其关键因素极大可能是蓄水后带来的水文水动力条件的变化所致。

2）分层异重流是支流库湾浮游植物群落演替及水华生消的关键因素。

韩新芹等（2006）进一步研究表明：水体流速变缓可能仅是表观现象，支流库湾普遍存在的分层异重流特殊水动力所带来的水体分层模式、营养盐补给模式及水循环模式、库水位变化使水体生境条件发生扰动等才是浮游植物群落演替及水华生消的关键因素。陈洋等（2013）在关于藻类暴发性生长的研究中，以临界层理论为指导，探究了混合层深度对藻类生长的作用，通过围网实验发现真光层深度与混合层深度之比大于1时，藻类会迅速生长并暴发水华，反之则生长缓慢；真光层深度与混合层深度的比值存在一个临界值，低于临界值浮游植物生长会受光限制而不易暴发水华；在临界层理论的基础上，分析得到藻类净初级生产力与混合层深度存在负相关关系，即混合层深度越小藻类净初级生产力越大。纪道斌（2011）研究发现三峡库区的支流库湾均存在倒灌异重流现象，干流倒灌会影响潜入区域的水温结构、水下光学特性，使得库湾水华暴发的区域、强度及优势种存在差异，水温分层导致的水温差和泥沙是导致异重流发生的重要因素，上游来水流量、水位日升幅、干支流表层水温差等水文因素对于异重流的潜入深度、运行距离具有显著影响，分层异重流会影响支流库湾表层流速，水温垂向分层还会影响支流营养盐的变化。刘德富等（2016）通过对三峡水库干支流水流特征研究，提出了"三峡水库蓄水后支流库湾普遍存在分层异重流现象"这一观点，并说明其产生的原因为干支流温度差及泥沙浓度差引起的水体密度差，其中水体温度差是主要因素。在分层异重流的驱动下，支流库湾水体呈现"双混斜"及"半U"形特殊水体分层模式，支流库湾营养盐也主要来自水库干流倒灌；流速变缓只是支流水华暴发的表观原因，分层异重流驱动下的混合层与临界层的关系变化才是决定水华生消的关键。

3）陆域营养盐输入是支流库湾水体富营养化演变的物质基础。

焦军丽等（2018）以8条流域面积在1000km² 以上的一级支流为研究对象，将其在2003—2015年3—4月的同期水质检测结果进行对比分析，发现随着三峡工程蓄水工作的推进，各支流库湾水质逐渐变差，并出现水体富营养状况，而支流库湾水动力条件由河流态改变为湖泊态是其发生水体富营养化的主驱动力因素，陆域营养盐输入是库湾水体富营养化演变的物质基础。2014年4月，陈秀秀等对三峡水库九畹溪、童庄河、香溪河、渣溪河、神农溪、大宁河、朱衣河、磨刀溪、小江等9条支流的水环境监测分析结果发现，香溪河的综合营养指数由河口向库尾呈递增趋势，由此说明导致香溪河水体富营养状态变化的营养盐主要来自香溪河流域本身，而库区干流倒灌的营养盐输入所占比重不占主导地位。

1.2.2 三峡水库营养盐入库末端阻控技术研究进展

2006—2015年三峡库区38条主要支流共82个断面常规水质监测表明,三峡库区水体总氮(TN)指标超标率呈上升趋势(彭福利等,2017)。2013—2015年与2006—2008年相比,回水区和非回水区TN浓度平均值均增加(表1.2-7),回水区TN浓度呈上升趋势的断面比例由2006—2008年期间的23.3%上升至2013—2015年期间的69.8%,非回水区则由17.4%上升至61.8%。人类活动产生的持续性氮素输入是导致三峡水库地表水氮污染的主要原因,通过模型估算三峡库区人类活动净氮输入量从2006年的10715.2kg/(km²·a)增加至2016年的11974.1kg/(km²·a)(丁雪坤等,2020),控制氮污染已成为改善三峡库区水环境质量的重中之重。

表1.2-7 三峡库区2013—2015年与2006—2008年TN浓度变化

断面位置	TN（2013—2015年）			TN（2006—2008年）		
	样本量	中位数/(mg/L)	平均值/(mg/L)	样本量	中位数/(mg/L)	平均值/(mg/L)
所有断面	1848	1.88	2.21	1402	1.29	1.56
回水区	960	1.86	2.13	732	1.33	1.63
非回水区	888	1.91	2.29	670	1.24	1.48

三峡库区水体中硝酸盐氮是总氮的主要组成成分(Huang et al.,2014)。地表水中的硝酸盐外源输入途径包括点源污染和面源污染(Withers et al.,2008),农业面源污染被认为是目前三峡库区最受关注的问题之一(Wang et al.,2016),并成为库区污染物的最主要来源。三峡库区农业面源污染源来自农业生产和农村生活(图1.2-10),主要包括农田种植、畜牧养殖和居民点生活等方面产生的污染(Zhang et al.,2020)。三峡库区水体中的硝酸盐污染主要来源于面源污染,特别是氮肥的施用和土壤中有机氮的溶解(Zhao et al.,2019)。农业面源污染产生的氮通过降雨时产生的地表径流输入到水体中。因此,了解地表径流的氮污染特性进而对氮进行截留,可以有效减少输入三峡库区水体中的氮负荷。

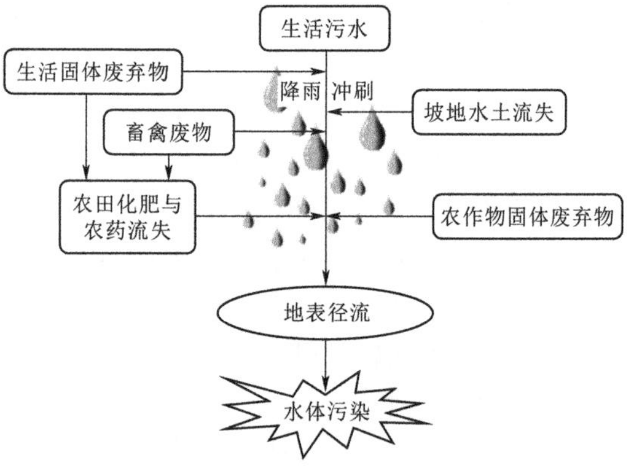

图1.2-10 三峡库区农业面源污染产生示意图

1.2.2.1 地表径流的氮污染特性

1. 来源广泛且复杂

受我国农业生产现状影响,氮肥被广泛使用,而氮肥施用后早期地表径流是氮素流失的主要原因(Cui et al.,2020)。我国农村氮污染来源分散且复杂,涉及的地域范围广阔,不仅有农田径流、生活污水、村镇径流,还有生活垃圾和固体废弃物、畜禽养殖和水产养殖等造成的污染。这就造成了氮污染来源难以追踪,治理难度大。

2. 排放的不确定性和随机性

氮污染排放受多种因素影响，在其排放过程中具有不确定性和随机性。同时居民的施肥行为、用水习惯等行为都受人的主观因素影响而改变，加上大部分氮污染的发生受降雨驱动，因此氮污染排放源、排放时间及空间分布具有不确定性和随机性（Ao et al.，2020）。

3. 较大的空间异质性

氮污染以水为载体，通过扩散、汇流、分流等过程进入水体。而农村地区地域广阔、土地利用方式多样、地形地势复杂，这就造成降雨产生的地表径流汇流受空间地形影响，具有较大的空间异质性。

4. 径流量大且浓度低

不同于点源污染，地表径流产生的面源污染中氮含量浓度相对较低，但来源多而分散，虽然在农村地区其主要来源是生活污水和降雨（Sui et al.，2020），但径流量大，加大了治理难度，传统的点源脱氮工艺并不适合治理径流中氮污染，成本较高，见效慢，因此有效去除地表径流中氮污染是三峡库区当前面临的环境难题之一。

1.2.2.2 三峡库区氮营养盐的末端阻控技术

地表径流中氮污染控制途径主要包括源头控制、过程阻断和末端阻控等方面（He et al.，2016）。针对农村地表径流的氮污染，源头控制可以通过采用新型缓释控肥、按需施肥技术，提高肥料利用率，减少化肥使用；也可通过施用土壤改良剂等增加土壤对氮素的固持，从源头上减少氮素流失。过程阻断可根据农田类型，构建旱坡地生态工程、水田生态系统对面源污染中的氮进行拦截，也可结合生态拦截型沟渠系统的作用对氮进行去除（申丽娟等，2012）。末端阻控是指运用一些物理、生物和工程的方法在岸边带对面源污染物进行拦截阻断和净化，使其在陆地上的停留时间延长，主要通过吸附作用和微生物的反硝化作用削减径流输入水体的氮负荷。水体岸边带可作为水陆界面的关键屏障，在岸边带合理设计截污系统、提高岸边带截污功能是控制面源污染行之有效的手段（申丽娟等，2012；王晓锋等，2016）。目前针对三峡库区水体末端阻控的研究很少，除了利用自然岸边带截污功能和强化的生物拦截带之外（Lovell et al.，2006；Duchemin et al.，2008），末端阻控的实施途径包括人工湿地和基塘工程等技术（申丽娟等，2012）。

人工湿地技术是指在有一定长宽比和坡度的洼地上用土壤和填料混合组成的填料床系统，径流在床体填料表面或床体内部流动，通过在床体表面种植脱氮能力强、生长周期长、美观的水生植物，从而形成一个独特的植物生态系统，达到去除径流中氮污染的目的（乔斌，2016）。人工湿地去除径流中氮素的机理主要是通过土壤、人工基质、植物及微生物的协同作用（Peng et al.，2014）。在三峡库区以多年生草本狗牙根和牛鞭草为优势物种构建的岸边带人工湿地，在 TN 去除能力方面要显著高于未进行生态修复的空白对照牛鞭草和狗牙根人工湿地的 TN 去除率分别为 57.4% 和 42.4%，而对照组 TN 去除率则为负值（−22.4%），三者之间差异显著。狗牙根和牛鞭草对污水中氮的去除能力受到生长期和入流污水氮浓度的显著影响，生长初期和生长末期对氮的去除能力要低于生长旺期（刘曦等，2015）。在三峡库区岸边带，采用适宜物种构建人工湿地进行生态修复，对于减少输入库区水体的氮素具有重要生态效益，是防治三峡库区水体富营养化的有效途径之一。岸边带人工湿地对氮素的吸收截留效果，除了季节影响之外，还与系统的水力停留时间、运行时间、坡度坡向、土壤基质、湿地系统植物的种植密度及组成等因素有关（Babatunde et al.，2008；Hua et al.，2017）。

图1.2-11　三峡库区开州区白夹溪
湿地基塘工程

基塘工程是基于中国传统农业中的基塘模式，如珠江三角洲的桑基鱼塘模式。目前三峡库区实施的基塘工程技术，是在三峡水库岸边带的平缓坡面上（坡度小于15°）构建水塘系统。塘的大小、深浅、形状根据自然地形和湿地生态特点确定。塘内筛选适应于岸边带湿地具有观赏价值、环境净化功能、经济价值的湿地作物，如莲、慈姑、茭白、荸荠、水生美人蕉、菱角等（图1.2-11），构建岸边带基塘系统（袁兴中等，

2011）。在开州区白夹溪开展了岸边带基塘工程的示范探索，取得了较好的经济效益和社会效益（Li et al.，2010，2013）。基塘工程是一种适合三峡水库缓坡岸边带的生态友好型技术，有助于改善岸边带湿地环境，保护和恢复岸边带动植物多样性（熊森等，2010）。基塘工程对地表径流氮削减效果较好，其对 TN、$NO_3^- - N$ 和 $NH_4^+ - N$ 的去除率分别为44%、44%和38%，主要通过沉积、过滤、拦截颗粒态和非溶解性污染物实现对氮污染物的削减。径流初始污染浓度和降雨强度显著影响基塘工程的截污效果。随时间推移，基塘工程的系统稳定性提高。

生物反硝化是指硝酸盐还原为 N_2 的连续反应，其过程涉及特定的还原酶和电子消耗过程。因为溶解氧（DO）会抑制反硝化酶的合成（Di et al.，2019），因此反硝化需要在缺氧条件进行。由于自然植被岸边带对氮的截污过程不能提供充分的缺氧条件，且不能提供足够的水力停留时间，因此地表径流中的硝酸盐难以通过反硝化作用得以脱除。同时，C/N 比对微生物反硝化脱氮有重要影响，尽管人工湿地中存在缺氧区域，可以进行一定的反硝化作用，具有高于自然岸边带的氮拦截功能，但人工湿地技术未能提供反硝化菌所需的长效碳源，存在硝酸盐去除率较低的缺点，其对硝酸盐的去除率仅有45%（Ong et al.，2010）。基塘工程具有较好的景观效果和氮去除能力，但其建设地段具有一定的局限性，只能适合坡度小于15°的岸边带，且其对硝酸盐的去除能力还有待提高。

目前三峡库区水体的氮污染问题日趋严重，如何充分利用库区水体岸边带作为减少外源氮负荷的最后屏障，是非常关键的技术环节。针对三峡库区地表径流的末端阻控技术尚少，而且现有技术对于硝酸盐的去除大多在50%以下，因此，研发去除高硝酸盐能力的末端阻控技术是当前迫切需要解决的问题之一。

1.2.3　三峡水库水体营养盐原位削减技术研究进展

据调查显示，在三峡水库蓄水成库之前，整个库区80%的支流处于贫营养状态。三峡库区自2010年开始实行145.00～175.00m 运行模式后，根据2011年发布的《长江三

峡工程生态与环境监测公报》结果可知，2010 年水体富营养化情况较往年加重，库区 38
条一级支流中，综合营养状态处于富营养化的支流有 24 条。同时，38 条支流均暴发了不
同程度的水华，其中香溪河、汤溪河、梅溪河、小江、龙河、黄金河、东溪河和池溪河等
的水华状况比较严重。而根据《长江三峡工程生态与环境监测公报》，库区各支流水体富
营养化状况更加严峻。三峡库区 38 条主要支流水体处于中营养及富营养状态断面比例达
到了 90.9%，而处于贫营养状态的断面比例仅为 0%～9.1%。另外，从暴发区域看，在
水体滞留时间长、水交换困难的库区支流回水区腹心区域一带，极易发生"水华"。近年
来，生态浮床技术因其具有低成本、无二次污染、能带来额外经济效益得到了广泛的
应用。

1.2.3.1 生态浮床的概念及作用机理

生态浮床（Ecological Floating – Bed），又称人工浮床、生态浮岛等，其主要结构包
括浮床框架、浮床载体和浮床植物三部分。生态浮床主要针对富营养化水质，利用生态工
学原理（图 1.2 - 12），降解水中的 COD、氮
和磷含量。它以水生植物为主体，运用无土
栽培技术原理，以高分子材料等为载体和基
质，应用物种间共生关系，充分利用水体空
间生态位和营养生态位，从而建立高效人工
生态系统，用以削减水体中的污染负荷。它
能使水体透明度大幅度提高，同时水质指标
也得到有效的改善，特别是对藻类有很好的
抑制效果。生态浮床对水质净化最主要的功
效是利用植物根系吸收水中的富营养化物
质，例如磷酸盐、氨氮、有机物等，使得水
体中的营养得到转移，减轻水体由于封闭或
自循环不足带来的水体腥臭、富营养化
现象。

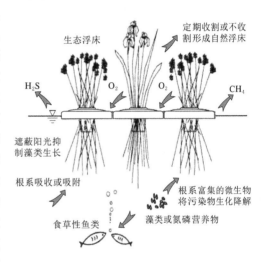

图 1.2 - 12 生态浮床工作原理示意图

1.2.3.2 生态浮床研究进展

人工生态浮床技术起源于 20 世纪初期，最初是由土耳其沿海居民用来种植水生经济
作物。随后人们发现，生态浮床上的植物可以惊人地吸收水中的养分以促进自身生长和繁
殖，而附着在植物根部的生物膜也通过微生物作用增强了污染物的降解。生态浮床不仅能
对小型水域的水体恢复具有良好作用，同时对水库、湖泊等大型水体净化也取得了较好效
果，这使得生态浮床逐渐演变为一种水质净化技术。20 世纪 70 年代起，德国正式建立了
第一个生态浮床系统并将其用于水质净化。此后，英国、美国和日本等一些发达国家相继
使用该技术处理被污染的河流、湖泊、水库等水体，取得了良好的净化效果。1982 年日
本在慈贺县琵琶湖建造了人工浮岛试验区，效果较好，浮床技术逐渐被日本环境及湖泊科
学家广泛认可。20 世纪 80 年代，美国开始利用多种鱼类养殖废水水培生产蔬菜及花卉，
取得较好效果。

针对三峡库区独特的水文节律、生态环境状况以及人多地少的自然环境现状，生态浮

床技术可适用于库区大幅度水位波动的水体环境，水质原位净化效果好，同时具有可定点定制的特点，能营造与藻类生长的竞争性环境、美化周边水景观、创造生物的生息空间，且运行成本低并有一定的经济收益等，适用于三峡库区支流库湾富营养化水体治理。近年来越来越多的研究者在室内模拟试验的基础上，针对三峡库区典型支流库湾进行了一系列的原位试验。

卜发平等（2011）以临江河回水河段为对象，采用人工浮床技术对回水河段的水体富营养化进行防治，并就其机理展开了探讨。结果表明：使用美人蕉浮床、风车草浮床对富营养化的防治效果较好，抑藻效果良好；同时对 COD、TN 及 TP 等主要污染物的平均去除率大于 20％，可削减 50％以上的叶绿素 a。葛铜岗等（2009）以三峡库区临江河回水区污染水体为对象，以库区植物菖蒲为浮床植物，初步研究了浮床栽培菖蒲治理污染水体的适用性，同时比较不同植物载体的净化差异。结果表明：菖蒲能够在污染河水中正常生长，其中泡沫板浮床中栽培的菖蒲较陶粒型浮床栽培的菖蒲生长状况更好；植物浮床对COD、TN、TP 等主要污染物有较强的去除效果。此外，浮床植物定期收割是可行的，植物收割不会对综合净水效果造成破坏性影响，但要注意合理的收割方式，保护新根、新芽，尽可能减少对植物根系的损坏。肖华等（2008）采用人工浮床方式种植菖蒲、风车草、香根草三种植物，通过监测支流的各项水质指标及各种水生植物的生长情况，研究并评估人工浮床技术对富营养化水体的净化效果，结果认为：不同人工浮床植物对 TN 吸收总量的大小排序为混种植物＝菖蒲＞香根草，TP 吸收总量的大小排序为混种植物＞菖蒲＞香根草，混种浮床植物在氮、磷吸收方面效果更好。

上述研究成果表明，围绕三峡库区展开的浮床技术研究已取得初步成果，但是已有的研究也存在一些不足之处，如筛选浮床植物的体积过大，且不产生额外经济价值，后期管理与维护难度高、运行成本大；设计的浮床系统中植物组成多为单一植物，而多种植物共同构建的浮床系统可能具有更好的生态稳定性，其单一植物-浮床系统的实际净化能力值得探讨等问题。

1.2.4　三峡水库水体富营养生物调控技术研究进展

三峡水库蓄水后，水文情势的变化改变了库区鱼类种群结构，同时蓄水后流速降低，水体透明度增大，更有利于藻类生长，水体富营养化问题日渐突出，在光照、温度、营养物等自然条件适宜的情况下更容易暴发水华。富营养化问题的核心是水体中浮游植物的过量生长。水体富营养化防治走过了从控制营养盐、直接除藻，到生物调控、生态工程及生态恢复等艰难历程。

利用生物控制水体富营养化技术是报道较早和较多的内容。国外以生物操纵为代表，侧重于食鱼性鱼类的种群恢复和调控。早在 1975 年，Shapiro et al. 提出了生物操纵理论，可分为经典生物操纵法和非经典生物操纵法。此后，多数研究是关于操纵浮游动物食性鱼类和浮游动物种群以增加对浮游植物的牧食压力（Shapiro et al.，1984；Gophen，1990；Drenner et al.，2002）。早前还有利用软体动物净化养殖废水的研究报道（Shpigel et al.，1993；Jones et al.，2001）。

国内以非经典生物操纵为代表，侧重于滤食性鱼类的种群恢复和调控。刘建康和谢平

（1999）通过围隔试验和东湖大量放养鲢、鳙控制藻类水华的实践，证明了鲢、鳙控制蓝藻水华的有效性，并提出了非经典的生物操纵概念。另外，汪松林等（1986）、史为良等（1989）、董双林（1992）、阮景荣等（1993）、王宇庭等（2001）、王海珍等（2004）、刘其根等（2010）、黄孝锋等（2012）、胡菊香等（2016）都对滤食性鱼类（鲢、鳙）对浮游生物影响开展了大量的研究工作。

1.2.4.1 经典生物操纵法及应用

经典生物操纵法的主要原理是调整鱼类种群结构，促进滤食效率高的植食性大型浮游动物特别是枝角类种群的发展，从而控制浮游植物的过度生长，降低藻类生物量，提高水体透明度，改善水环境质量（邱东茹等，1998）。这种方法就是通过放养凶猛鱼类或者捕杀浮游动物食性鱼类，以此壮大浮游动物种群，借浮游动物对藻类的摄食降低藻类生物量（谢平，2003）。

经典生物操纵法作为一种水质管理的日常办法已经被运用到北美和欧洲的许多湖泊中（Shapiro et al.，1984；Meijer et al.，1999；Mehner et al.，2004）。Reynolds 提出了促使经典生物操纵理论有效的 8 个前提，如水体较小（面积小于 $8hm^2$），水深较浅（最大水深不超过 4m，平均水深不超过 1m），水力停留时间平均 30d 以下等。Benndorf et al.（2002）认为生物操纵在轻度富营养化或中营养型的浅水湖泊中容易成功，但在中-重度富营养的深水湖泊中难以成功，因为通过生物操纵虽有可能导致可利用磷的降低，但只是将营养盐从湖泊中的一个库转移到另外一个库，并没有将过量的营养盐从水体中去除，因此，不足以改变表水层中的磷负荷，从而抑制浮游植物的生长。

经典生物操纵法认为，下行效应随着营养级的传递其作用逐层减弱，适合富营养化程度较轻（总磷浓度 0.05～0.15mg/L）、以小型藻类为主的水域。对于一些富营养化程度高，尤其是以丝状藻类和形成群体的蓝藻水华，其控制效果减弱，原因是浮游动物一般只能滤食直径小于 $40\mu m$ 的浮游植物。刘建康等（1999）认为，在我国大型浅水湖泊中，浮游动物数量一般并不多，浮游动物对浮游植物的摄食压力不大；浮游动物摄食藻类后很快分解、释放养分，后又进入物质循环，因此不能从根本上治理湖泊富营养化。因此，基于生物操纵法和报道的实例可知，世界各地的一些生物操纵以失败告终，而且浮游动物无法有效控制富营养化湖泊中的蓝藻水华。

1.2.4.2 非经典生物操纵法及应用

非经典生物操纵就是利用有特殊摄食特性、消化机制且群落结构稳定的滤食性鱼类来直接控制水华，治理目标正是依靠提高大型滤食性鱼类的密度来控制藻类，这些是经典生物操纵所无能为力的。刘建康和谢平（1999，2003）通过在武汉东湖的一系列围隔实验得出的结果揭示了东湖蓝藻水华消失之谜，并提出了非经典生物操纵理论。非经典生物操纵法主要通过直接放养滤食性鱼类直接摄食藻类，选择滤食性鱼类来控制藻类是由于它们具有特殊的滤食器官，滤食过程中小于腮孔的藻类将随水流漏掉，大于腮孔的藻类将被截住，送到消化道。目前研究最多的滤食性鱼类有鲢鱼、鳙鱼、罗非鱼等。在非经典生物操纵应用实践中，鲢、鳙以生长速度快、易捕捞、存活期长、食谱较宽以及在湖泊中不能自然繁殖而种群容易控制等优点成为最常用和主要研究对象。

许多实验结果表明，当鲢、鳙等滤食性鱼类达到阈值密度时，对蓝藻等大型藻类或群体确有较好的控制作用。刘建康等（2003）在武汉东湖做了 3 次原地围隔实验，发现放养 $46\sim50g/m^3$ 以浮游生物为食的鲢和鳙，能有效地遏制微囊藻水华的暴发。郎宇鹏等（2006）通过野外模拟试验也发现投放密度为 $50g/m^3$ 的鲢鱼，对蓝藻有明显的抑制效果。赵文等（2001）研究结果表明，在各种水体中，一般随着鲢、鳙密度的增加，浮游植物以及浮游动物都呈现出向小型化发展的趋势。

由于不同水域的水文条件、生物环境不同，往往会造成应用效果的较大差异。实践表明，只有根据水域特点采用不同的鲢、鳙放养措施才能取得稳定的操纵效果。在浅水水域中，通常不适宜开展高密度鲢、鳙放养，密度以 $50g/m^3$ 为宜，以放养鲢为主，放养鳙为辅，鲢、鳙比例约为 7：3，结合及时捕捞，能够有效控制富营养化（刘宗斌，1999）。在深水水域中，适当加大鲢、鳙放养密度，增加鳙的放养比例会取得更好的控制效果（刘敏等，2010）。虽然非经典生物操纵理论提出了可用滤食性鱼类来控制蓝藻的可能性，并在一些围隔实验和小型水体中得到了验证，但在较大水域中的实践应用却少有真正成功的案例。

1.2.4.3 基于食物网结构与功能的生物调控研究及应用

无论是经典生物操纵法还是非经典生物操纵法，其本质都是利用生态系统中能量沿食物链流动的基本特征，即有机体间的营养关系，来控制水体中的营养盐浓度，从而实现富营养化减缓和水华防控。然而，生态系统中的营养关系往往体现为由多条食物链交织形成的复杂网络，而生物操纵大多仅针对生态系统中的一两条食物链，未能充分整合考虑生态网络中各个营养功能组的相互作用，因而往往仅能在相对封闭和营养关系较简单的水体中得到有效应用。随着对水华发生机理和生态系统功能的深入研究，基于单一食物链操控的生物操纵已经不能满足生态系统的水生态状况评估、监测，以及制定基于生态系统控制水华策略的需求。近年来，国际上逐渐开始从多层次的复杂网络角度对生态系统中的营养关系开展定量研究。

随着计算机技术的发展，自 1973 年开始形成的生态网络分析方法（Ecological Network Analysis，ENA），使生态系统的模拟与生态过程的量化研究得以实现（李中才等，2011）。生态网络分析是以网络结构为基础，模拟生态系统中物质循环和能量流动，其最基础和核心的内容是生态网络模型的构建。基于生态系统能量流动和食物网结构的生态通道（Christensen et al.，2004；Polovina，1984）模型是目前水生态系统网络分析一种较成熟的手段，实现了多因子直至从整个生态系统的角度去探讨生态系统中的营养关系和能流变化情况，在评价营养关系变动对水生生态系统的影响及如何利用营养关系进行生态系统管理方面发挥了重要作用。

作为新一代水生生态系统分析管理的重要工具，生态通道模型已在全世界不同类型生态系统的研究中得到验证，我国学者也先后将该模型应用到了湖泊（Liu et al.，2007；冯德祥等，2011）、河口海岸（韩瑞等，2016）、人工围隔生态系统（徐姗楠等，2008）、海洋（仝龄等，2000）、养殖水域（徐姗楠等，2010）等不同水域生态系统，深入探讨了各生物类群在生态系统物质循环和能量流动中的功能，进一步完整地认识水域生态系统结构和功能，实现生态系统的河湖生态健康管理与调控。到目前为止，基于生态通道模型的研究分为以下 4 个层面。

（1）研究生态系统营养结构、发展程度和关键种。Lin et al.（2013）基于生态通道模型构建 2000—2001 年间南黄海区域生态系统能流模型，揭示了研究区域食物网平均营养级为 3.24，碎屑食物链贡献了总能流的 39%。该时期生态系统正处于非成熟阶段。张远等（2018）利用生态通道模型对小清河流域生态系统内群落间营养关系进行了模拟，分析得到了小清河流域生态系统关键功能组，利用栖息地适应性指数确定了各关键鱼类生存和繁殖的适宜流速及水位，为流域内跨季节调水提供依据。王凤珍等（2019）以包含 49 个物种的河流生态系统食物网为对象，分析不同类物种影响食物网连接稳健性程度的差异，从而识别了维持生态系统稳健性的关键种。

（2）研究不同时期生态系统能流结构与功能差异。Coll et al.（2008）研究了 1978—2003 年南加泰罗尼亚海大陆架生态系统的退化模式，表现为该生态系统中群落平均营养级、生物多样性指数均呈下降趋势，从各营养级流至碎屑的营养流量增加，由于渔业导致初级生产者的生产量损失增加。陈作志等（2008）通过构建和对比北部湾海洋生态系统 20 世纪 60 年代和 90 年代两个时期的生态通道模型，提出北部湾生态系统中群落结构组成由 k-选择生物主导向 r-选择生物主导变化，生态系统发育产生逆行演替向幼态发展。Li et al.（2009）基于生态通道模型对中国第三大淡水湖泊——太湖 1961—1965 年、1981—1987 年、1991—1995 年时间段内生态系统的群落结构、营养级关系及系统属性变化情况进行了研究，发现在此 30 年间，太湖生态系统大中型捕食者的生物量不断减少，而小型鱼类的生物量增加。不断增加的 P（初级生产力）/B（总生物量）值和捕捞死亡率说明在过去的 30 年间太湖地区渔业压力对生态系统有严重影响，渔业压力导致了渔获对象不断向低营养级物种延伸，太湖的生态系统状态已由 20 世纪 60 年代时多样性丰富的成熟态逐渐演变为 90 年代多样性单一的脆弱态。

（3）研究环境因素变化对生态系统能流结构的影响。Watters et al.（2003）在研究该气象变化是如何影响生态系统中上层营养级的生物种类变化时，对远洋生态系统构建了生态通道模型，比较两种不同环境条件影响浮游植物的生物量和消费者的生产量。研究表明，通过渔业对生态系统下行效应影响与环境影响比较而言，环境作用更为显著。Ying et al.（2010）对 2009 年白洋淀人工补水前后的系统特征进行生态通道模型分析，结果表明：补水后系统的初级生产力增加，P（初级生产力）/R（呼吸消耗量）增加，系统杂食系数、Finn's 循环指数、Finn's 平均路径长度降低，补水后系统退化加剧，对外界干扰更加敏感。许思思等（2011）基于生态通道模型，研究了渤海区 1959 年、1982 年、1992 年和 1998 年 4 个时期不同捕捞强度下能流网络的变化，提出应降低捕捞强度，防止渔业资源衰退和生态系统崩溃。

（4）评估水质保护和水华防治策略的效果。刘其根等（2010）通过构建 1999 年和 2000 年千岛湖生态系统的生态通道模型，发现实施保水渔业使千岛湖食物网结构更趋合理，底层碎屑食性鱼类如鲴类等增加，有利于营养物的再循环和再利用。黄孝锋等（2012）基于生态通道模型对江苏省五里湖生态系统实施净水渔业前后生态系统结构和功能变化进行了建模分析，通过增殖放养滤食性生物，五里湖生态系统的发育程度逐渐增加；放养滤食性生物提升高营养级功能组的营养级，鲤、鲫和野杂鱼的营养级略有升高，说明了顶级消费者取食低营养级的量减少。胡菊香等（2016）对汤浦水库的水生态系统结构调控措施及其实施效果展开评价，验证了基于食物网结构的水华生物调控措施效果。

1.2.4.4　三峡库区水域食物网结构与功能调查研究进展

三峡水库蓄水显著改变了库区及其支流水生生态系统的环境，库区已经形成了深水湖泊类型生态系统。水库环境的改变如何影响库区物种组成，群落结构乃至生态系统结构和功能一直是关注的热点问题。一方面，大坝阻隔、生境破碎化和水文、水质条件的改变使该区域原有的物种区系组成发生变化（高欣，2007），影响到原有河流生态系统的结构与功能；另一方面，新的物种和群落组成将会适应新的生态环境，形成区别于河流和湖泊的水库生态系统，产生新系统结构和功能的演替。随着计算机科学和数学模型研究的发展，对水生态系统动力学和生物资源变动机制的基础研究不断加强。目前，对三峡库区部分水域的食物网结构与功能已开展了一些研究，如李斌（2012）采用资源调查和稳定性同位素相结合的方法对 2010 年小江回水区鱼类群落组成、鱼类食性转变、区域生态环境、鱼类食物网模型及主要经济鱼类能量来源进行了详细分析。邓华堂（2015）利用同位素分析和肠含物分析技术研究了 2011—2014 年期间大宁河食物网的基础碳来源及食物网内部鱼类物种间的营养关系格局，通过构建 Ecopath 模型描述了大宁河食物网的特征和能量流动过程。史方等（2016）利用稳定同位素对三峡水库支流小江流域采集到的 39 种鱼样本进行了营养层次分析。陈薛伟杰（2018）采用稳定同位素分析方法，并结合 Ecopath 模型，对三峡库区干流万州江段和支流小江高阳江段 2016 年春夏季和秋冬季的水生态系统食物网结构与功能进行了研究，发现 2016 年三峡库区干流万州江段和支流小江高阳江段生态系统的食物网结构较为简单，营养物质的再循环比例低，能量利用效率不高，生态系统仍处于不成熟的发展阶段。然而，现有的研究仅涉及研究水域生态系统营养结构和能流特征，还停留在理论和趋势研究层面，尚未见基于食物网的水质保护和水华防治的相关应用研究。

我国大小水库超过 86000 座，面积超过 $1km^2$ 的湖泊超过 2300 个，在人类活动的压力下，大多数湖泊和水库都面临着严重的环境和生态问题。为探讨水生态系统恶化的成因，解决水质保护和水华防治问题，有关科研单位对不同湖泊、水库生态系统的水动力、水环境、生态和生物资源等开展了相关研究，但以往的研究大多只针对生态系统中一种或几种环境和生物因子，未能充分整合有关水生态系统完备的基础数据和资料。对水生态系统结构和功能的的了解，是开展水域可持续利用和实施环境保护及管理措施的生态学基础。水质保护和藻类水华防治的管理和决策过程在考虑环境因子对浮游植物生物量影响的基础上，也应加强对水生态系统结构和功能的深入了解，并进行量化和综合分析。基于食物网结构与功能的生物调控研究与应用，以水生态系统中的能量流动和物质平衡为理论基础，融合生态学的相关基础理论知识，开展相关研究不仅能为水域生态系统提供分析和管理工具（黄孝锋等，2011），还能量化水生态系统的评价及发展预测，为三峡水库水质保护和藻类水华防治提供新的理论方法和应用技术，进一步为三峡库区水生态系统的健康发展提供保障，具有广阔的应用前景。

1.3　研究目标与主要研究内容

三峡水库是我国深大型水库的典型代表，针对三峡水库支流库湾水深、流速缓慢、干支流交互作用频繁和库湾水环境容量小的特点，基于三峡水库大幅度、周期性水文节律波动变化特征，以典型支流库湾为代表，识别三峡水库支流库湾水体富营养化的主要环境影响因素，研究水陆交错带生态系统动态演变条件下三峡水库典型支流库湾水体富营养化发生条件，揭示工程调度、干支流相互作用、水陆交错带生态系统演替-支流库湾营养盐循环等对三峡水库典型支流库湾水体富营养化的驱动机制，研发以反硝化墙、植物营养竞争、生物调控等为核心的水体富营养化削减与生物调控关键技术，并通过技术应用示范工程确定相关的技术参数，进而构建极具推广价值的水体营养盐削减和生物调控的富营养化防治技术，以便为三峡水库支流库湾水体富营养化防治和库区经济社会绿色高质量发展提供科学的技术支撑。

围绕研究目标需求，三峡水库水体富营养化驱动机制与生物调控技术研究的主要内容包括以下几点。

1. 三峡水库典型支流库湾水体富营养化演化机制

以三峡水库水体富营养化问题突出和易出现水华问题的典型支流库湾为研究对象，采用实地实验、定位观测及数值模拟等多技术手段，识别三峡水库调度运行条件下典型支流库湾水文节律变化特征、水体富营养化状态及其与环境因素的响应关系，分析工程调度运行、干支流相互作用、支流库湾水陆交替变化、水体营养盐削减及生物调控等对支流库湾水体富营养化的影响，揭示水陆交错带生态系统演替→支流库湾外源营养物质输入削减→水体富营养化演变等对典型支流库湾水体富营养化演变的驱动机制，提出三峡水库典型支流库湾水体富营养化的调控途径。

2. 三峡水库典型支流库湾水体营养盐削减技术及应用示范

以植物营养竞争和反硝化墙等营养盐削减与阻控技术，结合典型支流库湾水体富营养化特征和环境条件，分析营养盐削减与阻控技术在典型支流库湾的应用条件，并基于三峡水库典型支流面源径流中的氮污染现状，选择重污染的面源径流地带，在河/库岸带构建反硝化墙，比较不同碳源和墙体尺寸等参数对脱氮效果的影响；研究反硝化作用效果对温度、污染负荷等条件的响应，并通过调控工艺参数优化反硝化墙的脱氮效果，提出反硝化墙的最优技术参数组合，并开展应用示范。

根据三峡水库典型支流库湾水体氮、磷等营养元素变化规律，通过室内模拟研究与库区原位研究结合的方法，探究典型水生植物对氮、磷营养竞争的机理及调控方法，筛选出具有较好脱氮除磷效率的水生植物物种（3～5种）。在传统浮床同类研究的基础上，根据水生植物的不同生长特性开发设计新型网式浮床，研发三峡水库典型支流库湾水体营养盐削减与阻控技术，并开展应用示范。

3. 三峡水库典型支流库湾鱼类营养结构研究及生物调控技术应用与示范

开展库区典型支流库湾食物网结构和功能研究，采用稳定同位素技术获取典型水域的食物网主要功能组碳氮稳定同位素含量及主要功能组饵料贡献率，分析典型水域的食物网各营养级结构，开展生态位重叠分析和混合营养影响分析，辨识典型水域食物网中冗余或缺失的环节；设计不同种类和比例的植物和鱼类组成的组合试验，开展各项水质及鱼类指标的检测，形成基于生物群落结构的三峡库区水体富营养化调控技术，并开展应用示范。

4. 三峡水库典型支流库湾水质目标管理方案

基于三峡水库典型支流库湾水体富营养化驱动影响研究，结合植物营养竞争、生物调控等对典型支流库湾水体富营养化控制效果，构建三峡水库水体营养盐削减与生物调控的富营养化综合防治技术，提出实现三峡水库典型支流库湾水质目标管理方案。

1.4 技术路线与研究方法

本研究立足于三峡水库典型支流库湾水体富营养化削减的技术需求，选择三峡水库水体富营养化问题突出和易发生水华问题的支流库湾为重点研究对象，采用实地试验、原位观测、机理模拟相结合的多技术手段，获取典型支流库湾水体富营养化发生与发展的第一手资料，并利用数值模拟技术对水体富营养化发生机制、调控途径和调控技术开展机理研究，研发形成植物营养竞争、生物调控等为核心的水体富营养化削减与综合防治技术，提出实现三峡水库典型支流库湾水质目标管理方案。具体技术路线见图 1.4－1。

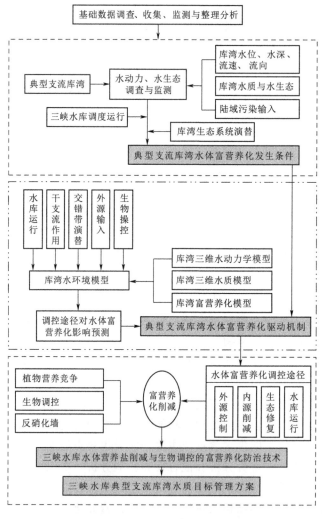

图 1.4－1 总体技术路线图

第 2 章

三峡水库典型支流库湾识别与筛选

2.1 三峡库区概况

2.1.1 三峡工程简况

长江三峡工程（图 2.1-1）是当今世界上最大水利枢纽工程，具有防洪、发电、航运、水资源利用等巨大的综合效益。三峡工程坝址地处长江干流西陵峡江段、湖北省宜昌市三斗坪镇，控制流域面积约 100 万 km²。枢纽工程由拦河大坝、电站建筑物、通航建筑物、茅坪溪防护工程等组成。挡泄水建筑物按千年一遇洪水设计，洪峰流量 98800m³/s；按万年一遇加大 10% 洪水校核，洪峰流量 124300m³/s。主要建筑物地震设计烈度为Ⅶ度。拦河大坝为混凝土重力坝，坝轴线全长 2309.5m，坝顶高程 185.00m，最大坝高 181m。水库正常蓄水位 175.00m、相应库容 393 亿 m³。汛期防洪限制水位 145.00m，防洪库容 221.5 亿 m³。三峡工程采用"一级开发、一次建成、分期蓄水、连续移民"的建设方案，于 1993 年开始施工准备，2003 年第一次蓄水至 135.00m，2006 年蓄水至 156.00m，进入初期运行期，2008 年 10 月实施正常蓄水位 175.00m 试验性蓄水，2010 年进入常态运行，2015 年 9 月三峡工程顺利通过竣工验收。

三峡水库是三峡工程建成后蓄水形成的河道型水库，145.00m 常年回水区末端位于长寿附近，库区回水长度 524km；正常蓄水位 175.00m 时三峡水库回水末端位于江津花红堡，距大坝前缘 663km，变动回水区长度约为 140km。三峡水库水面总面积 1084km²，水面宽度 60～1000m，淹没陆地面积 632km²，正常蓄水位 175.00m，洪水期保持水位 145.00m。三峡库区东起湖北省宜昌市三斗坪镇，西至重庆市江津区，范围涉及湖北省和重庆市的 26 个县（市、区），穿流 2 个城市、11 个县（区）、1711 个村庄，其中有 150 多处国家级文物古迹，库区受淹没影响人口共计 84.62 万人，搬迁安置的人口 113 万人。

2.1.2 三峡库区自然环境特征

三峡库区位于 N29°16′～31°25′、E106°50′～110°50′，北依大巴山脉，南靠武陵山脉，东起湖北省宜昌市，西至重庆市江津区，含宜昌、兴山、秭归、巴东、巫山、巫溪、奉节、云阳、开州、万州、忠县、石柱、丰都、武隆、涪陵、长寿、渝北、巴南、重庆主城七区、江津等 26 个县（市、区），面积 57197km^2。

图 2.1-1　长江三峡工程示意图

1. 地质地貌

三峡库区地质构造较为复杂，距今 18 亿年前的元古宙到距今百万年前的新生界之间的各个地质时代的地层均有分布，且发育完整，出露齐全。北部地层主要出露震旦系下古生代石灰岩，南部地层主要由震旦系、二叠系与三叠系板页岩、石灰岩组成。侵入岩（主要包括花岗岩等）则集中分布于东部的黄陵庙背斜及神农架一带。同时受第四纪冰川活动影响，在恩施、黔江及神农架等地区出现有一些冰川遗迹和古冰川作用形成的地貌。由于该地区地质构造复杂，岩石断裂发育，加之山高坡陡，地形崎岖及植被较少，暴雨较多，崩山、滑坡、泥石流等地质灾害的发生比较频繁，是我国地质灾害的高发区之一。

三峡库区的地貌特征呈现出三大特点：

（1）地貌类型复杂多样，地势差异显著。地表高差悬殊，最高处神农顶海拔高达 3105.4m，最低处枝江市的杨林湖海拔仅 35m，地势差异非常显著。地形态势上，大致以长江为界，东部地区北高南低，西部地区南高北低。境内峡谷众多，著名的长江大三峡（瞿塘峡、巫峡、西陵峡）、长江小三峡（猫儿峡、铜锣峡、明月峡）以及大宁河小三峡、嘉陵江小三峡、清江三峡等均位于本地区。

（2）山脉平行延伸，岭谷相间分布。三峡地区境内山脉纵横，主要山脉有东北-西南走向的华蓥山、铜锣山、明月山、南华山、黄草山、方斗山、齐跃山、巫山等山脉，西北-东南走向的大巴山脉以及弧状的观面山等山脉。这些山脉大多彼此平行展布，平行山脉之间多河谷延伸，岭谷相间分布的特征比较明显。

（3）喀斯特地貌发育明显。三峡地区多石灰岩地层出露，加之气候温暖多雨，喀斯特地貌发育比较完善。残丘、石芽、石林、溶洞、伏流、盲谷、溶蚀洼地及漏斗多有分布。比如三峡中的神女峰、牛肝马肺峡、灯影峡、阳"龙缸"岩溶大竖井、芙蓉洞、腾龙洞、金狮洞等是喀斯特地貌奇观。

2. 气候特征

三峡库区地处中纬度、属亚热带季风气候，具有冬暖春早、夏热旱伏，秋雨多、湿度大、云雾多等特点；三峡库区多年平均气温 17.9℃（年际变化区间为 16～20℃），库区风速总体变化不大；多年平均降水量 1114.9mm（年际变化区间为 900～1800mm），空间分布较均匀；年蒸发量 800～1500mm，局部差异较大但四季分布均匀；多年平均风速 1.3m/s（年际变化区间为 1.1～1.7m/s），年均风速在 2008—2017 年呈现出波动式上升的趋势；年均相对湿度 70%～78%（多年平均值为 76%）；《长江三峡工程生态与环境监测公报》记载：2002—2013 年期间年内雾日数均小于常年，同时雾日数呈明显的局地性特征。2008—2019 年三峡库区各项气候指标统计结果见表 2.1-1。

表 2.1-1 　　　　　　　　2008—2019 年三峡库区各项气候指标统计结果

年　份	年平均气温 /℃	年平均降水量 /mm	年平均蒸发量 /mm	年平均风速 /(m/s)	年平均相对湿度 /%
2008	17.9	1129.4	1220.8	1.1	76
2009	18.3	1055.0	1213.2	1.1	76
2010	18.0	977.3	1146.4	1.2	76
2011	18.0	1070.0	1309.4	1.2	71
2012	17.6	944.6	1135.6	1.1	74
2013	18.9	1025.1	1389.8	1.3	72
2014	17.8	1213.3	878.2	1.4	77
2015	18.4	1176.4	897.3	1.6	77
2016	18.4	1208.7	1081.3	1.6	76
2017	18.1	1386.3	1006.2	1.6	77
2018	17.9	1075.8		1.6	76
2019	18.2	946.7	1051.9	1.6	75

土地类型多样，丘陵、山地面积大，平地面积小，土地结构复杂、垂直差异明显。因特定的地理条件，地震、崩塌、滑坡、泥石流等灾害也时有发生，水土流失严重，该区水土流失面积超过 1.4 万 km²。

3. 动植物资源及水生鱼类变化特征

根据 2012—2017 年期间森林调查结果（表 2.1-2）表明，三峡库区林地与国家特别规定的灌木林地面积逐年增加，至 2017 年森林总面积已达 28637km²，全区森林覆盖率接近 50%；活立木蓄积量也逐年增加，至 2017 年已达到 1.70 亿 m³。森林覆盖率的增加有效地减少了水土流失，同时库区森林具有较高的生物多样性，乔木层物种多样性呈现出先减少后增加的趋势，不同类型森林乔木层物种多样性变化略有差异，整体上森林乔木层生物量增加了 12.8%。竹林乔木层生物量明显下降，有退化趋势；库区 75% 灌丛样地的群系类型发生改变，总体处于向森林演替阶段。89.47% 的草丛样地的群系类型发生改变，有向灌丛正向演替的趋势。

表2.1-2　　　　　　　　　2012—2017年库区森林资源统计表

年　份	林地面积/km²	国家特别灌木林面积/km²	森林总面积/km²	森林覆盖率/%	活立木总蓄积/万 m³
2012	25557	1297	26854	46.57	13620.67
2013	25961	1293	27254	47.26	14065.22
2014	26261	1232	27493	47.74	14433.85
2015	25730	1987	27717	48.06	14990.41
2016	26271	2030	28301	49.10	15827.40
2017	26386	2251	28637	49.66	17157.63

据2017年调查统计结果，三峡库区植物群落分属5个植被型组、7个植被型、34个群系组、110个群系类型，其中森林群系类型61个，灌丛群系类型25个，草丛群系类型24个。三峡库区共有野生高等植物299科1674属4797种，约占全国植物总数的14.9%，其中苔藓植物463种，蕨类植物371种，种子植物3963种。陆生鸟类从生态类型来看，以适宜性较强的林冠杂食鸟类为主。湖泊的水鸟密度显著高于河流。

据2017年调查统计结果，在长江上游的宜宾、合江、木洞，赤水河赤水市江段，中游的宜昌江段，共调查到鱼类116种。其中，长江上游特有鱼类25种，同时发现三峡水库蓄水后长江上游特有鱼类资源量变化明显，但宜宾、合江、库尾木洞江段以及支流赤水河仍有一定规模的特有鱼类种群。

4. 土地利用变化特征

1990—2015年间，耕地和林地是三峡库区生态屏障区的主导地类，二者合计占土地总面积的90%以上。其中，林地面积持续增加，从1990年的756.77km²增加到2015年的2917.36km²；而耕地面积持续减少，由1990年的4634.53km²减少到2015年的2893.36km²。屏障区内林地面积增加而耕地面积减少，这主要可能与库区蓄水淹没耕地以及2000年以来的退耕还林政策有关。1990—2015年间，生态屏障区内建设用地面积增长5倍多，主要集中在重庆主城区和库腹的万州区、开县和库首的夷陵区。三峡库区生态屏障区土地利用变化见图2.1-2。

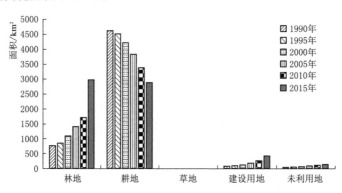

图2.1-2　1990—2015年生态屏障区土地利用变化

5. 河流水系特征

三峡库区江河纵横，属长江水系。长江从青藏高原一路向东汇入东海，习惯上将宜昌以上分为上游，宜昌至湖口分为中游，湖口以下为下游。三峡库区东起湖北宜昌，西至重庆江津，属长江上游。上游降水虽少，但流域面积较大，支流多系源远流长，集水量大，因此长江上游有充裕水资源，径流量约占长江径流总量的46.4%。长江流至重庆库区内时，有嘉陵江从北面汇入，流量大增，可供大型轮船通行，继续东流至涪陵，有乌江从南汇入，流量进一步增加，重庆库区还有酉水、大宁河、任河等流量较大河流汇入。在湖北库区有清江、神农溪、忠建河、马水河、香溪河、黄柏河、沮漳河等流量较大的河流汇入，此外三峡库区还有梅溪河、黄金河、龙溪河、小江等几十条河流，分支众多。

三峡库区水系河道主要以1级和2级为主，分别占总数的77%和17%，其余3个级别水系河道共占总数的6%（表2.1-3）。各级水系长度占水系总长度比例由大到小分别是1级河道51%、2级河道26%、3级河道13%、4级河道4%和5级河道6%。1～4级河道在流域防洪中，主要起调蓄作用；5级河道（即主干道）主要发挥区域行洪排涝作用（曹华盛等，2016）。

表2.1-3　　　　　　　　三峡库区水系河道数量和长度特征

水系级别	河道数量/条				河道长度/km				
	总数	库首	库中	库尾	总长度	比例/%	库首	库中	库尾
1级	1100	637	316	147	6973	51	4463	1611	899
2级	247	141	69	37	3564	26	2227	827	510
3级	61	37	17	7	1792	13	1179	370	243
4级	12	8	3	1	586	4	425	99	62
5级	1		1		883	6		883	
全河网	1421	823	405	192	13798	100	8294	2907	1714

2.1.3　三峡库区社会经济状况

三峡库区经济生产总值每年增长较快，2019年三峡库区生产总值10101.67亿元，较2018年同比增长6.21%，是2010年3426.82亿元的2.95倍，与前几年相比，新常态下经济增速虽有所回落，但波动幅度逐步减小。2016年三峡库区户籍总人口1689.09万，较上年有所减少，但从2010—2016年人口年际变化过程看总体仍呈现增加趋势。库区产业非农化和人口向城镇集聚进程进一步加快，城市功能和辐射能力持续增强，城镇化率逐步提高，2019年三峡库区城镇化率为60.66%，比2018年提高了1.27%；城镇化率由2010年的27.50%提升到2019年的60.66%。各项指标均表明，三峡库区经济发展良好，人民生活水平逐渐提高。2010—2019年期间三峡库区人口、库区生产总值和城镇化率统计结果详见表2.1-4。

表 2.1 - 4　　　2010—2019 年三峡库区人口、库区生产总值和城镇化率统计表

年　份	库区人口 /万人	库区生产总值 /亿元	城镇化率 /%	年　份	库区人口 /万人	库区生产总值 /亿元	城镇化率 /%
2010	1674.90	3426.82	27.50	2015	1706.67	6992.06	54.67
2011	1672.77	4444.66	31.40	2016	1689.09	7761.47	56.52
2012	1677.65	5111.05	32.30	2018		9511.03	59.90
2013	1683.27	5708.26	32.90	2019		10101.67	60.66
2014	1689.61	6320.59	53.15				

近些年来，三峡库区经济社会发展十分迅速，首先库区公路里程数和公路货运量分别在 2014 年就已达到 89149km，2015 年就已完成公路货运量 28110 万 t，为库区社会经济建设提供了强大的助力。其次在公共教育方面上，从 2014—2016 年库区中小学学生数量和专任中小学教师人数几乎保持不变、学校数量逐年在减小也可以看出城镇化率的逐步提高，教育资源逐步向城镇方向倾斜。2018—2019 年在校中小学生数、专任中小学教师数较前些年减小。最后卫生技术人员也是逐年递增，表明当地政府加强了基层卫生队伍建设，人民生活水平逐步提高，三峡库区卫生、教育情况见表 2.1 - 5。

表 2.1 - 5　　　　　2014—2019 三峡库区卫生、教育情况一览表

年　份	卫生技术人员 /万人	中小学学校数量 /所	在校中小学生数 /万人	专任中小学教师数 /万人
2014	0.31	3210	178.29	11.34
2015	6.76	2871	176.51	11.48
2016	7.37	1976	175.38	11.58
2018	8.36		150.70	10.00
2019	8.91		143.60	10.01

2.2　三峡库区水文情势变化特征

三峡工程通过在宜昌市三斗坪镇建设大坝，将原本枯水运行期水位约为 70.00m、汛期水位约为 100.00m 的长江三峡江段通过筑坝壅水将水位提升到枯水运行期 173.00～175.00m、汛期 145.00～155.00m，坝址断面枯水运行期间水位抬升约 105m，汛期水位抬升约 50m，从而形成了水面面积 1084km²、水面宽度 60～1000m、淹没陆地面积 632km²、总库容 393 亿 m³（其中防洪库容 221.5 亿 m³）的超大深型河道型水库，极大地改变了三峡坝址至回水末端库区江段的水位、水深、水面面积、河道宽度、水流流速等水文与水动力特性因子，建库前后三峡库区的水文情势发生了根本性的改变。

2.2.1 三峡水库调度运行方式

按照三峡水库建成后调度运行方案，每年 6 月中旬至 9 月底为汛期，水库一般维持在 145.00m 的防洪限制水位运行，如遇大洪水，则按防洪调度方案蓄洪；10 月水库开始蓄水，水位逐步上升至 175.00m；11 月至次年 4 月水库维持在此水位下运行；5 月底水库水位应不低于 155.00m；6 月 10 日水库水位应降至 145.00m，设计的三峡水库调度运行方案见图 2.2-1。

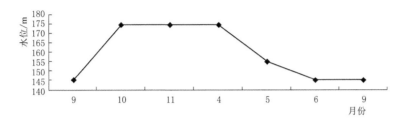

图 2.2-1 三峡水库设计调度运行方案

根据近年来长江三峡工程的生态与环境监测相关公报，并结合三峡水库多年调度运行数据，可以将三峡水库年度调度运行过程划分为汛前消落期、汛期、汛后蓄水期和枯水运行期，图 2.2-2 为 2018 年三峡水库坝前水位年内变化过程。

（1）从 1 月上旬至 6 月上旬为汛前消落期，在这一阶段内，水库水位从 173.07m 逐渐下降至 151.94m。

（2）从 6 月中旬至 9 月上旬为汛期，在这一阶段内水库水位在 145.00～153.70m 波动。在进入到 7 月主汛期后，由于汛期来水流量较大和长江中下游防洪调度需求，水库在 7 月中下旬的水位因拦蓄上游洪水而有所提升（如 2018 年 157.00m）。随着主汛期的过去，三峡水库水位会在 8 月稍微回落。

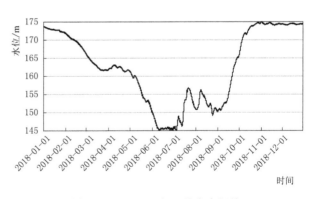

图 2.2-2 2018 年三峡水库坝前
水位年内变化过程线图

（3）从 9 月中旬至 10 月下旬为汛后蓄水期。在这一阶段内，水库水位从 160.00m 上升到 173.93m，最高蓄水位不超过 175.00m。

（4）从 11 月上旬至 12 月下旬为枯水运行期。在这一阶段内，水库水位维持在 173.60～175.00m 之间波动。

2.2.2 三峡库区干流沿程水位变化特征

三峡水库建成运行后，库区干流沿程水位发生了显著变化，总体表现为：自坝址至回水末端，枯水期水位抬升了 0～105m，汛期水位抬升了 0～55m，同时也大幅度减小了库区自上而下沿程的水力坡度和水位落差，从而影响三峡库区自坝址至库尾沿程江段的水位特性与水动力条件。

1. 三峡水库建库运行大幅度抬升了库区江段的水位

基于 1980—2019 年三峡水库库尾寸滩站长系列径流资料（图 2.2-3），筛选三峡水库建库前后（2003—2010 年试验性蓄水阶段除外）具有代表性的典型水文代表年型（水文频率基本相当），分析三峡水库建库前后各特征水文年库区各站点的年内水位变化过程，可真实反映水库建设对干流江段水位变化的影响。结合资料情况和空间分布特点，选择以特丰水年型为代表（1998 年，水文频率 $P=2.6\%$；2018 年，水文频率 $P=5.1\%$），以寸滩、清溪场、万县和奉节站为例对比建库前后各站点的年内水位变化过程，其结果见图 2.2-4。

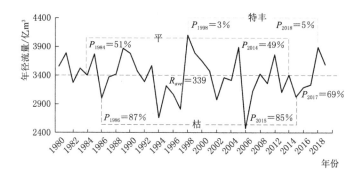

图 2.2-3　1980—2019 年三峡库区干流上游来流年际变化过程

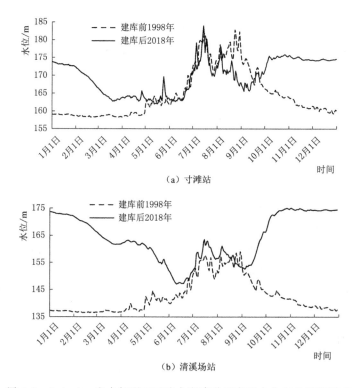

（a）寸滩站

（b）清溪场站

图 2.2-4（一）　丰水年型下三峡水库建设对库区水位变化过程影响

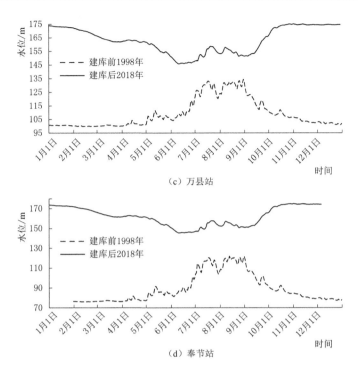

（c）万县站

（d）奉节站

图 2.2-4（二） 丰水年型下三峡水库建设对库区水位变化过程影响

从图 2.2-4 所示结果可知，三峡水库对库区长江干流沿程水位抬升呈现自上而下逐步增加趋势，其中寸滩站非汛期水位抬升约 15m，汛期水位基本不受水库运行影响；清溪场站非汛期库水位抬升约 37m，汛期水位抬升约 5m；万县站非汛期库水位抬升约 70m，汛期水位抬升约 30m；奉节站非汛期库水位抬升约 100m，汛期水位抬升约 45m。平、枯水年条件下各站点非汛期库水位抬升幅度保持一致，而汛期水位抬升幅度略有增加。

2. 建库运行后大幅度削减了库区江段的水位差

三峡水库建设运行前，如 1998 年（水文频率 $P=2.6\%$）三峡库区各代表性站点（寸滩、清溪场、万县、奉节）年内的水位变化过程见图 2.2-5。在天然状态下三峡库区江段水位落差较大，非汛期间寸滩至奉节江段水位落差约为 85m，汛期水位落差有所缩小，约为 70m。三峡水库建成运行后如 2018 年（水文频率 $P=5.1\%$）三峡库区各代表性站点

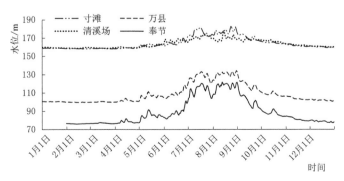

图 2.2-5 三峡水库运行前（1998 年）库区各站点水位年内变化过程

（寸滩、清溪场、万县、奉节）年内的水位变化过程见图 2.2-6。对比图 2.2-5 和图 2.2-6 可知，运行后非汛期间三峡库区干流几乎无水位差，寸滩站、万县站、奉节站水位基本相同，汛期水位落差也大幅度缩小到 20m 左右，同时万县—奉节—坝址江段基本无水位差。

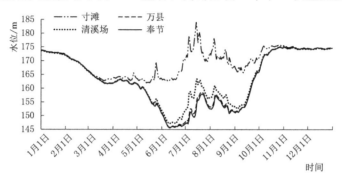

图 2.2-6 三峡水库运行后（2018 年）库区各站点水位年内变化过程

3. 水文情势变化对库区干流水位变化影响

基于 1980—2019 年三峡水库库尾寸滩站长系列径流资料，筛选三峡水库建库前后（2003—2010 年试验性蓄水阶段除外）具有代表性的典型水文年（水文频率基本相当），其中丰水年：建库前 1998 年（水文频率 $P=2.6\%$）、建库后 2018 年（水文频率 $P=5.1\%$）；平水年：建库前 1984 年（水文频率 $P=51.3\%$）、建库后 2014 年（水文频率 $P=48.7\%$）；枯水年：建库前 1986 年（水文频率 $P=87.2\%$）、建库后 2015 年（水文频率 $P=84.6\%$）。分析库区干流来水条件变化下三峡水库水位变化特点，其结果分别见图 2.2-7 和图 2.2-8。

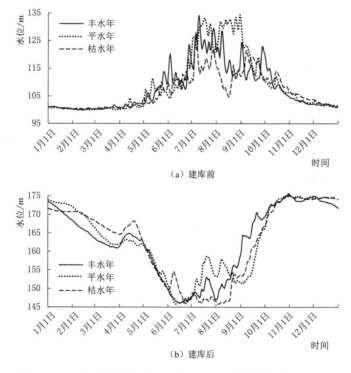

（a）建库前

（b）建库后

图 2.2-7 典型水文年型下三峡库区万县站水位年内变化过程

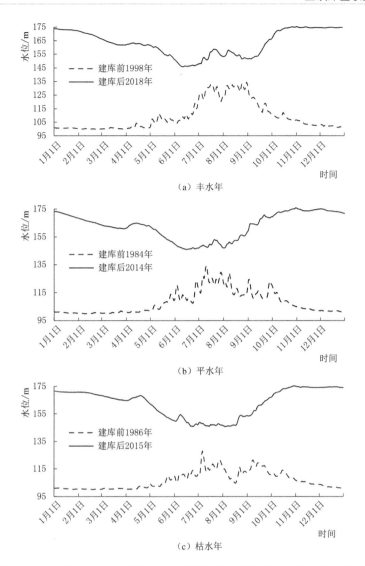

图 2.2-8　典型水文年型下三峡水库运行前后万县站水位年内变化过程

　　由图 2.2-8 结果可知，三峡库区上游来流过程将改变汛期库区水位的波动变化幅度、汛后蓄水期的蓄水时间长短、枯水期维持高水位的时间长短以及汛前消落期三峡水库水位消落快慢等，因此，三峡水库上游来水水文情势变化及其年内具体的来水过程都将对库区水位产生直接影响，但库区汛期、汛后蓄水期、枯水运行期、汛前消落期总体的水位变化规律是由水库的调度运行方式决定的。

2.2.3　三峡库区干流沿程水深变化特征

　　三峡水库建成运行后，坝址至回水末端的干流库区及支流库湾水位的抬升，库区河道及支流的水深将不断增加。从水深变化趋势分析，自三峡水库坝址自下而上至回水末端，水深增加幅度呈逐渐减小趋势；从年内变化特征来看，枯水运行期（11 月至次年 1 月中上旬）水深增幅最大，其次是汛前消落期、汛后蓄水期，汛期（6 月中旬至 9 月中旬）水深增幅相对最小。具体来说，三峡水库坝址断面在枯水运行期水深增加约110m，奉节断面增加约100m，万县断面增加约70m，寸滩断面增加约15m；坝址断面汛期水深增加超过50m，奉节断面增加约45m，万县断面增加约30m，寸滩断面汛期水深基本不受影响。三峡水库建成运行后库区干流沿程（自上而下）水深变化过程详见图2.2-9。

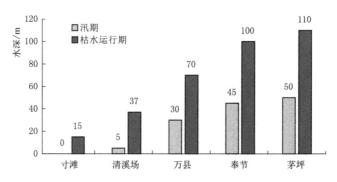

图2.2-9　三峡水库建成运行后库区干流沿程水深变化过程图

2.2.4　三峡库区干流沿程流速变化特征

根据李锦秀等（2002）关于三峡工程对库区水流水质影响预测结果表明：以枯水季节三峡水库$7Q_{10}$（近10年连续7d最枯流量平均值）来流量（朱沱站入库流量为2125m³/s）为例，水库建成运行后，随着水位抬高，过水面积增大，库区干流流速迅速减小。建库前，枯水期三峡库区天然河道全江段平均断面流速为0.85m/s；三峡水库建成以后在坝前水位175.00m条件下，三峡库区全江段断面平均流速下降为0.17m/s，比天然河道状况减小了4倍，同时三斗坪断面平均流速下降为0.05m/s左右，比天然河道状况的断面平均流速减小近5倍。

王珂（2013）采用MIKE11建立了涵盖整个三峡库区及支流乌江的三峡库区一维水动力模型（模型计算区域概化见图2.2-10），对巫山、万州、忠县和长寿江段的水流流速、水深、过水面积等进行了模拟，其结果分别见图2.2-11～图2.2-13。

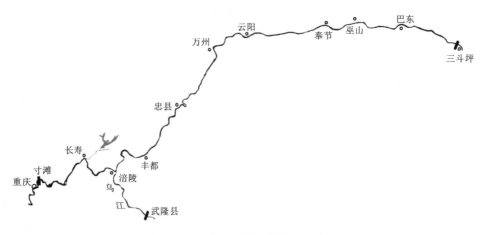

图2.2-10　模型计算区域概化示意图

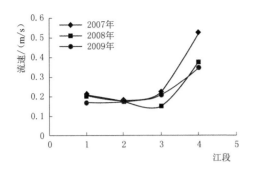

图 2.2-11　2007—2009 年春季不同江段流速比较

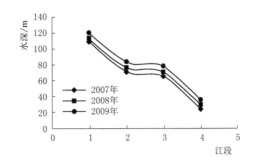

图 2.2-12　2007—2009 年春季不同江段水深比较

由图 2.2-11～图 2.2-13 结果表明：在试验性蓄水期间（2007—2009 年），巫山、万州、忠县和长寿江段在春季的水流流速介于 0.15～0.50m/s，水流流速大小与断面过水面积关系密切，即万州江段过水面积＞忠县江段过水面积＞巫山江段过水面积＞长寿江段过水面积，则长寿江段水流流速＞巫山江段水流流速＞忠县江段水流流速＞万州江段水流流速。各江段水流流速与整个江段水深关系不大，即 4 个江段的水深呈现出明显的库首巫山江段最深、库尾长寿江段最浅的特征，库中的万州和忠县江段差别很小。

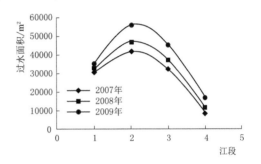

图 2.2-13　2007—2009 年春季不同
江段过水面积比较

2.3　三峡库区干支流水环境质量现状调查与评价

2.3.1　三峡库区干流水环境质量状况评价

根据《长江三峡工程生态与环境监测公报》（2009—2019 年），三峡库区长江干流自上而下共布设 8 个断面，分别为永川朱沱、铜罐驿、重庆寸滩、涪陵清溪场、万州沱口、晒网坝、巴东官渡口、夷陵南津关。监测结果显示，2008—2017 年三峡库区干流水质整体较好，除 2008 年朱沱、铜罐驿、重庆寸滩断面等受总磷影响水质为Ⅳ类外，其余年份各断面水质均为Ⅰ～Ⅲ类，且各断面水质基本均呈现逐步变好的趋势。2008—2019 年三峡库区长江干流各断面水质监测评价结果详见表 2.3-1。

从年内变化情况来看，2008 年受特大秋汛（百年一遇）影响，水中泥沙增加造成总磷含量上升，永川朱沱、铜罐驿、重庆寸滩断面 7—10 月出现Ⅴ～劣Ⅴ类水质情况。2009 年 6 月、7 月铜罐驿断面水质为Ⅳ类，主要超标项目分别为石油类和高锰酸盐指数，8 月沱口断面水质为Ⅴ类，主要影响因子为铅，其余月份各断面水质均达到或优于Ⅲ类。2011—2012 年晒网坝断面 4 月、5 月水质为Ⅳ类，主要超标因子为总磷，其余各断面均达到或优于Ⅲ类。2014 年朱沱断面 1—7 月，寸滩断面 2 月以及清溪场断面 4 月水质为Ⅳ类，主要超标因子为总磷，其余月份水质均达到或优于Ⅲ类。2010 年、2013 年、2015年、2016、2018 年、2019 年全年各月份水质均达到或优于Ⅲ类，具体监测评价结果见表 2.3－2。

表 2.3－1　　　　　　　2008—2019 年三峡库区长江干流各断面水质类别

年　份	朱沱	铜罐驿	寸滩	清溪场	沱口	晒网坝	官渡口	南津关
2008	Ⅳ	Ⅳ	Ⅳ	Ⅲ	Ⅲ		Ⅱ	
2009		Ⅲ	Ⅱ	Ⅱ	Ⅲ	Ⅱ	Ⅲ	
2010		Ⅲ	Ⅰ	Ⅱ	Ⅲ	Ⅱ	Ⅲ	
2011	Ⅲ		Ⅲ		Ⅱ		Ⅱ	
2012	Ⅲ	Ⅲ	Ⅲ	Ⅲ		Ⅲ		Ⅱ
2013	Ⅲ	Ⅲ	Ⅲ	Ⅲ		Ⅲ		Ⅲ
2014	Ⅲ		Ⅲ	Ⅲ		Ⅲ	Ⅲ	
2015	Ⅲ	Ⅲ	Ⅲ	Ⅲ	Ⅲ	Ⅲ	Ⅲ	
2016	Ⅲ	Ⅱ	Ⅱ	Ⅱ	Ⅱ	Ⅱ	Ⅱ	Ⅱ
2017	Ⅱ	Ⅱ	Ⅱ	Ⅱ	Ⅱ	Ⅱ	Ⅱ	Ⅲ
2018	Ⅲ	Ⅱ	Ⅱ	Ⅱ			Ⅱ	
2019	Ⅱ	Ⅱ	Ⅱ	Ⅱ			Ⅱ	

表 2.3－2　　　　　　　2008—2019 年三峡库区长江干流各断面逐月水质类别

年份	断面	1 月	2 月	3 月	4 月	5 月	6 月	7 月	8 月	9 月	10 月	11 月	12 月
2008	朱沱	Ⅲ	Ⅲ	Ⅳ	Ⅳ	Ⅲ	Ⅳ	劣Ⅴ	劣Ⅴ	劣Ⅴ	Ⅳ	Ⅴ	Ⅲ
	铜罐驿	Ⅱ	Ⅲ	Ⅲ	Ⅲ	Ⅲ	Ⅳ	劣Ⅴ	劣Ⅴ	Ⅴ	劣Ⅴ	Ⅴ	Ⅲ
	寸滩	Ⅲ	Ⅲ	Ⅳ	Ⅲ	Ⅲ	Ⅲ	Ⅴ	劣Ⅴ	Ⅴ	劣Ⅴ	Ⅴ	Ⅲ
	清溪场	Ⅱ	Ⅲ	Ⅳ	Ⅲ	Ⅲ	Ⅴ	Ⅴ	劣Ⅴ	Ⅴ	Ⅴ	Ⅲ	Ⅲ
	沱口	Ⅱ	Ⅱ	Ⅲ	Ⅱ	Ⅲ	Ⅳ	劣Ⅴ	Ⅳ	Ⅳ	Ⅲ	Ⅲ	Ⅲ
	官渡口	Ⅱ	Ⅱ	Ⅱ	Ⅱ	Ⅱ	Ⅲ	Ⅱ	Ⅲ	Ⅲ	Ⅱ	Ⅱ	Ⅱ
2009	铜罐驿	Ⅲ	Ⅱ	Ⅱ	Ⅱ	Ⅱ	Ⅳ	Ⅳ	Ⅲ	Ⅲ	Ⅱ	Ⅲ	Ⅲ
	寸滩	Ⅱ	Ⅱ	Ⅱ	Ⅱ	Ⅱ	Ⅱ	Ⅱ	Ⅱ	Ⅱ	Ⅱ	Ⅱ	Ⅱ
	清溪场	Ⅲ	Ⅱ	Ⅱ	Ⅱ	Ⅱ	Ⅱ	Ⅱ	Ⅱ	Ⅱ	Ⅰ	Ⅱ	Ⅱ
	沱口	Ⅰ	Ⅲ	Ⅲ	Ⅲ	Ⅲ	Ⅲ	Ⅱ	Ⅴ	Ⅲ	Ⅲ	Ⅲ	Ⅰ
	晒网坝	Ⅰ	Ⅱ	Ⅱ	Ⅱ	Ⅱ	Ⅱ	Ⅱ	Ⅲ	Ⅱ	Ⅱ	Ⅱ	Ⅱ
	官渡口	Ⅰ	Ⅰ	Ⅰ	Ⅰ	Ⅰ	Ⅱ	Ⅱ	Ⅲ	Ⅲ	Ⅱ	Ⅱ	Ⅱ

年份	断面	1月	2月	3月	4月	5月	6月	7月	8月	9月	10月	11月	12月
2010	铜罐驿	Ⅲ	Ⅲ	Ⅲ	Ⅰ	Ⅲ	Ⅲ	Ⅲ	Ⅲ	Ⅱ	Ⅱ	Ⅲ	Ⅲ
	寸滩	Ⅰ	Ⅰ	Ⅱ	Ⅰ	Ⅰ	Ⅱ	Ⅱ	Ⅰ	Ⅱ	Ⅱ	Ⅰ	Ⅰ
	清溪场	Ⅰ	Ⅱ	Ⅱ	Ⅱ	Ⅱ	Ⅱ	Ⅱ	Ⅱ	Ⅱ	Ⅱ	Ⅱ	Ⅱ
	沱口	Ⅲ	Ⅲ	Ⅲ	Ⅲ	Ⅲ	Ⅲ	Ⅲ	Ⅲ	Ⅲ	Ⅲ	Ⅲ	Ⅲ
	晒网坝	Ⅱ	Ⅱ	Ⅱ	Ⅱ	Ⅱ	Ⅱ	Ⅱ	Ⅱ	Ⅱ	Ⅱ	Ⅱ	Ⅰ
	官渡口	Ⅰ	Ⅱ	Ⅰ	Ⅰ	Ⅱ	Ⅱ	Ⅱ	Ⅲ	Ⅲ	Ⅱ	Ⅱ	Ⅰ
2011	朱沱	Ⅲ	Ⅲ	Ⅲ	Ⅲ	Ⅲ	Ⅲ	Ⅲ	Ⅲ	Ⅱ	Ⅲ	Ⅲ	Ⅲ
	寸滩	Ⅲ	Ⅲ	Ⅲ	Ⅲ	Ⅲ	Ⅲ	Ⅲ	Ⅲ	Ⅱ	Ⅲ	Ⅱ	Ⅲ
	清溪场	Ⅲ	Ⅲ	Ⅲ	Ⅲ	Ⅲ	Ⅲ	Ⅲ	Ⅲ	Ⅲ	Ⅲ	Ⅱ	Ⅲ
	晒网坝	Ⅲ	Ⅲ	Ⅲ	Ⅲ	Ⅳ	Ⅲ	Ⅲ	Ⅲ	Ⅲ	Ⅲ	Ⅱ	Ⅲ
2012	朱沱	Ⅲ	Ⅲ	Ⅲ	Ⅲ	Ⅲ	Ⅲ	Ⅲ	Ⅲ	Ⅲ	Ⅲ	Ⅲ	Ⅲ
	寸滩	Ⅲ	Ⅲ	Ⅱ	Ⅲ	Ⅱ	Ⅲ	Ⅲ	Ⅲ	Ⅲ	Ⅲ	Ⅲ	Ⅲ
	清溪场	Ⅲ	Ⅲ	Ⅲ	Ⅲ	Ⅲ	Ⅲ	Ⅲ	Ⅲ	Ⅲ	Ⅲ	Ⅲ	Ⅲ
	晒网坝	Ⅲ	Ⅲ	Ⅲ	Ⅳ	Ⅳ	Ⅲ	Ⅲ	Ⅲ	Ⅲ	Ⅲ	Ⅲ	Ⅲ
	南津关	Ⅱ	Ⅱ	Ⅱ	Ⅱ	Ⅱ	Ⅱ	Ⅱ	Ⅱ	Ⅱ	Ⅱ	Ⅱ	Ⅱ
2013	朱沱	Ⅲ	Ⅲ	Ⅲ	Ⅲ	Ⅲ	Ⅲ	Ⅲ	Ⅲ	Ⅲ	Ⅲ	Ⅲ	Ⅲ
	寸滩	Ⅲ	Ⅲ	Ⅲ	Ⅲ	Ⅱ	Ⅲ	Ⅲ	Ⅲ	Ⅲ	Ⅲ	Ⅲ	Ⅲ
	清溪场	Ⅲ	Ⅲ	Ⅲ	Ⅲ	Ⅲ	Ⅲ	Ⅲ	Ⅲ	Ⅲ	Ⅲ	Ⅲ	Ⅲ
	晒网坝	Ⅲ	Ⅲ	Ⅲ	Ⅲ	Ⅲ	Ⅲ	Ⅲ	Ⅲ	Ⅲ	Ⅲ	Ⅲ	Ⅲ
	官渡口	Ⅱ	Ⅱ	Ⅱ	Ⅲ	Ⅲ	Ⅲ	Ⅱ	Ⅱ	Ⅱ	Ⅱ	Ⅱ	Ⅱ
2014	朱沱	Ⅳ	Ⅳ	Ⅳ	Ⅳ	Ⅳ	Ⅳ	Ⅳ	Ⅲ	Ⅲ	Ⅲ	Ⅲ	Ⅲ
	寸滩	Ⅲ	Ⅳ	Ⅲ	Ⅲ	Ⅲ	Ⅲ	Ⅲ	Ⅲ	Ⅲ	Ⅲ	Ⅲ	Ⅲ
	清溪场	Ⅲ	Ⅲ	Ⅲ	Ⅳ	Ⅲ	Ⅲ	Ⅲ	Ⅱ	Ⅱ	Ⅱ	Ⅲ	Ⅲ
	晒网坝	Ⅲ	Ⅲ	Ⅳ	Ⅲ	Ⅲ	Ⅲ	Ⅲ	Ⅲ	Ⅲ	Ⅱ	Ⅲ	Ⅲ
	官渡口	Ⅲ	Ⅲ	Ⅲ	Ⅲ	Ⅲ	Ⅲ	Ⅲ	Ⅱ	Ⅱ	Ⅱ	Ⅱ	Ⅱ
2015	朱沱	Ⅲ	Ⅲ	Ⅲ	Ⅲ	Ⅲ	Ⅲ	Ⅲ	Ⅱ	Ⅲ	Ⅲ	Ⅲ	Ⅲ
	铜罐驿	Ⅲ	Ⅲ	Ⅲ	Ⅲ	Ⅱ	Ⅲ	Ⅲ	Ⅲ	Ⅲ	Ⅲ	Ⅲ	Ⅲ
	寸滩	Ⅲ	Ⅲ	Ⅲ	Ⅲ	Ⅲ	Ⅲ	Ⅲ	Ⅲ	Ⅱ	Ⅲ	Ⅲ	Ⅲ
	清溪场	Ⅲ	Ⅲ	Ⅲ	Ⅲ	Ⅲ	Ⅲ	Ⅲ	Ⅱ	Ⅱ	Ⅲ	Ⅲ	Ⅲ
	晒网坝	Ⅲ	Ⅲ	Ⅲ	Ⅲ	Ⅲ	Ⅲ	Ⅲ	Ⅲ	Ⅱ	Ⅲ	Ⅲ	Ⅲ
	沱口	Ⅲ	Ⅲ	Ⅲ	Ⅲ	Ⅲ	Ⅱ	Ⅲ	Ⅱ	Ⅱ	Ⅱ	Ⅱ	Ⅲ
	官渡口	Ⅲ	Ⅲ	Ⅲ	Ⅲ	Ⅲ	Ⅲ	Ⅲ	Ⅱ	Ⅱ	Ⅱ	Ⅱ	Ⅱ

续表

年份	断面	1月	2月	3月	4月	5月	6月	7月	8月	9月	10月	11月	12月
2016	朱沱	Ⅲ	Ⅲ	Ⅲ	Ⅲ	Ⅱ	Ⅱ	Ⅱ	Ⅱ	Ⅱ	Ⅱ	Ⅱ	Ⅱ
	铜罐驿	Ⅱ	Ⅲ	Ⅲ	Ⅱ	Ⅲ	Ⅲ	Ⅲ	Ⅱ	Ⅱ	Ⅱ	Ⅱ	Ⅱ
	寸滩	Ⅱ	Ⅱ	Ⅲ	Ⅱ	Ⅱ	Ⅱ	Ⅱ	Ⅱ	Ⅱ	Ⅱ	Ⅲ	Ⅲ
	清溪场	Ⅱ	Ⅱ	Ⅱ	Ⅱ	Ⅱ	Ⅱ	Ⅱ	Ⅱ	Ⅱ	Ⅱ	Ⅱ	Ⅱ
	沱口	Ⅲ	Ⅱ	Ⅱ	Ⅱ	Ⅱ	Ⅱ	Ⅱ	Ⅱ	Ⅱ	Ⅱ	Ⅱ	Ⅱ
	官渡口	Ⅱ	Ⅱ	Ⅱ	Ⅱ	Ⅱ	Ⅱ	Ⅱ	Ⅲ	Ⅲ	Ⅱ	Ⅱ	Ⅱ
	晒网坝	Ⅲ	Ⅱ	Ⅱ	Ⅱ	Ⅱ	Ⅱ	Ⅱ	Ⅱ	Ⅱ	Ⅱ	Ⅱ	Ⅱ
	南津关	Ⅱ	Ⅱ	Ⅱ	Ⅲ	Ⅱ	Ⅱ	Ⅱ	Ⅱ	Ⅱ	Ⅱ	Ⅱ	Ⅱ
2018	朱沱	Ⅲ	Ⅲ	Ⅱ	Ⅱ	Ⅱ	Ⅱ	Ⅱ	Ⅲ	Ⅲ	Ⅱ	Ⅱ	Ⅱ
	铜罐驿	Ⅱ	Ⅱ	Ⅱ	Ⅱ	Ⅱ	Ⅱ	Ⅱ	Ⅱ	Ⅱ	Ⅱ	Ⅱ	Ⅱ
	寸滩	Ⅱ	Ⅱ	Ⅱ	Ⅱ	Ⅱ	Ⅱ	Ⅱ	Ⅱ	Ⅱ	Ⅱ	Ⅲ	Ⅱ
	清溪场	Ⅱ	Ⅱ	Ⅱ	Ⅱ	Ⅱ	Ⅱ	Ⅱ	Ⅱ	Ⅱ	Ⅱ	Ⅱ	Ⅱ
	万县	Ⅱ	Ⅱ	Ⅱ	Ⅱ	Ⅱ	Ⅱ	Ⅱ	Ⅱ	Ⅱ	Ⅱ	Ⅱ	Ⅱ
	官渡口	Ⅱ	Ⅱ	Ⅱ	Ⅱ	Ⅱ	Ⅱ	Ⅱ	Ⅱ	Ⅱ	Ⅱ	Ⅱ	Ⅱ
2019	朱沱	Ⅱ	Ⅱ	Ⅱ	Ⅱ	Ⅱ	Ⅱ	Ⅲ	Ⅲ	Ⅲ	Ⅱ	Ⅱ	Ⅱ
	铜罐驿	Ⅱ	Ⅱ	Ⅱ	Ⅱ	Ⅱ	Ⅱ	Ⅱ	Ⅲ	Ⅱ	Ⅱ	Ⅱ	Ⅱ
	寸滩	Ⅱ	Ⅱ	Ⅱ	Ⅱ	Ⅱ	Ⅱ	Ⅲ	Ⅲ	Ⅲ	Ⅱ	Ⅱ	Ⅱ
	清溪场	Ⅱ	Ⅱ	Ⅱ	Ⅲ	Ⅲ	Ⅲ	Ⅲ	Ⅱ	Ⅱ	Ⅱ	Ⅱ	Ⅱ
	万县	Ⅱ	Ⅱ	Ⅱ	Ⅱ	Ⅱ	Ⅱ	Ⅱ	Ⅱ	Ⅱ	Ⅱ	Ⅱ	Ⅱ
	官渡口	Ⅱ	Ⅱ	Ⅱ	Ⅱ	Ⅱ	Ⅱ	Ⅱ	Ⅲ	Ⅱ	Ⅱ	Ⅱ	Ⅱ

2.3.2　三峡库区支流水环境质量调查与评价

三峡水库回水区长达 663km，库区沿江两岸支流众多，各支流的自然地理环境和水质污染特性都不尽相同。自 2003 年三峡水库试验性蓄水以来，支流水华问题频频出现，藻类水华暴发频次高，涉及范围广，严重影响了库区人民的正常生产生活活动，已成为三峡水库最主要的水环境问题。根据中国环境监测总站《长江三峡工程生态与环境监测公报》公布的调查监测数据，可以了解三峡库区支流库湾的水环境变化及水体富营养化演变过程的具体情况。近年来三峡水库蓄水后库区干流水质总体良好，支流水质问题相对突出，支流库湾水体富营养化现象较为普遍，部分支流库湾几乎每年都会暴发水华现象。

在受到三峡库区干流回水顶托作用影响的主要支流（详细名称见表 2.3-6）以及水文条件与其相似的坝前库湾水域共布设 77 个常规水质监测断面。其中，42 个断面处于回水区和 35 个断面处于非回水区。根据《地表水环境质量评价办法（试行）》（环办〔2011〕22 号）中的相关规定，湖库营养状态应采用综合营养状态指数法 [$TLI(\Sigma)$] 进行评价，采用叶绿素 a（Chl-a）、总磷（TP）、总氮（TN）、高锰酸盐指数（COD$_{Mn}$）和透明度（SD）等 5 项指标计算水体综合营养状态指数，评价水体综合营养状态。近年来 38 条主要支流 77 个水质监测断面水体富营养程度所占百分比变化统计及最大占比年际变化过程分别见表2.3-3和图2.3-1。

表2.3-3 三峡库区主要支流水质富营养监测断面监测结果 %

年份	富营养断面占比	中营养断面占比	贫营养断面占比	年份	富营养断面占比	中营养断面占比	贫营养断面占比
2008	14.6~28.1	69.5~81.7	1.2~7.3	2014	20.8~37.7	57.1~75.3	0.0~6.5
2009	10.9~42.7	57.3~89.1	0.0~4.9	2015	18.2~40.3	57.1~75.3	0.0~6.5
2010	20.8~47.6	52.4~78.0	0.0~4.9	2016	3.9~46.8	53.2~93.5	0.0~6.5
2011	20.8~39.0	58.4~77.9	0.0~5.2	2017	1.3~32.5	62.3~96.1	0.0~9.1
2012	7.8~37.7	58.4~85.7	1.3~10.4	2018	3.6~35.7	63.6~85.6	0.0~7.2
2013	15.6~39.0	58.4~80.5	1.3~6.5	2019	2.3~36.7	62.6~86.2	0.0~7.1

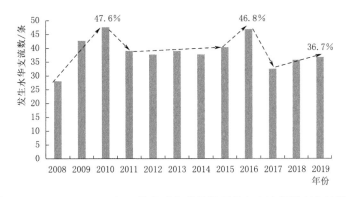

图2.3-1 2008—2019年三峡库区富营养断面最大占比年际变化过程图

从表2.3-3可以发现,三峡库区支流的水体富营养情况是比较严重的,部分年份的某些月份其富营养断面所占比例最高几乎达到半数以上,而全年最低的情况也能达到20%,因此,解决三峡库区库湾支流水华问题刻不容缓。近年来,针对三峡库区部分支流库湾的水体富营养化治理也取得了一些成绩,截止到2019年公布的数据信息显示,三峡库区支流富营养化情况已经有所改善,但形势依旧不太乐观。

在历年三峡库区支流库湾进行监测的42个回水区断面和35个非回水区断面中,其同一年的富营养断面所占比例也不尽相同,具体差异情况见表2.3-4,回水区的富营养断面比例明显高于非回水区富营养断面百分比,这说明回水区水体的各种水动力条件更容易引起水体富营养化,即水库蓄水对库区支流库湾的影响也更加明显。

表2.3-4 回水区与非回水区富营养断面所占比例情况 %

年 份	回水区富营养断面占比	非回水区富营养断面占比	年 份	回水区富营养断面占比	非回水区富营养断面占比
2008	20.9~37.6	10.3	2013	15.0~50.0	10.8~27
2009	12.5~60.42	13.06	2014	20.0~45.0	16.2~29.7
2010	10.4~66.7	26.8	2015	15.0~47.5	18.9~32.4
2011	25.0~52.5	13.5~24.3	2016	2.4~47.6	5.7~45.7
2012	5.0~52.5	10.8~24.3	2017	2.4~47.6	5.7~45.7

为更进一步研究三峡库区支流库湾受三峡工程蓄水运行的影响，收集并整理了 38 条支流在水华敏感期（3—10 月）回水区监测断面的富营养化比例的变化情况（表 2.3-5）。在三峡库区水华敏感期（3—10 月）回水区的富营养断面比例有所增加，但是增长的幅度较小，在部分月份富营养断面比例也会出现不同幅度的减少。从近年来 3—10 月水质富营养断面比例变化情况来看，尽管各月在年际间均呈现增加—减少—增加—减少等波动变化特征，但从整体走势来看，6 月出现富营养化断面的比重呈增加态势，7 月出现富营养化断面的比重也略有增加，而 3 月、4 月及 8—10 月出现富营养化断面的比重均有不同程度的减少，尤以 3 月和 8 月减少最为明显。

表 2.3-5　　　　38 条河流水质富营养断面百分比变化情况（回水区）　　　　　%

年　份	3 月	4 月	5 月	6 月	7 月	8 月	9 月	10 月
2008	15.8	14.6	25.6	19.5	18.2	28.1	18.3	20.7
2009	15.8	10.9	35.8	42.7	31.7	29.3	34.2	14.6
2010								
2011	−9.1	+2.1	+5.8	+6.2	+19.1	−26.7	−5.0	0
2012	−27.5	+7.5	−17.5	+2.5	−10.0	+5.0	+5.0	−15.0
2013	+10.0	−17.5	+7.5	−7.5	+7.5	−5.0	−17.5	+15.0
2014	+2.6	+11.7	0	+5.2	−6.5	−5.2	+9.1	+5.2
2015	−5.0	−2.5	−15.0	+2.5	+10.0	0	+10.0	−2.5
2016	+2.1	−6.5	+13.3	0	−2.3	0	−18.7	−13.3
2017	−12.5	−10.0	−5.0	−2.5	−17.5	−2.5	+0.6	+2.5

注　2008 年、2009 年的数据是回水区富营养断面所占的比例，2010 年数据缺失，2011—2017 年数据为当年与前一年同期相比的变化值。

《长江三峡工程生态与环境监测公报》公布的 2008—2019 年巡查结果显示，三峡库区 38 条主要支流均在不同程度上存在水色异常情况。其中 3—10 月期间发生频率较高，其余各月未观察到明显水色异常情况。12 年间出现 7 次及以上水色异常的河流主要包括梅溪河、香溪河、磨刀溪、汝溪河、大宁河、池溪河、童庄河、神农溪、黄金河、苎溪河、龙河、东溪河等，其中梅溪河几乎年年都会出现水华情况。2008—2019 年三峡库区主要支流出现水华的具体情况统计及其年际变化过程分别见表 1.2-4 和图 1.2-9。

2.4　三峡库区支流库湾环境问题识别与典型支流筛选

2.4.1　三峡库区污染源调查与分析

改革开放 40 多年来，三峡库区经济社会得到迅速发展，库区人口、经济快速增长，城镇化建设大幅度增加了污染物排放，加之受三峡水库蓄水导致支流库湾流速急剧减小、水动力条件严重变缓影响，从而造成了三峡库区支流库湾水污染严重的局面。其中库区沿岸工业废污水、城镇与乡村生活污水、农田及地表径流所带入农药和化肥污染、黄金水道往来船舶等流动载体所带入油类等流动污染源是造成三峡库区水体污染的主要污染源。

1. 工业废污水

三峡库区主要工业污染源均集中在重庆库区，工业废水排放量约占整个库区排放总量的80%以上，湖北库区仅占一小部分，且重庆库区主要集中在重庆主城区、长寿区、涪陵区、万州区。根据《长江三峡工程生态与环境监测公报》数据资料显示，2008—2019年期间三峡库区工业废污水、化学需氧量（COD）、氨氮排放量分别由2008年的5.58亿t、7.70万t、0.57万t削减到2019年的1.04亿t、0.69万t、0.03万t，排放量削减幅度分别超过81.4%、91.0%、94.7%。2008—2019年期间工业废污水及污染物排放量总体均呈现大幅度下降趋势，其中2013—2015年略有小幅度增长。近年来，针对三峡库区工业废水收集与治理也取得了一些成绩，截止到2019年公布的数据显示，三峡库区工业废水排放量仍维持在1亿t左右。近年来三峡库区工业废污水及特征污染物排放量详细统计见表2.4-1，工业废水排放量年际变化过程详见图2.4-1。

表2.4-1 2008—2019年三峡库区工业废水排放总量及污染物排放量统计表

年份	废水排放量/亿t	COD排放量/万t	氨氮排放量/万t	年份	废水排放量/亿t	COD排放量/万t	氨氮排放量/万t
2008	5.58	7.7	0.57	2014	2.12	3.51	0.22
2009	4.86	7.57	0.57	2015	2.12	3.42	0.22
2010	3.19	5.93	0.43	2016	1.36	1.08	0.08
2011	1.91	3.58	0.2	2017	1.06	0.85	0.06
2012	1.73	3.31	0.2	2018	0.96	0.74	0.05
2013	1.9	3.33	0.21	2019	1.04	0.69	0.03

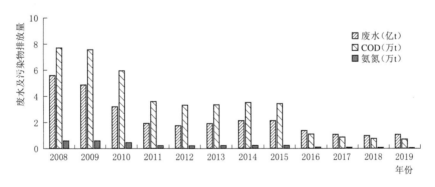

图2.4-1 2008—2019年三峡库区工业废水及污染物排放量年际变化图

2. 城镇生活污水

根据《长江三峡工程生态与环境监测公报》数据资料显示，随着三峡库区经济社会发展和城镇化步伐的加快，2008—2019年期间库区城镇生活污水、COD、NH_3-N等排放总量均呈快速增加趋势，分别由2008年的5.93亿t、8.66万t、0.93万t逐步增加至2019年13.02亿t、12.30万t、1.84万t，生活污水、COD、NH_3-N排放量分别增加了1.20倍、0.42倍、0.98倍。与工业废水排放类似，城镇生活污水排放也是主要集中在重庆库区。在2011年以前，受污水处理厂规模及污水收集管网建设滞后等因素影响，

COD、NH₃-N 排放量随着污水排放量增加而逐年增加；2012 年以来随着污水处理规模的不断提升及配套管网建设，自 2015 年起库区 COD 排放量增速变慢、NH₃-N 排放量呈逐渐减少的趋势。如 2015 年三峡库区污水处理厂由原有的 124 家增加至 169 家，2016 年增加至 220 家，2017 年增加至 245 家，极大地提升了库区生活污水的收集、转运与处理能力。2008—2019 年三峡库区城镇生活污水排放量和 COD、NH₃-N 排放量统计详见表 2.4-2 和图 2.4-2。

表 2.4-2　　2008—2019 年三峡库区城镇污水排放总量及污染物排放量统计表

年份	污水排放量/亿 t	COD 排放量/万 t	氨氮排放量/万 t	年份	污水排放量/亿 t	COD 排放量/万 t	氨氮排放量/万 t
2008	5.93	8.66	0.93	2014	7.94	12.30	2.26
2009	6.23	8.77	1.30	2015	8.15	12.41	2.23
2010	6.15	9.26	1.33	2016	12.12	14.04	2.18
2011	7.06	14.44	2.58	2017	12.52	14.22	2.02
2012	7.31	14.24	2.48	2018	12.68	12.81	1.92
2013	7.87	13.16	2.38	2019	13.02	12.30	1.84

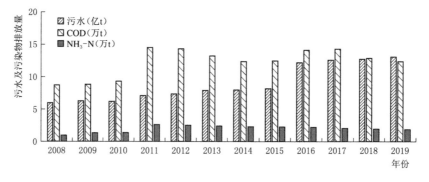

图 2.4-2　2008—2019 年三峡库区城镇生活污水及污染物排放量年际变化图

3. 农业面源污染

根据《长江三峡工程生态与环境监测公报》数据资料显示，2008—2017 年期间三峡库区农药施用量、流失量均呈先上升后下降的趋势（其年际变化过程见表 2.4-3 及图 2.4-3 和图 2.4-4），2011 年达到峰值，施用量为 701.8t，流失量为 44.9t；2019 年施用量和流失量分别降至 414.5t 和 31.6t，较 2008 年农药施用及其流失量分别减少 22.1%、9.7%。库区化肥施用量、流失量整体呈现波动下降趋势，化肥施用量从 2008 年的 14.07万 t 降至 2019 年的 8.95 万 t，化肥流失量亦从 2008 年的 1.26 万 t 降低至 2019 年的 0.78万 t，较 2008 年化肥施用及其流失量分别减少 36.4%、38.1%。

表 2.4-3　　2008—2019 年三峡库区农药、化肥施用量及流失量统计表

年　份	农药施用量/t	农药流失量/t	化肥施用量/万 t	化肥流失量/万 t
2008	532.1	35	14.07	1.26
2009	699.4	45.6	16	1.42

年　　份	农药施用量/t	农药流失量/t	化肥施用量/万 t	化肥流失量/万 t
2010	593.2	38.4	13.89	1.13
2011	701.8	44.9	15.5	1.23
2012	701.3	44.5	15.7	1.25
2013	645.8	41.2	13.6	1.11
2014	615.4	38.4	13	1.05
2015	601.8	36.3	13.5	1.16
2016	518.5	33.5	11.95	1.06
2017	511.5	33.5	10.4	0.92
2018	399.02	31.6	9.01	0.8
2019	414.5	31.6	8.95	0.78

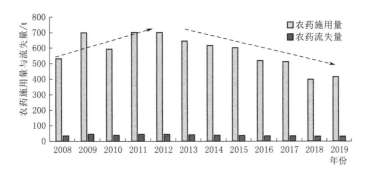

图 2.4-3　2008—2019 年三峡库区农药施用量与流失量年际变化图

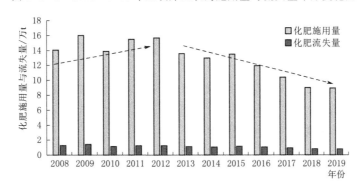

图 2.4-4　2008—2019 年三峡库区化肥施用量与流失量年际变化图

　　尽管三峡库区采取了一系列面源污染控制措施减少库区农药、化肥的施用量及其流失量，但三峡库区作为传统的农业耕作区，且受地形地势影响，耕地资源十分有限，不宜耕作的坡耕地和陡坡地被广泛耕种，导致库区水土流失严重，施用化肥造成的面源污染压力仍未得到有效缓解。

　　4. 船舶流动污染

　　2008—2017 年三峡库区船舶油污水产生及排放量呈现先增加后减少的趋势，2017 年油污水排放量仅为 2008 年油污水排放量的一半。油污水处理率整体呈现逐年增加趋势，2017 年达 99.5%，且近年来石油类排放量呈明显减少的趋势，说明三峡库区船舶类移动污染源污水处理能力有明显提升。2008—2017 年三峡库区船舶油污水产生及排放量统计详见表 2.4-4 和图 2.4-5。

表 2.4-4　　　　　　2008—2017 年三峡库区船舶油污水产生及排放量统计表

年　　份	油污水产生量/万 t	处理率/%	油污水排放量/万 t	石油类排放量/t
2008	41.2	94.8	33.96	37.87
2009	41.3	95.6	32.6	37.4
2010	48.13	95	38.72	41.18
2011	49.59	95	40.05	45.25
2012	51.02	95	43.77	46.75
2013	50	97.4	45.5	55.2
2014	43.9	98.2	40.4	46.1
2015	39.4	97.5	35.6	37.9
2016	30.21	97.9	26.96	26.42
2017	18	99.5	16.7	1.4

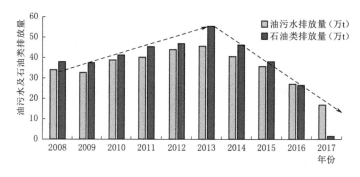

图 2.4-5　2008—2017 年三峡库区船舶油污水及石油类排放量年际变化图

2.4.2　三峡库区主要环境问题识别

伴随着 2000 年 3 月西部大开发战略的提出并逐步落实，三峡库区经济社会得到迅速发展，库区人口、经济增长和城镇化建设大幅度增加了污染物排放，水体污染程度逐步加重，支流库湾水华暴发次数增多。此外，库区以山地丘陵为主，坡耕地广泛分布，人地矛盾突出，库区各区县人均耕地面积介于 0.05~0.14hm²，保土保水能力差，水土流失严重，地质灾害多发，生境较为脆弱，进而导致三峡库区生物多样性降低。

1. 支流库湾水质污染及富营养化问题较为突出

三峡水库蓄水前，长江干流及其上游支流很少出现水华现象。蓄水后，入库支流和库湾水域的水体理化性质发生了很大变化，形成了一些新的、非常不稳定的生境，造成水体营养负荷过重，水体流速减缓，水华暴发的风险增高。在营养、光照和温度等因素适宜时，水库的水动力学过程是藻类水华发生的决定性因素。而三峡水库及其主要支流库湾的氮、磷含量已远远超过国际公认的水体富营养化阈值，一旦水流等环境条件适宜，发生藻类水华的风险极高。三峡水库水流减缓主要发生在支流库湾，因此，库湾是最容易发生水华的区域。三峡水库蓄水半年后，部分支流库湾即开始出现藻类水华。《长江三峡工程生态与环境监测公报》公布的调查监测数据显示：2019年，三峡库区9条支流朱衣河、御临河、龙河、汝溪河、苎溪河、小江、大宁河、神农溪、香溪河及汉丰湖71个断面（除17个断面为支流上游来水背景断面或汇入后干流断面外，其他54个断面均位于支流回水区）呈富营养的断面比例为36.7%，呈中营养的断面比例为62.6%。2019年处于富营养化状态的断面比例比2018年略高。2019年三峡库区主要支流的水质评价结果见表2.4-5，其中劣Ⅴ类有九畹溪与苎溪河；香溪河、瀼渡河、珍溪河、黎香河水质为Ⅴ类；小江、汝溪河、黄金河、池溪河、神农溪、抱龙河、神女溪、乌江、龙溪河、叱溪河、渠溪河水质为Ⅳ类。

表2.4-5　　　　　　　2019年三峡库区主要支流的水质评价结果表

支流名称	水质评价结果	支流名称	水质评价结果
九畹溪	劣Ⅴ	小江	Ⅳ
香溪河	Ⅴ	苎溪河	劣Ⅴ
童庄河	Ⅲ	瀼渡河	Ⅴ
叱溪河	Ⅳ	汝溪河	Ⅳ
青干河	Ⅲ	黄金河	Ⅳ
神农溪	Ⅳ	东溪河	Ⅲ
抱龙河	Ⅳ	池溪河	Ⅳ
神女溪	Ⅳ	龙河	Ⅲ
大宁河	Ⅲ	渠溪河	Ⅳ
大溪河	Ⅲ	珍溪河	Ⅴ
草堂河	Ⅲ	乌江	Ⅳ
梅溪河	Ⅲ	黎香河	Ⅴ
长滩河	Ⅲ	龙溪河	Ⅳ
磨刀溪	Ⅲ	御临河	Ⅲ
汤溪河	Ⅲ		

2019年，三峡库区主要支流的浮游植物类群包括硅藻、绿藻、蓝藻、甲藻、裸藻、隐藻和黄藻，优势种为小环藻、直链藻、舟形藻、假鱼腥藻、微囊藻、束丝藻、栅藻、小球藻、空球藻、实球藻、隐藻、多甲藻等，群素组成存在明显的季节变化；主要支流重点断面藻细胞密度较2018年略有升高，在空间上整体呈现库首、库中相对较高，库尾较低的特点。2019年，三峡库区支流水体共监测到水华21次，涉及九畹溪、香溪河、童庄河、叱溪河、神农溪、汤溪河、小江、苎溪河、黄金河、池溪河、渠溪河、珍溪河、黎香河等13条支流。2013—2019年支流水华暴发频率处于波动状态。

2. 生物多样性面临威胁

生物多样性是生态平衡的重要指标和生态建设的重要内容。据统计，三峡库区动植物资源约6500种，约占全国动植物种类总数的20%，国家一级保护动植物分别有8种和6种，二级保护动植物分别有35种和22种，三峡库区还有丰富的第三纪孑遗植物。但由于生物种群赖以生存的森林覆盖率很低，海拔1000m以下原始森林残存无几，导致林麝、豹猫和猛禽数量明显下降，虎豹在库区已濒临绝迹，一些水生物种，如国家一级保护水生动物白鳍豚、白鲟、中华鲟和长江鲟等，二级保护水生动物江豚和胭脂鱼等，都面临三峡水库建成后造成生态结构变迁和生存环境破坏的严峻形势，这一形势直接威胁其生存，而加速濒危。生态恶化势头如不能有效制止，极有可能造成无法挽回的物种灭绝。

三峡水库运行致使水库水位反季节涨落，大部分土著种类的种群生长节律被打乱，水生生物群落将会发生较为显著的种类演替。库区江段的长江上游特有鱼类，如达氏鲟等，共44种，绝大部分适应流水环境。水库蓄水后，三斗坪以上约600km长的江段形成河谷型水库，水深增大，流速减缓，泥沙沉积，饵料生物组成改变，水域生态与环境发生显著变化，将不再适合大部分特有鱼类生存，种群数量的减少不可避免。据2019年鱼类调查发现（表2.4-6），长江下游安庆江段、铜陵江段、镇江江段和常熟江段共调查到鱼类50种，主要为贝氏祭餐、刀、链、似鳊、银鲌、光泽黄颡鱼和中国花鲈等。各江段渔获物日均单船产量的平均值为28.8kg/（船·d），比2018年的25.0kg/（船·d）增加15.2%。自2016年以来，长江下游调查到的鱼类物种数呈先增加后减少的趋势，日均单船产量呈先减少后增加的趋势。

表2.4-6　2016—2019年长江下游调查鱼类种类及渔获物日均单船产量统计表

年　份	种类数	日均单船产量/kg	年　份	种类数	日均单船产量/kg
2016	82	27.3	2018	73	25
2017	87	20	2019	50	28.8

三峡库区陆生生物类群主要受移民和社会经济结构调整影响，其长期变化的趋势还难以把握。目前在三峡库区，除边缘高山区外，原始植被所存极少，大片分布马尾松、柏木疏林及各类灌木丛或草丛，江岸两侧海拔800m以下地区，绝大部分是梯田和坡耕地等农业植被。受三峡水库淹没影响较大的物种主要为荷叶铁线蕨、疏花水柏枝、巫山类芦和巫溪叶底珠等珍稀、特有植物物种。其中荷叶铁线蕨和疏花水柏枝均为库区特有种，后者还是该地区原栖息地全部被淹没的唯一土著植物种类。在三峡库区的70多个植被群落类型中，有27个受到水库淹没的影响。

3. 水土流失严重

三峡库区山高坡陡、地质构造复杂，是全国地质灾害发生严重的地区之一。三峡库区重庆-奉节江段以宽谷为主，间有窄谷或峡谷，两岸低山丘陵起伏，广泛分布中新生代碎屑岩和泥岩；奉节-宜昌间以峡谷为主，两岸山势险陡，间有宽谷或窄谷。区内降雨充沛，多暴雨。这些因素为地质灾害提供了充分的发育条件。水库蓄水后，30m的水位变动将对沿岸跨线滑坡施加静、动水压力，容易导致水库诱发型滑坡。调查表明，跨线崩滑体约

800个，其危险性值得关注。水库蓄水后将产生大范围的库岸再造，不稳定库段长度达500km。

国家防治三峡库区地质灾害的工作已取得了显著成效。但是，由于三峡库区独特的地质环境和水库水位变动、库岸再造、大规模的移民建设等工程因素，特别是在滑坡的治理中，人工加固的护坡有些地段经过水浸泡后，形成崩塌。随着库区水位的上升，仍有可能引发新的滑坡和崩塌，因此，库区的地质灾害威胁将长期存在。据相关部门2019年调查数据表明，三峡库区监测的地质灾害隐患点（崩塌、滑坡、不稳定库岸）共4796处，监测发现发生变形的地质灾害点61处，其中明显变形的26处，灾险情5处（受库水位变动影响3处，受降雨影响2处），比2018年减少61.5%。全年组织应急避险撤离和搬迁安置8人。

三峡库区水土流失严重，2019年三峡库区水土流失面积18984.91km²，占土地总面积的32.91%，年入输沙量约为2.9亿t。其中，轻度侵蚀14190.58km²，占水土流失面积的74.75%；中度侵蚀2776.25km²，占水土流失面积的14.62%；强烈侵蚀1641.72km²，占水土流失面积的8.65%；极强烈侵蚀332.86km²，占水土流失面积的1.75%；剧烈侵蚀43.5km²，占水土流失面积的0.23%，具体见图2.4-6。空间上，三峡库区水土流失主要分布在中部地区。

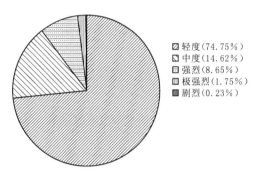

图例：
- 轻度(74.75%)
- 中度(14.62%)
- 强烈(8.65%)
- 极强烈(1.75%)
- 剧烈(0.23%)

图2.4-6 2019年三峡库区
不同水土流失强度面积占比图

2.4.3 三峡水库典型支流筛选

三峡库区内地形地势复杂，沿江两岸水系发达，支流众多，不同支流库湾的几何形态和流域特征也不尽相同。在库区38条主要支流中，按照主要支流距离三峡大坝的距离/位置、库区内河流长度、流量及消落带面积比进行分类统计，筛选了27条河流，分别见图2.4-7～图2.4-9。27条主要支流在库区范围内的平均长度为66.9km，梅溪河长为112.8km，黄金河（又称甘井河）长约71.2km，在所统计的27条支流中分别排名第5位和第10位。27条支流年平均径流量的均值为25.0m³/s，梅溪河为32.4m³/s（排名第7位），黄金河为17.2m³/s（排名第13位）。梅溪河消落带面积为592hm²，占最大水面面积的比例为41.1%，比长江干流消落带比例（32.3%）略高，比支流平均消落带面积比例（48.8%）略低；黄金河消落带面积为324.5hm²，占最大水面面积的比例为84.7%，支流消落带面积占比位居库区所有支流的第1位。

根据近年来《长江三峡工程生态与环境监测公报》的数据，2008—2019年期间梅溪河几乎每年都有水华发生，是所有支流中水华发生频率最高的（表2.4-7）；同时黄金河也是水华发生概率比较高的支流（出现8次）。因此，可以看出梅溪河和黄金河水体富营养化问题较为突出，发生藻类水华的概率都很高。

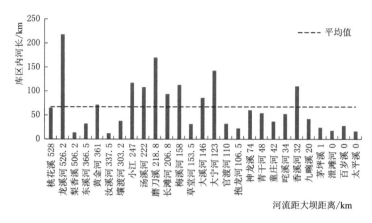

图 2.4-7　三峡库区主要支流河长对比图

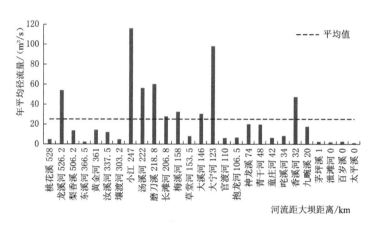

图 2.4-8　三峡库区主要支流年平均径流量对比图

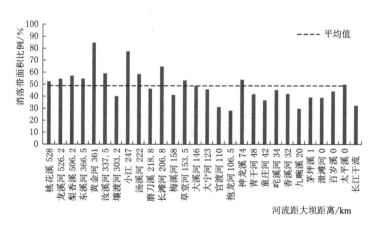

图 2.4-9　三峡库区主要支流消落带面积比例对比图

表 2.4 - 7　　　　　　　　近年来三峡库区主要支流水华发生情况统计表

支流名称	是否发生水华										
	2008 年	2009 年	2010 年	2011 年	2012 年	2013 年	2014 年	2015 年	2016 年	2017 年	2019 年
梅溪河	√	√	√	√	√	√	√	√	√	√	
香溪河	√	√	√	√	√	√	√	√			√
磨刀溪	√	√				√	√	√	√		
神农溪	√	√				√	√				√
汝溪河	√			√	√	√		√			
黄金河	√			√	√	√					
东溪河				√	√	√		√			
大宁河	√	√	√			√		√		√	
苎溪河	√	√						√			√
龙河		√	√	√	√		√			√	
草堂河		√				√	√	√	√		
童庄河			√		√	√			√		√
池溪河			√			√	√				

注　"√"表示发生水华。

因此,综合各支流库湾在三峡库区中所处位置、径流量、河流长度、消落带面积比以及水华发生状况等因素,选定梅溪河为典型支流,开展支流库湾水体富营养化特征参数监测(监测站点见图 2.4 - 10)与水环境演化研究,能够代表三峡水库不同类型支流的水环境、水生态特点,其水环境反演技术具有在库区大面积推广的广泛前景。同时结合生物调控等关键技术试验研究和示范区水域征用、管护及配套设施等需要,选用黄金河作为本课题关键技术的示范区水域,典型支流库湾和关键技术示范区位置见图 2.4 - 11。

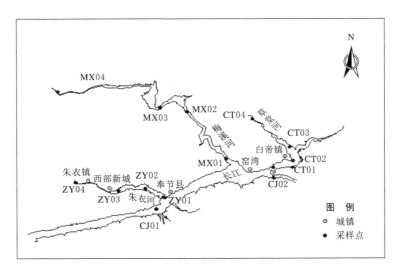

图 2.4 - 10　三峡水库典型支流库湾水体富营养化监测特征断面分布

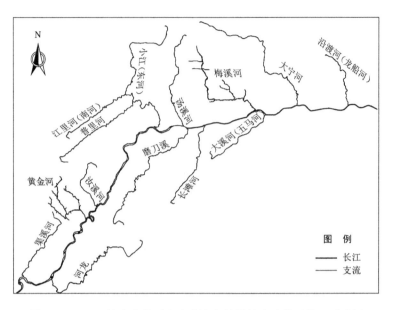

图 2.4-11　三峡水库典型支流库湾和关键技术示范区位置示意图

2.4.3.1　梅溪河支流概况

1. 自然环境概况

梅溪河位于三峡库区水源涵养重要区，主导生态功能为水源涵养、水质安全保障、生物多样性保护、洪水调蓄、土壤保持等，河口距三峡大坝约 158km，地处 N30°10′～31°02′，E109°00′～109°30′，是长江左岸的 1 级支流，具体位置及其水系示意图分别见图 2.4-12 和图 2.4-13。梅溪河发源于重庆市巫溪县塘坊乡清水池，分水岭海拔为 2300m，全长为 117km，多年平均流量为 32.4m³/s，集水面积为 2001km²，全流域总落差为 1610m，平均比降为 3.1‰，两岸多堆积阶地。梅溪河消落带面积为 592hm²，占最大水面面积的比例为 41.1%。

梅溪河流域地处四川盆地东部大巴山南缘与长江峡谷的过渡带，属于深山峡谷地貌，山势雄伟，河谷深切，多呈"V"形。流域属亚热带暖湿季风气候区，流域内地势差异变化较大。梅溪河流域内降雨年内分配不均，雨季从 4 月上旬延续

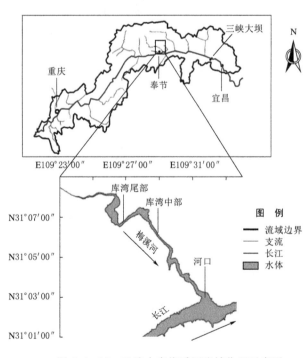

图 2.4-12　三峡水库梅溪河流域位置示意图

至 10 月下旬，其中以 5 月、6 月、7 月三月降水量最多，约占全年降水量的 43.4%，12 月至次年 2 月最枯，降水量约占全年的 4.9%。根据奉节气象站资料统计，梅溪河流域多年平均气温为 18.3℃。

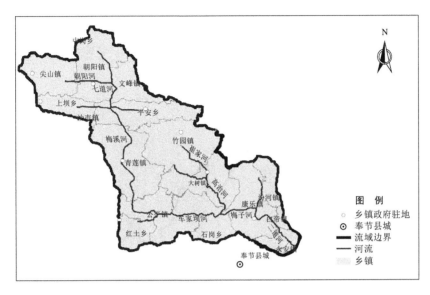

图 2.4-13　重庆市奉节县梅溪河流域水系及乡镇分布示意图

2. 社会经济概况

梅溪河流域主要涉及奉节县平安乡、竹园镇、大树镇、公平镇、石岗乡、康乐镇、汾河镇、白帝镇、鱼复街道、夔门街道等 11 个乡镇、街道，合计 121 个村、社。梅溪河流域人类活动频繁，沿河集镇较多，特别是梅溪河河口段为奉节县城城区所在地。梅溪河流域内各乡镇、街道常住人口 31.03 万人，其中城镇人口 9.46 万人，农村人口 21.57 万人，城镇化率为 30.5%。流域内耕地总面积为 26.22 万亩，有效耕地面积为 5.83 万亩（含园地），耕地灌溉率 22.2%。流域内工业增加值为 1.75 亿元，主要集中在奉节城区鱼复街道、夔门街道。

3. 主要污染源调查

通过实地调查，梅溪河流域内工业聚集区为奉节生态工业园康乐组团，主要工业企业为华电国际电力股份有限公司奉节发电厂、重庆巨能矿产有限公司，沿途几乎再无其他工业点源污染。梅溪河流域内各乡镇共有 21 个污水处理厂（站），主要处理学校、移民安置点产生的生活污水。

梅溪河流域主要种植水稻、小麦等粮食作物以及脐橙、花椒、油橄榄等经济作物，村落大多沿河分布。由于流域内地形地貌与岸坡地质结构复杂，耕地多以陡坡耕地为主，水土保持能力弱，夏季雨量丰沛且暴雨集中，水土流失严重。在降雨冲刷下，耕种过程中施用的大量化肥、农药，以及养殖业产生的畜禽粪便等随冲刷泥沙进入河道，以降雨径流的形式输入水体中，流域面源污染成为梅溪河支流库湾的主要污染来源。

2.4.3.2　黄金河支流概况

黄金河（又称甘井河）位于长江上游北岸地区、重庆东部，隶属于长江水系，由西、中、东三条支流汇成（图 2.4－14）。西支源于梁平县铁门乡的八角殿，流经忠县金鸡、马灌、三汇等地。中支源于梁平县大观镇的石垭子，流经忠县金鸡、三汇等地，在白石镇孙家堡与西支汇合。东支源于梁平县柏家镇的骑龙屋基，流经忠县石黄、官坝、兴峰等地，在黄金镇三角滩与西、中支流的合流汇合，于忠州街道郑公社区甘井口汇入长江。

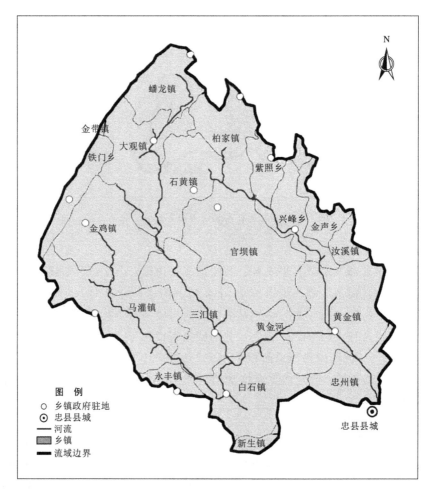

图 2.4－14　三峡水库黄金河流域水系及乡镇分布图

黄金河是忠县最大的河流，全长 73km，三峡库区境内长度 71.2km，流域面积为 922km²，消落带面积为 324.5hm²，多年平均流量为 15.4m³/s，多年平均径流总量 4.82 亿 m³，流域内相对最大落差 543m，流域水力蕴藏量为 1.94 万 kW，可开发量 1.84 万 kW，已开发 1.40 万 kW，占可开发量的 77%。黄金河流域介于 E107°42′～108°03′、N30°30′～30°37′之间，属亚热带东南季风区山地气候，日照时数 1204.7h，日照率 26%，年平均气温为 18.0℃，年平均降雨量为 1200mm，温热寒凉，四季分明，雨量充沛，日照充足，是全县乡镇工业和生活用水的重要来源地。

　　黄金河流域主要涉及石黄、金鸡、三汇、白石、黄金、忠州等 19 个乡镇（街道），黄金河流域人类活动较为频繁，沿河集镇较多，沿河建有红星、万家洞、渔桥洞、鱼箭滩、羊子岩等电站，黄金河河口段为忠县城区所在地。根据《长江三峡工程生态与环境监测公报》公布的调查数据，2008—2017 年期间，黄金河富营养化问题较为突出，发生藻类水华的频率较高。近年来，忠县狠抓生态文明建设，多措并举完善水治理体系，全面推行河长制工作，黄金河初步实现了"河畅、水清、坡绿、岸美"的水生态目标。

第3章

三峡水库支流库湾水体富营养化演变成因及其驱动机制

以三峡库区水体富营养化问题最突出和藻类水华问题最严重的梅溪河库湾为研究对象，采用野外试验、定位观测及数值模拟等多技术手段，识别近年来三峡水库调度运行条件下梅溪河库湾水文节律变化特征、水体富营养化状态演变及其与环境因素的响应关系，分析干支流交互作用、支流库湾水陆交替变化、陆域营养盐控制及生物调控等对支流库湾富营养状态指数的影响，揭示三峡水库运行→水陆交错带生态系统演替→支流库湾外源性营养物质输入削减→水体富营养状态变化等对梅溪河库湾水体富营养化演变的驱动机制，提出三峡水库典型支流库湾水体富营养化的调控途径。

3.1 梅溪河库湾水体富营养演化与反演技术

在"十一五"和"十二五"国家重大水污染控制与治理专项研究的基础之上，聚焦三峡水库支流库湾特殊水动力过程下的水环境调控途径，以三峡库区中部靠前的梅溪河（距离坝址 158km）作为典型支流，以三峡水库正常蓄水位 175.00m 回水淹没线范围为模型模拟范围，采用中国海洋大学开发的海洋环境研究与预测模型（Marine Environment Research and Forecasting Model，MERF）构建梅溪河支流库湾三维水动力与水体富营养化模型。MERF 模型是开源水动力模型，水平方向采用 Cartesian 坐标，垂直方向采用 Sigma 坐标，使得浅水区获得与深水区相同的垂向分辨率，且能充分反映出入流，降水和蒸发，表、底热交换，风、浪效应，科氏力（Coriolis）效应，正压、斜压效应等影响，适合深大型湖库水动力模拟。同时采用 2014 年实测水文与水质数据对梅溪河库湾水体富营养化模型进行参数率定，采用已获取的 2017 年实测数据对梅溪河库湾水体富营养化模型进行校验，并在此基础上建立了三峡水库干支流交互作用下梅溪河支流库湾水环境演化模型，初步建立了三峡水库典型支流梅溪河库湾水环境演化与反演技术。

3.1.1 水流控制方程

三峡水库支流库湾的水动力特性呈现典型的三维特征，一方面在垂向剖面上干流自下而上倒灌入支流库湾与支流库湾自上而下流入干流库区同时存在；另一方面在干支流交汇断面左、右岸流场还呈现明显的进出流差异。而传统的水流观测，无论是基于点式流速计的多点观测，还是基于多普勒声学流速仪的断面观测，虽然可以描绘支流库湾的水动力特征，但是在反演整个库湾全平面、多层位的不同调度运行期流场特征和诊断水动力控制机制上显得有些力不从心。因此，针对梅溪河支流库湾研发三维水动力模型对研究区进行水动力条件及时空变化过程的数值模拟，以解析其水文水动力的变化过程，并在此基础上通过数值实验的方法诊断其水动力过程的控制机制。

采用 MERF 构建三峡水库梅溪河支流库湾三维水动力模型，模型采用 Sigma 坐标：

$$\sigma = \frac{z - \eta}{D} \tag{3.1-1}$$

$$D(x,y,t) = H(x,y,t) + \eta(x,y,t) \tag{3.1-2}$$

式中：x、y 和 z 分别为 Cartesian 坐标；t 为时间；D 为水深；η 为水面高程；H 为静止水深；σ 为 -1 时表示在底层，为 0 时表示在表层。模型的基本控制方程和边界条件如下

在 σ 坐标下 Reynolds 平均的三维动量方程为

$$\frac{\partial uD}{\partial t} + \frac{\partial u^2 D}{\partial x} + \frac{\partial uvD}{\partial y} + \frac{\partial u\omega}{\partial \sigma} = fvD - gD\frac{\partial \eta}{\partial x} - \frac{D}{\rho_0}\frac{\partial P_a}{\partial x}$$
$$- \frac{gD}{\rho_0}\left(\int_\sigma^0 D\frac{\partial \rho}{\partial x}\mathrm{d}\sigma' - \frac{\partial D}{\partial x}\int_\sigma^0 \sigma'\frac{\partial \rho}{\partial \sigma}\mathrm{d}\sigma'\right)$$
$$- \frac{D}{\rho_0}\left(\frac{\partial q}{\partial x} + \frac{\partial \sigma}{\partial x}\frac{\partial q}{\partial \sigma}\right) + DIF_u + \frac{\partial}{\partial \sigma}\left(\frac{K_M}{D}\frac{\partial u}{\partial \sigma}\right) \tag{3.1-3}$$

$$\frac{\partial uD}{\partial t} + \frac{\partial uvD}{\partial x} + \frac{\partial v^2 D}{\partial y} + \frac{\partial v\omega}{\partial \sigma} = fuD - gD\frac{\partial \eta}{\partial y} - \frac{D}{\rho_0}\frac{\partial p_a}{\partial y}$$
$$- \frac{gD}{\rho_0}\left(\int_\sigma^0 D\frac{\partial \rho}{\partial y}\mathrm{d}\sigma' - \frac{\partial D}{\partial y}\int_\sigma^0 \sigma'\frac{\partial \rho}{\partial \sigma'}\mathrm{d}\sigma'\right)$$
$$- \frac{D}{\rho_0}\left(\frac{\partial q}{\partial y} + \frac{\partial \sigma}{\partial y}\frac{\partial q}{\partial \sigma}\right) + DIF_v + \frac{\partial}{\partial \sigma}\left(\frac{K_M}{D}\frac{\partial v}{\partial \sigma}\right) \tag{3.1-4}$$

$$\frac{\partial wD}{\partial t} + \frac{\partial uwD}{\partial x} + \frac{\partial vwD}{\partial y} + \frac{\partial w\omega}{\partial \sigma} = 2D\Omega\cos(\varphi u_{lat}) - \frac{1}{\rho_0}\frac{\partial q}{\partial \sigma} + DIF_w + \frac{\partial}{\partial \sigma}\left(\frac{K_M}{D}\frac{\partial w}{\partial \sigma}\right)$$
$$\tag{3.1-5}$$

式中：u、v 和 w 分别为 x、y 和 z 方向流速分量；ω 为转换到 σ 坐标下的垂向流速；f 为科氏参数；P_a 为水表面大气压强；ρ 和 ρ_0 分别为密度和参照密度；g 为重力加速度；q 为非静力压强；K_M 为垂向湍黏性系数；DIF_u、DIF_v 和 DIF_w 为动量方程的扩散项；Ω 为地球自转角速度；φ 为纬度；u_{lat} 为维向速度。

u、v 和 w 需要满足在 σ 坐标下的三维连续方程：

$$\frac{\partial u}{\partial x} + \frac{\partial v}{\partial y} + \frac{\partial \sigma}{\partial x}\frac{\partial u}{\partial \sigma} + \frac{\partial \sigma}{\partial y}\frac{\partial v}{\partial \sigma} + \frac{1}{D}\frac{\partial w}{\partial \sigma} = 0 \tag{3.1-6}$$

对于 Sigma 坐标系下的垂向流速 ω，其满足的三维体积连续方程为

$$\frac{\partial uD}{\partial x} + \frac{\partial vD}{\partial y} + \frac{\partial \omega}{\partial \sigma} + \frac{\partial \eta}{\partial t} = 0 \tag{3.1-7}$$

用于诊断水面高程 η 的二维连续方程为

$$\frac{\partial \eta}{\partial t} + \frac{\partial}{\partial x}\left(D\int_{-1}^0 u\mathrm{d}\sigma\right) + \frac{\partial}{\partial y}\left(D\int_{-1}^0 v\mathrm{d}\sigma\right) = 0 \tag{3.1-8}$$

温盐输运方程为

$$\frac{\partial TD}{\partial t}+\frac{\partial uTD}{\partial x}+\frac{\partial vTD}{\partial y}+\frac{\partial \omega T}{\partial \sigma}=DIF_T+\frac{\partial}{\partial \sigma}\left(\frac{K_H}{D}\frac{\partial T}{\partial \sigma}\right)+SR \qquad (3.1-9)$$

$$\frac{\partial SD}{\partial t}+\frac{\partial uSD}{\partial x}+\frac{\partial vSD}{\partial y}+\frac{\partial \omega S}{\partial \sigma}=DIF_s+\frac{\partial}{\partial \sigma}\left(\frac{K_H}{D}\frac{\partial S}{\partial \sigma}\right) \qquad (3.1-10)$$

式中：S、T 分别为水体盐度和温度；K_H 为垂向扩散系数；DIF_s 和 DIF_T 为温盐的水平扩散项；SR 为吸收的太阳辐射。

湍封闭模式采用 HAMSOM 模式零阶湍封闭方案：

$$K_M=K_{M0}+\frac{C_1+C_2\sqrt{u^2+v^2}}{\sqrt{1+3R_i}} \qquad (3.1-11)$$

$$K_H=K_{H0}+\frac{K_M}{\sqrt{1+3R_i}} \qquad (3.1-12)$$

其中，$K_{M0}=10^{-4}\ \mathrm{m^2/s}$，$K_{H0}=10^{-6}\ \mathrm{m^2/s}$，$C_1=75\times10^{-4}\ \mathrm{m^2/s}$，$C_2=25\times10^{-5}\ \cdot\ [\min$（$H$，30m）]，$R_i$ 为 Richardson 数，z 坐标系下的表达式为

$$R_i=-\frac{gD}{\rho_0}\frac{\partial u}{\partial \sigma}\left[\left(\frac{\partial u}{\partial \sigma}\right)^2+\left(\frac{\partial v}{\partial \sigma}\right)^2\right]^{-1} \qquad (3.1-13)$$

在表层没有风的作用下水平流速的自由开边界条件为

$$\left.\left(\frac{\partial u}{\partial \sigma},\frac{\partial u}{\partial \sigma}\right)\right|_{\sigma=0}=0 \qquad (3.1-14)$$

在底层底部剪切力为

$$\left.\frac{K_M}{D}\left(\frac{\partial u}{\partial \sigma},\frac{\partial u}{\partial \sigma}\right)\right|_{\sigma=0}=\frac{1}{\rho_0}C_d\sqrt{u^2+v^2}(u,v) \qquad (3.1-15)$$

式中：C_d 为拖拽系数。

垂向流速 w 表层和底层的动力边界条件为

$$w|_{\sigma=0}=\frac{\partial \eta}{\partial t}+u\frac{\partial \eta}{\partial x}+v\frac{\partial \eta}{\partial y} \qquad (3.1-16)$$

$$w|_{\sigma=-1}=u\frac{\partial H}{\partial x}-v\frac{\partial H}{\partial y} \qquad (3.1-17)$$

非静力的表层动力边界条件为

$$q|_{\sigma=0}=0 \qquad (3.1-18)$$

非静力的底层动力边界条件为纽曼（Neumann）边界条件，可以从动量方程得出：

$$\left.\frac{\partial q}{\partial \sigma}\right|_{\sigma=-1}=-\rho D\left.\frac{\mathrm{d}w}{\mathrm{d}t}\right|_{\sigma=-1} \qquad (3.1-19)$$

使用有限差分法的 C 网格，对控制方程进行离散，这样可以将表底边界条件与非静力压强严格匹配，见图 3.1-1。q（非静力压强）位于网格表层，即与 w（垂直速度分量）位置相同，其他变量位于网格中心。

3.1.2　水质模型及相关生态动力学过程

梅溪河支流库湾水体富营养化模型，不仅考虑了水体中浮游植物的物理、化学变化过程，还考虑了由于营养盐的外源输入及内源循环对浮游植物的影响。水动力模拟提供背景

场，现场的同步观测为模型提供外源强迫，以上两部分驱动生态动力学模型进行数值模拟。梅溪河支流库湾生态模型是在分析支流库湾水环境、水生态的基础上建立的，其概念模式见图 3.1-2。

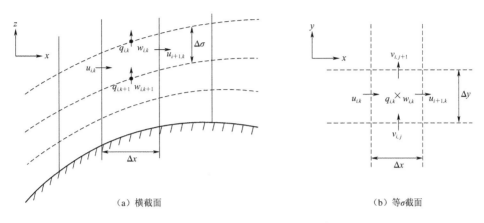

（a）横截面　　　　　　　　　（b）等σ截面

图 3.1-1　流速和动压在网格上的布置

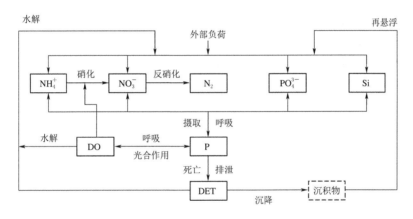

图 3.1-2　水体富营养模型生态模式概念图

注　P、DET、DO、NO_3^-、NH_4^+、PO_4^{3-}、Si 分别为浮游植物、碎屑、溶解氧、硝氮、氨氮、磷酸盐和溶解硅。

3.1.2.1　藻类过程

在地表水生物类群中，生活在湖泊和河流中的藻类，或称浮游植物，是被研究最多的。众多的文献报道了浮游植物在实验室和野外的生理过程、种类的季节变化及其生物量变化的原因。藻类是地表水中主要的初级生产者，它在水体富营养化演变过程中扮演着重要的角色，是水质模型中的基本要素。浮游植物通过生长摄取营养物质影响水体中的氮、磷循环及溶解氧的平衡。一般而言，水质模型很少模拟特定种类的藻。藻类会被集合成一个类群或几个类群。藻类的动力学过程受生长、死亡、呼吸与排泄作用的共同影响，可表示为

$$\left.\frac{dP}{dt}\right|_{\text{bio}} = \left.\frac{dP}{dt}\right|_{O_2}^{\text{gpp}} - \left.\frac{dP}{dt}\right|_{\text{DET}}^{\text{mor}} - \left.\frac{dP}{dt}\right|_{\text{DET}}^{\text{exc}} - \left.\frac{dP}{dt}\right|_{CO_2}^{\text{res}} \qquad (3.1-20)$$

式中：P 为藻类生物量，以碳计；t 为时间；gpp 表示初级生产；mor 表示死亡；exc 表示

排泄；res 表示呼吸。上标表示过程，下标表示相关联变量。

藻类生长受水温、营养盐、光照和基础生长速率的影响，可用下式表示：

$$\frac{dP}{dt}\Big|_{O_2}^{gpp} = r_P P \tag{3.1-21}$$

$$r_P = r_0 \, f_P^T \, f_P^I \, f_P^{N,P,Si} \tag{3.1-22}$$

式中：r_0 为藻类最大生长速率；f_P^T 为温度限制函数；f_P^I 为光限制函数；$f_P^{N,P,Si}$ 为 N、P、Si 等营养盐限制函数。

藻类生长受到温度的影响，在某个适宜的温度区间，藻类生长最快。高于或低于这个温度范围，都会影响藻类的生长速度。温度对藻类的影响可表示为

$$f_P^T = \begin{cases} e^{-0.1\times(T-T_1)^2} & T < T_1 \\ 1 & T_1 \leqslant T \leqslant T_2 \\ e^{-0.1\times(T-T_2)^2} & T > T_2 \end{cases} \tag{3.1-23}$$

式中：T 为水温；T_1 为适宜生长温度下限；T_2 为适宜生长温度上限。

藻类生长还受到光（太阳辐射）的影响。太阳辐射在水体中随深度的变化过程可以表示为

$$I_z = I_0 \, e^{-(KW+KC\cdot P)z} \tag{3.1-24}$$

$$f_P^I = \frac{I_z}{I_{opt}} \, e^{\left(1-\frac{I_z}{I_{opt}}\right)} \tag{3.1-25}$$

式中：I_z 为水面下深度 z 处的太阳辐射，W/m^2；I_0 为水面太阳辐射，W/m^2；z 为水深，m；KW 为除藻类之外所有物质的消光系数；KC 为藻类消光系数因子；I_{opt} 为藻类最优生长光照强度。

藻类生长受到的限制性营养盐主要为 N、P 和 Si。营养物质浓度对藻类的生长影响十分复杂，一般用 Michaelis - Menton 模型来描述藻类生长和营养盐浓度之间的关系：

$$f_P^{NO_3^-} = \frac{NO_3^- / K_{NO_3^-}}{1 + NO_3^- / K_{NO_3^-} + NH_4^+ / K_{NH_4^+}} \tag{3.1-26}$$

$$f_P^{NH_4^+} = \frac{NH_4^+ / K_{NH_4^+}}{1 + NO_3^- / K_{NO_3^-} + NH_4^+ / K_{NH_4^+}} \tag{3.1-27}$$

$$f_P^{N,P,Si} = \min\left(f_P^{NO_3^-} + f_P^{NH_4^+}, \frac{PO_4^{3-}}{K_P + PO_4^{3-}}, \frac{Si}{K_{Si} + Si} \right) \tag{3.1-28}$$

式中：$K_{NO_3^-}$ 为硝氮半饱和浓度；$K_{NH_4^+}$ 为氨氮半饱和浓度；K_P 为磷酸盐半饱和浓度；K_{Si} 为溶解硅半饱和浓度。

藻类的死亡是一个非线性过程，通常可表示为

$$\frac{dP}{dt}\Big|_{DET}^{mor} = \mu_1 P + \mu_2 P^2 \tag{3.1-29}$$

式中：μ_1 为藻类一阶死亡速率；μ_2 为藻类二阶死亡速率。

藻类的排泄过程与藻类生长直接相关，一般表示为

$$\left.\frac{\mathrm{d}P}{\mathrm{d}t}\right|_{\mathrm{DET}}^{\mathrm{exc}} = \alpha_P \left.\frac{\mathrm{d}P}{\mathrm{d}t}\right|_{\mathrm{O}_2}^{\mathrm{gpp}} \tag{3.1-30}$$

式中：α_P 为藻类排泄速率。

藻类的呼吸过程包括基础呼吸和运动呼吸两部分，可用以下数学模型表示：

$$\left.\frac{\mathrm{d}P}{\mathrm{d}t}\right|_{\mathrm{CO}_2}^{\mathrm{res}} = f_P^T b_P P + \gamma_P (1 - \alpha_P) \left.\frac{\mathrm{d}P}{\mathrm{d}t}\right|_{\mathrm{O}_2}^{\mathrm{gpp}} \tag{3.1-31}$$

式中：b_P 为藻类基础呼吸速率；γ_P 为藻类活动呼吸速率。

3.1.2.2 碎屑过程

碎屑主要是指浮游植物残体的有机碳，其动力学受藻类死亡、排泄、水解、反硝化和沉降作用的影响，可表示为

$$\left.\frac{\mathrm{d}DET}{\mathrm{d}t}\right|_{\mathrm{bio}} = \left.\frac{\mathrm{d}DET}{\mathrm{d}t}\right|_{\mathrm{P}}^{\mathrm{mor}} + \left.\frac{\mathrm{d}DET}{\mathrm{d}t}\right|_{\mathrm{P}}^{\mathrm{exc}} - \left.\frac{\mathrm{d}DET}{\mathrm{d}t}\right|_{\mathrm{CO}_2}^{\mathrm{rmn}} - \left.\frac{\mathrm{d}DET}{\mathrm{d}t}\right|_{\mathrm{CO}_2}^{\mathrm{denit}} - \mathrm{snk}(DET)$$

$$\tag{3.1-32}$$

式中：DET 为碎屑生物量，以碳计；rmn 表示水解；denit 表示反硝化；snk 表示沉降。

藻类碎屑的水解主要与溶解氧和水体温度有关，用以下数学模型表示：

$$\left.\frac{\mathrm{d}DET}{\mathrm{d}t}\right|_{\mathrm{CO}_2}^{\mathrm{rmn}} = \left[1 - \frac{1}{(DO/O_{cr})^{dcr} + 1}\right] r_{\mathrm{DET}} \left(1 + T_{\mathrm{scd}} \frac{T^2}{T_{\mathrm{hsr}}^2 + T^2}\right) \tag{3.1-33}$$

式中：O_{cr} 为硝化氧临界浓度；dcr 为硝化氧限制因子；r_{DET} 为碎屑水解速率；T_{scd} 为硝化温度限制因子；T_{hsr} 为水解参照温度。

以藻类碎屑为代表的有机碳会参与到氮的反硝化过程中，可以表示为

$$\left.\frac{\mathrm{d}DET}{\mathrm{d}t}\right|_{\mathrm{CO}_2}^{\mathrm{denit}} = \left.\frac{\mathrm{d}NO_3}{\mathrm{d}t}\right|_{\mathrm{N}_2}^{\mathrm{denit}} \cdot d_{\mathrm{DN}} \tag{3.1-34}$$

式中：d_{DN} 为碎屑反硝化比例。

3.1.2.3 溶解氧过程

水体中的溶解氧主要是耗氧过程和富氧过程的平衡，包括藻类光合作用富氧，呼吸作用、硝化作用和水解作用的耗氧。可用以下数学模型表示为

$$\left.\frac{\mathrm{d}DO}{\mathrm{d}t}\right|_{\mathrm{bio}} = \left.\frac{\mathrm{d}DO}{\mathrm{d}t}\right|_{\mathrm{P}}^{\mathrm{gpp}} - \left.\frac{\mathrm{d}DO}{\mathrm{d}t}\right|_{\mathrm{CO}_2}^{\mathrm{res}} - \left.\frac{\mathrm{d}DO}{\mathrm{d}t}\right|_{\mathrm{NO}_3^-}^{\mathrm{nit}} - \left.\frac{\mathrm{d}DO}{\mathrm{d}t}\right|_{\mathrm{CO}_2}^{\mathrm{rmn}} + airflux(DO) + sedflux(DO)$$

$$\tag{3.1-35}$$

式中：DO 为水体中的溶解氧；$airflux$ 为水-大气界面通量；$sedflux$ 为沉积物-水界面通量；下同。

藻类光合作用的富氧过程与藻类的生长直接相关，可表示为

$$\left.\frac{\mathrm{d}DO}{\mathrm{d}t}\right|_{\mathrm{P}}^{\mathrm{gpp}} = \left.\frac{\mathrm{d}P}{\mathrm{d}t}\right|_{\mathrm{O}_2}^{\mathrm{gpp}} \cdot m_{\mathrm{CO}} \tag{3.1-36}$$

式中：m_{CO} 为碳和氧气转换的化学计量数。

藻类呼吸作用的耗氧过程可表示为

$$\left.\frac{\mathrm{d}DO}{\mathrm{d}t}\right|_{\mathrm{CO_2}}^{\mathrm{res}} = \left.\frac{\mathrm{d}P}{\mathrm{d}t}\right|_{\mathrm{CO_2}}^{\mathrm{res}} \cdot m_{\mathrm{CO}} \qquad (3.1-37)$$

硝化作用的耗氧过程可表示为

$$\left.\frac{\mathrm{d}DO}{\mathrm{d}t}\right|_{\mathrm{NO_3^-}}^{\mathrm{nit}} = \left.\frac{\mathrm{d}NH_4^+}{\mathrm{d}t}\right|_{\mathrm{NO_3^-}}^{\mathrm{nit}} \cdot m_{\mathrm{NO}} \qquad (3.1-38)$$

式中：m_{NO} 为氮和氧气转换的化学计量数。

碎屑水解作用的耗氧过程可表示为

$$\left.\frac{\mathrm{d}DO}{\mathrm{d}t}\right|_{\mathrm{CO_2}}^{\mathrm{rmn}} = \left.\frac{\mathrm{d}DET}{\mathrm{d}t}\right|_{\mathrm{CO_2}}^{\mathrm{rmn}} \cdot m_{\mathrm{CO}} \qquad (3.1-39)$$

3.1.2.4　氮过程

氮循环主要是硝氮过程和氨氮过程。氨氮过程主要包括浮游植物吸收和呼吸、碎屑矿化水解、硝化作用，以及表底界面交换，其平衡方程可为

$$\left.\frac{\mathrm{d}NH_4^+}{\mathrm{d}t}\right|_{\mathrm{bio}} = -\left.\frac{\mathrm{d}NH_4^+}{\mathrm{d}t}\right|_{\mathrm{P}}^{\mathrm{upt}} + \left.\frac{\mathrm{d}NH_4^+}{\mathrm{d}t}\right|_{\mathrm{P}}^{\mathrm{res}} + \left.\frac{\mathrm{d}NH_4^+}{\mathrm{d}t}\right|_{\mathrm{DET}}^{\mathrm{rmn}} - \left.\frac{\mathrm{d}NH_4^+}{\mathrm{d}t}\right|_{\mathrm{NO_3^-}}^{\mathrm{nit}} +$$

$$air\,flux(NH_4^+) + sed\,flux(NH_4^+) \qquad (3.1-40)$$

式中：NH_4^+ 为水体中的氨氮浓度；upt 表示藻类生长吸收摄取。

硝氮过程主要以浮游植物吸收、硝化、反硝化和表底界面通量为主，表示为

$$\left.\frac{\mathrm{d}NO_3^-}{\mathrm{d}t}\right|_{\mathrm{bio}} = -\left.\frac{\mathrm{d}NO_3^-}{\mathrm{d}t}\right|_{\mathrm{P}}^{\mathrm{upt}} + \left.\frac{\mathrm{d}NO_3^-}{\mathrm{d}t}\right|_{\mathrm{NH_4^+}}^{\mathrm{nit}} - \left.\frac{\mathrm{d}NO_3^-}{\mathrm{d}t}\right|_{\mathrm{N_2}}^{\mathrm{denit}} + air\,flux(NO_3^-) + sed\,flux(NO_3^-)$$

$$(3.1-41)$$

式中：NO_3^- 为水体中的硝氮浓度。

藻类通过光合作用吸收氨氮和硝氮用于生长：

$$\left.\frac{\mathrm{d}NH_4^+}{\mathrm{d}t}\right|_{\mathrm{P}}^{\mathrm{upt}} = \left.\frac{\mathrm{d}P}{\mathrm{d}t}\right|_{\mathrm{O_2}}^{\mathrm{gpp}} \cdot \frac{NH_4^+ / K_{NH_4}^+}{NO_3^- / K_{NO_3}^- + NH_4^+ / K_{NH_4}^+} \cdot R_{\mathrm{NC}} \qquad (3.1-42)$$

$$\left.\frac{\mathrm{d}NO_3^-}{\mathrm{d}t}\right|_{\mathrm{P}}^{\mathrm{upt}} = \left.\frac{\mathrm{d}P}{\mathrm{d}t}\right|_{\mathrm{O_2}}^{\mathrm{gpp}} \cdot \frac{NO_3^- / K_{NO_3^-}}{NO_3^- / K_{NO_3^-} + NH_4^+ / K_{NH_4^+}} \cdot R_{\mathrm{NC}} \qquad (3.1-43)$$

式中：R_{NC} 为氮与碳的 Redfield 比。

藻类的呼吸作用还会释放一定的氨氮：

$$\left.\frac{\mathrm{d}NH_4^+}{\mathrm{d}t}\right|_{\mathrm{P}}^{\mathrm{res}} = \left.\frac{\mathrm{d}P}{\mathrm{d}t}\right|_{\mathrm{CO_2}}^{\mathrm{res}} \cdot R_{\mathrm{NC}} \qquad (3.1-44)$$

藻类碎屑通过水解和矿化过程转变为氨氮：

$$\left.\frac{\mathrm{d}NH_4^+}{\mathrm{d}t}\right|_{\mathrm{DET}}^{\mathrm{rmn}} = \left.\frac{\mathrm{d}DET}{\mathrm{d}t}\right|_{\mathrm{CO_2}}^{\mathrm{rmn}} \cdot R_{\mathrm{NC}} \qquad (3.1-45)$$

氨氮通过硝化作用氧化为硝氮。自然水体中，硝化过程是比较复杂的，主要依赖溶解氧的浓度、水温和氨氮的浓度。硝化过程可以被描述为

$$\frac{\mathrm{d}NH_4^+}{\mathrm{d}t}\bigg|_{NO_3^-}^{\mathrm{nit}} = r_{\mathrm{nit}}\left(1 - \frac{1}{(DO/O_{cr})^{dcr}+1}\right)\mathrm{e}^{T_{\mathrm{scn}}T} \cdot NH_4^+ \tag{3.1-46}$$

式中：r_{nit} 为硝化速率；T_{scn} 为硝化过程温度限制因子。

反硝化作用是硝酸盐还原为氮气的过程。通常是在厌氧的情况下，细菌使用结合在硝氮中的氧，并将氧移出硝氮，将硝氮还原为亚硝氮，亚硝氮进一步还原为氮气。反硝化作用会使得氮从天然水体的氮循环中流失。反硝化作用同时消耗水系统中的有机碳和硝酸盐，一般而言溶解氧、硝氮浓度和碎屑的浓度对反硝化过程有影响：

$$\frac{\mathrm{d}NO_3^-}{\mathrm{d}t}\bigg|_{N_2}^{\mathrm{denit}} = r_{\mathrm{den}}\frac{1}{(DO/O_{cr})^{dcr}+1} \cdot \frac{DET}{DET+K_{\mathrm{DET}}} \cdot \frac{NO_3^-}{NO_3^-+K_{NO_3^-}} \tag{3.1-47}$$

式中：r_{den} 为反硝化速率；K_{DET} 为碎屑半饱和浓度。

3.1.2.5 磷过程

磷是浮游植物生长的重要物质。磷的溶解度虽然要远小于氮，但是磷在藻类生长中扮演着重要的角色。磷循环主要以浮游植物吸收、呼吸释放、碎屑水解、反硝化和底界面通量为主，表示为

$$\frac{\mathrm{d}PO_4^{3-}}{\mathrm{d}t}\bigg|_{\mathrm{bio}} = -\frac{\mathrm{d}PO_4^{3-}}{\mathrm{d}t}\bigg|_P^{\mathrm{upt}} + \frac{\mathrm{d}PO_4^{3-}}{\mathrm{d}t}\bigg|_P^{\mathrm{res}} + \frac{\mathrm{d}PO_4^{3-}}{\mathrm{d}t}\bigg|_{\mathrm{DET}}^{\mathrm{rmn}} + \frac{\mathrm{d}PO_4^{3-}}{\mathrm{d}t}\bigg|_{\mathrm{DET}}^{\mathrm{denit}} + sedflux(PO_4^{3-})$$

$$\tag{3.1-48}$$

式中：PO_4^{3-} 为水体中的磷酸盐浓度。

藻类通过光合作用吸收磷用于生长：

$$\frac{\mathrm{d}PO_4^{3-}}{\mathrm{d}t}\bigg|_P^{\mathrm{upt}} = \frac{\mathrm{d}P}{\mathrm{d}t}\bigg|_{O_2}^{\mathrm{gpp}} \cdot R_{\mathrm{PC}} \tag{3.1-49}$$

式中：R_{PC} 为磷与碳的 Redfield 比。

藻类的呼吸作用还会释放一定的磷酸盐：

$$\frac{\mathrm{d}PO_4^{3-}}{\mathrm{d}t}\bigg|_P^{\mathrm{res}} = \frac{\mathrm{d}P}{\mathrm{d}t}\bigg|_{CO_2}^{\mathrm{res}} \cdot R_{\mathrm{PC}} \tag{3.1-50}$$

藻类碎屑通过水解和矿化过程转变为磷酸盐：

$$\frac{\mathrm{d}PO_4^{3-}}{\mathrm{d}t}\bigg|_{\mathrm{DET}}^{\mathrm{rmn}} = \frac{\mathrm{d}DET}{\mathrm{d}t}\bigg|_{CO_2}^{\mathrm{rmn}} \cdot R_{\mathrm{PC}} \tag{3.1-51}$$

以藻类碎屑为代表的有机碳的反硝化过程中，会释放一定的磷酸盐：

$$\frac{\mathrm{d}PO_4^{3-}}{\mathrm{d}t}\bigg|_{\mathrm{DET}}^{\mathrm{denit}} = \frac{\mathrm{d}NO_3^-}{\mathrm{d}t}\bigg|_{N_2}^{\mathrm{denit}} \cdot d_{\mathrm{PN}} \tag{3.1-52}$$

式中：d_{PN} 为反硝化过程释放磷的比例。

3.1.2.6 硅过程

硅循环主要以浮游植物吸收、呼吸释放、碎屑水解、反硝化和底界面通量为主，表示为

$$\frac{\mathrm{d}Si}{\mathrm{d}t}\bigg|_{\mathrm{bio}} = -\frac{\mathrm{d}Si}{\mathrm{d}t}\bigg|_P^{\mathrm{upt}} + \frac{\mathrm{d}Si}{\mathrm{d}t}\bigg|_{\mathrm{DET}}^{\mathrm{rmn}} + \frac{\mathrm{d}Si}{\mathrm{d}t}\bigg|_P^{\mathrm{res}} + \frac{\mathrm{d}Si}{\mathrm{d}t}\bigg|_{\mathrm{DET}}^{\mathrm{denit}} + sedflux(Si) \tag{3.1-53}$$

式中：Si 为水体中的溶解硅。

藻类通过光合作用吸收硅用于生长：

$$\left.\frac{\mathrm{d}Si}{\mathrm{d}t}\right|_{\mathrm{P}}^{\mathrm{upt}} = \left.\frac{\mathrm{d}P}{\mathrm{d}t}\right|_{\mathrm{O}_2}^{\mathrm{gpp}} \cdot R_{\mathrm{SiC}} \tag{3.1-54}$$

式中：R_{SiC} 为硅与碳的 Redfield 比。

藻类的呼吸作用还会释放一定的磷酸盐：

$$\left.\frac{\mathrm{d}Si}{\mathrm{d}t}\right|_{\mathrm{P}}^{\mathrm{res}} = \left.\frac{\mathrm{d}P}{\mathrm{d}t}\right|_{\mathrm{CO}_2}^{\mathrm{res}} \cdot R_{\mathrm{SiC}} \tag{3.1-55}$$

藻类碎屑通过水解和矿化过程转变为溶解硅：

$$\left.\frac{\mathrm{d}Si}{\mathrm{d}t}\right|_{\mathrm{DET}}^{\mathrm{rmn}} = \left.\frac{\mathrm{d}DET}{\mathrm{d}t}\right|_{\mathrm{CO}_2}^{\mathrm{rmn}} \cdot R_{\mathrm{SiC}} \tag{3.1-56}$$

以藻类碎屑为代表的有机碳的反硝化过程中，会释放一定的硅：

$$\left.\frac{\mathrm{d}Si}{\mathrm{d}t}\right|_{\mathrm{DET}}^{\mathrm{denit}} = \left.\frac{\mathrm{d}NO_3^-}{\mathrm{d}t}\right|_{\mathrm{N}_2}^{\mathrm{denit}} \cdot d_{\mathrm{SiN}} \tag{3.1-57}$$

式中：d_{SiN} 为反硝化过程中释放硅的比例。

从水体富营养化发生与演化过程的特点来看，有三方面因素比较重要：①来自陆源的营养元素过量排放，并且不断在水体中累积，为水体提供了"新的营养供给"；②部分水体与开阔水域之间的水交换不畅，水交换周期较长，水体中的有机营养盐逐渐积累；③生源要素在水体内分解、再生，可为浮游植物提供"可再生生产力"。因此，解析水体富营养化过程的驱动机制，明晰各方面因素对支流水环境演化的作用和贡献对于水体富营养化的治理具有重要意义。

由于三峡水库支流库湾在干支流交汇处流速高梯度变化，在水位上存在高频震荡，库湾流场又呈现较强的不均匀特征，因此，传统的水化学观测和分析难以逐一识别各个过程对水体富营养的影响。本研究在已校准的三维水动力模型的基础上耦合水质模型，模拟库湾水华生消过程，尝试解析库湾富营养化过程的驱动机制以及生源要素的生物化学循环过程。

3.1.3 建模及源数据

梅溪河支流库湾（梅溪河入长江河口至三峡水库 175.00m 水位时的回水末端）长约 19.6km，其地形和网格布置见图 3.1-3，支流及其毗邻干流水平方向采用 Cartesian 坐标，分辨率为 50m×50m，垂直方向采用 Sigma 坐标分 10 层，空间离散后总计 27440 个计算网格。

对梅溪河支流库湾及其毗邻干流的区域进行三维水动力数值模拟。长江干流上游和支流上游采用流量边界，长江下游采用水位边界条件。长江干流奉节站水位采用中国长江三峡集团公司公布的逐日数据，长江干流奉节站流量数据由三峡电站逐日发电流量和泄洪量推算获得，梅溪河支流上游

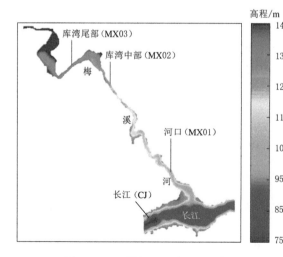

图 3.1-3 研究区地形及网格布置

高程/m
145
135
125
115
105
95
85
75

库湾尾部（MX03）
库湾中部（MX02）
梅
溪
河口（MX01）
河
长江（CJ）

流量由毗邻流域大宁河水文站逐日流量过程按照面积法类比得到；梅溪河支流库湾气象条件采用奉节县气象站实测资料，长江干流入流水温和支流入流水温采用各月实测数据，每月中间时间水温采用线性插值。模拟时段为 2017 年 1 月 1 日至 2017 年 12 月 31 日，模型的时间步长采用 5s，结果输出间隔为 30min。水动力模型在浪潮天梭 TS10000 高性能集群上进行，该集群有 5 个计算节点，每个计算节点有两颗 Intel Xeon E5 - 2670V3（2.3GHz/12c）的处理器及 64G 的内存。各边界条件见图 3.1 - 4。

3.1.4 水流模型参数率定与验证

模型验证的第一步是水动力和水量平衡模拟。本研究中首先用 2014 年的水温和流速数据对模型进行校准。数值模拟时间为 1 年，即从 2014 年 1 月 1 日至 2014 年 12 月 31 日，模拟变量是流场、流速、水位、水深、温度。验证期也是一年，模型校准的参数是水位和水温。

选取梅溪河支流库湾中部断面（MX02）为水动力模型的验证点（位置示意见图 3.1 - 3），各月流速垂向剖面的模拟值与观测值的对比见图 3.1 - 5，模拟结果较好地吻合了流速的观测数据，表明模拟结果具有可靠性。

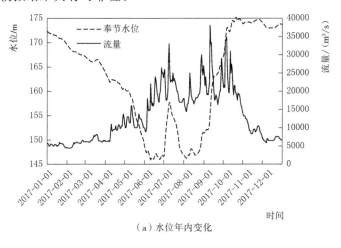

（a）水位年内变化

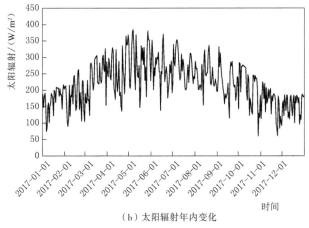

（b）太阳辐射年内变化

图 3.1 - 4 （一） 梅溪河支流库湾水流模型边界条件

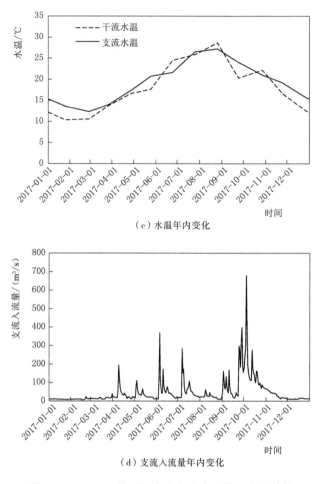

（c）水温年内变化

（d）支流入流量年内变化

图3.1-4（二）　梅溪河支流库湾水流模型边界条件

在淡水生态系统中，几乎所有的生物化学过程都与水温有密切关系。由于三峡库区干支流存在温度差，加上太阳辐射的热交换作用，会影响支流库湾中的水温分布，进而会影响库湾中的水质过程，因此本研究对模型模拟的梅溪河支流库湾水温进行校准（图3.1-6）。梅溪河支流库湾水温模拟结果显示，表层和底层水温都与观测值有良好的拟合，模型计算结果可靠。

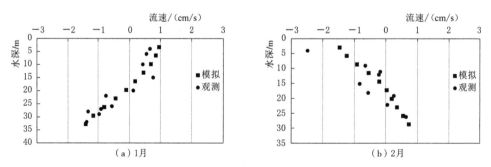

图3.1-5（一）　2014年梅溪河库湾逐月流速垂向剖面验证

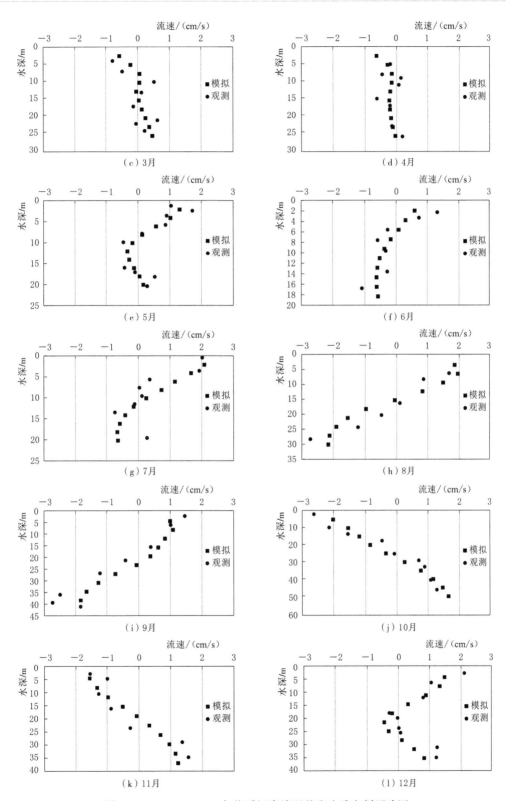

图 3.1-5 （二） 2014 年梅溪河库湾逐月流速垂向剖面验证

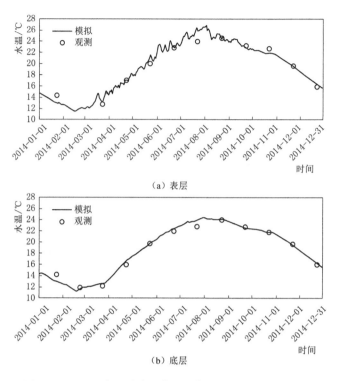

（a）表层

（b）底层

图 3.1-6　2014 年三峡库区梅溪河支流库湾水温模拟结果验证

3.1.5　水质模型参数率定与验证

根据 2017 年三峡库区梅溪河支流库湾区域干支流物理和化学逐月观测数据，对水动力模型进行重新计算，用于反演梅溪河支流水质年内变化过程，进而识别梅溪河支流库湾水体富营养驱动机制。2017 年梅溪河支流库湾河口、库中、库尾三个断面的 Chl-a、PO_4^{3-}、TN 的年内变化过程与模型反演过程的对比结果见图 3.1-7。由图 3.1-7 所示的对比结果可以看出，梅溪河水体富营养化模型能够有效反演支流库湾中浮游植物及氮、磷等营养盐的变化过程，模型可靠有效。

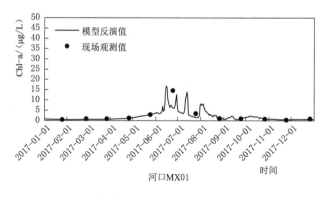

河口MX01

图 3.1-7（一）　2017 年梅溪河库湾 Chl-a、PO_4^{3-}、TN 模拟结果验证

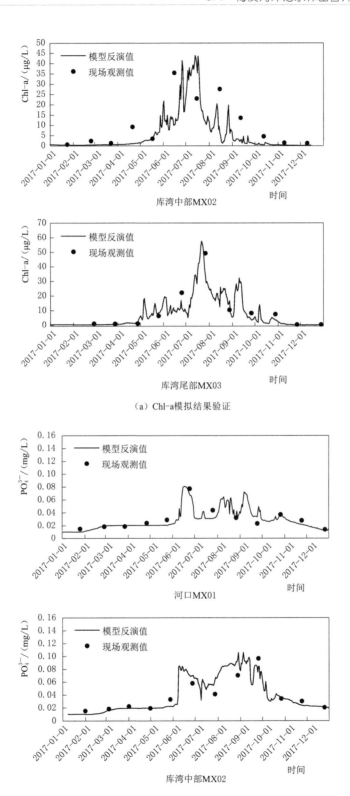

（a）Chl-a模拟结果验证

图 3.1-7（二） 2017 年梅溪河库湾 Chl-a、PO_4^{3-}、TN 模拟结果验证

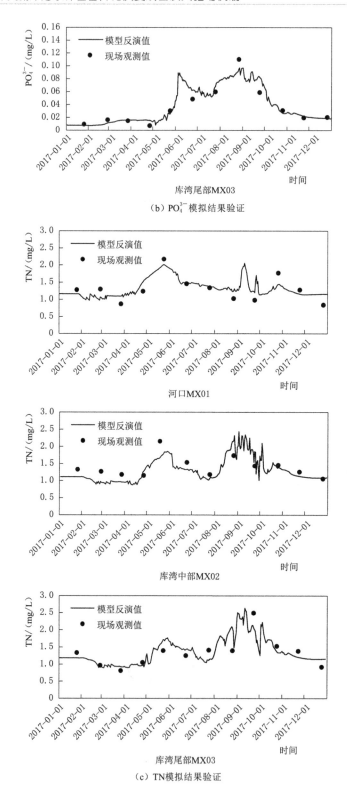

（b）PO_4^{3-} 模拟结果验证

（c）TN 模拟结果验证

图 3.1-7（三）　2017 年梅溪河库湾 Chl-a、PO_4^{3-}、TN 模拟结果验证

3.2 干支流交互作用下梅溪河支流库湾水动力特性

3.2.1 梅溪河库湾流速时空变异特征

梅溪河在三峡水库不同运行期间的表、底层沿程流场分布及河口区纵向流场分布分别见图 3.2-1～图 3.2-3。汛前消落期（1 月至 6 月上旬），三峡库区干流水体从表层倒灌进入梅溪河支流库湾，梅溪河支流水体从底层汇入库区干流 [图 3.2-1 （a）、图 3.2-2 （a）、图 3.2-3 （a）]，底层流速略高，支流库湾上游和中游流速差别较小。

汛期（6 月中旬至 9 月中上旬），梅溪河支流库湾水动力特征整体表现为三峡库区干流水体从梅溪河口中层倒灌进入支流，支流库湾水体从表、底层汇入库区干流 [图 3.2-1 （b）、图 3.2-2 （b）、图 3.2-3 （b）]，支流库湾河口区则表现为表层进、底层出。支流库湾上游由于水深较小，因此汛期支流上游水流流速较大，库湾中游流速相对较慢，而河口位置受库区干流倒灌影响，流速也较大。

汛后蓄水期（9 月中旬至 10 月下旬），梅溪河支流库湾干支流水体交互特征整体表现为表层进、底层出 [图 3.2-1 （c）、图 3.2-2 （c）、图 3.2-3 （c）]，而且河口位置流速比支流库湾中游和上游明显增大。

枯水运行期（11—12 月），梅溪河支流库湾干支流水体交互特征整体表现为表层进、底层出 [图 3.2-1 （d）、图 3.2-2 （d）、图 3.2-3 （d）]，在干支流交汇的河口区则表现

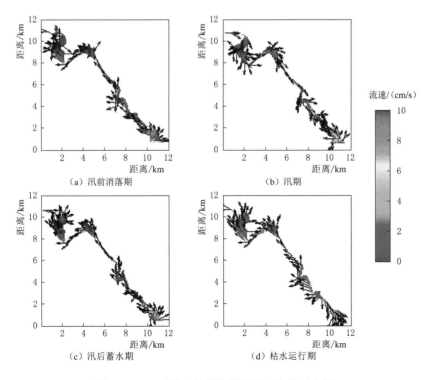

图 3.2-1 不同运行期梅溪河平面流场（表层）

为底层进、表层出［图 3.2－3（d）］，梅溪河库湾流速表现为河口区较大，库湾中部流速较小。这主要是因为在河口处受干流倒灌影响，导致河口区水流流速增加。

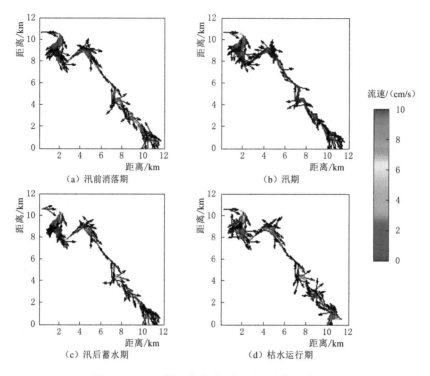

图 3.2－2　不同运行期梅溪河平面流场（底层）

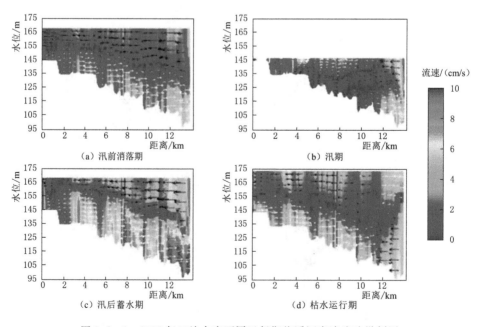

图 3.2－3　2017 年三峡水库不同运行期梅溪河库湾流速纵剖图

三峡水库梅溪河支流库湾水动力过程存在明显的时空变化特点，具体体现为支流库湾不同位置（河口、中部、上游）和同一位置的垂向剖线上流速的时空变异。2017年梅溪河河口、库中及上游年内垂向流速时空变化分别见图3.2-4和图3.2-6。

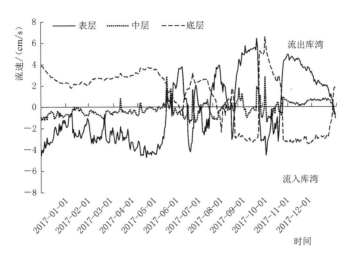

图3.2-4 2017年三峡库区梅溪河河口不同层位流速年内变化过程

总体上看，梅溪河河口在全年内表、底层流速相反（图3.2-4），说明梅溪河支流库湾与长江库区干流存在频繁的水量交换，汛后蓄水期长江干流自表层倒灌的水流流速达到4.6cm/s。从三峡水库不同调度运行期间支流库湾流速变化情况看，梅溪河河口在汛后蓄水期流速相对较大，而在汛前消落期、汛期和枯水运行期流速相对较小。

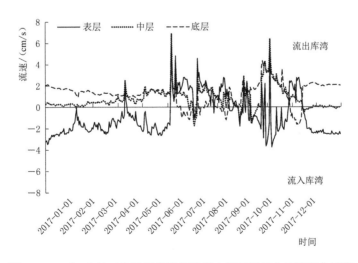

图3.2-5 2017年三峡库区梅溪河库湾中部不同层位流速变化过程

梅溪河支流库湾中部在全年内表、底层流速相反（图3.2-5），说明梅溪河库湾中部依然受库区干流倒灌的影响，与库区干流仍存在频繁的水量交换，汛后蓄水期长江干流自表层倒灌的水流流速达到3.8cm/s，但表层流速较河口区有所减小，说明库湾中部受库区干流倒灌影响减弱。从三峡水库不同调度运行期间支流库湾流速变化情况看，梅溪河库湾中部仍表现为汛后蓄水期流速相对较大，而在汛前消落期、汛期和枯水运行期流速相对较小。

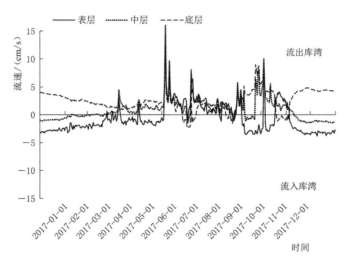

图 3.2-6　2017 年三峡库区梅溪河库湾尾部不同层位流速变化过程

梅溪河支流库湾尾部，除汛期外在全年内的表、底层流速相反，说明梅溪河库湾尾部依然与长江干流存在较为频繁的水量交换，汛后蓄水期长江干流自表层倒灌的水流流速达到 2.5cm/s，但表层流速较河口区、库湾中部进一步减小，说明梅溪河库湾受库区干流倒灌影响呈自下而上逐步减弱的趋势。从三峡水库不同调度运行期间支流库湾流速变化情况看，梅溪河库湾尾部亦在汛后蓄水期流速相对较大，而在汛前消落期、汛期和枯水运行期流速相对较小。库湾尾部流速形态与河口处的变化过程一致，只是流速较小，说明受长江干流倒灌影响相对较小。

综上所述，梅溪河支流库湾水动力条件，除汛期库湾中部以上（含尾部）受梅溪河流域上游来水影响较为显著外，河口区及库湾中上部非汛期的水动力条件均受干支流交互作用影响明显，同时三峡库区干流对梅溪河支流库湾流速影响呈现自下而上逐步减弱的趋势。

3.2.2　梅溪河库湾干支流水量交换及其变化特征

3.2.2.1　支流库湾水体交换量

基于梅溪河支流库湾三维水动力数值模拟成果，计算梅溪河支流库湾河口、库中、库尾断面及三峡水库不同调度运行时期的出入流水量，分析三峡库区干流与支流库湾的水交换过程。2017 年梅溪河支流库湾不同特征断面（河口 MX01、库湾中部 MX02、库湾尾部 MX03）干支流中的水交换量见图 3.2-7 和表 3.2-1。结果表明：2017 年年内梅溪河支流库湾内流出进库区干流水量和库区干流倒灌入支流库湾水量基本相当，而且在干支流的相互作用下支流库湾与库区干流水体存在持续的水量交换，这种水交换使得来自长江干流的水团可以轻而易举地流入支流库湾中，加速了支流库湾内的水体混合和污染物质的迁移扩散与混合过程。此外梅溪河支流库湾与三峡库区干流的水交换量还呈现强不均匀性，并具有明显的时空变化特征。

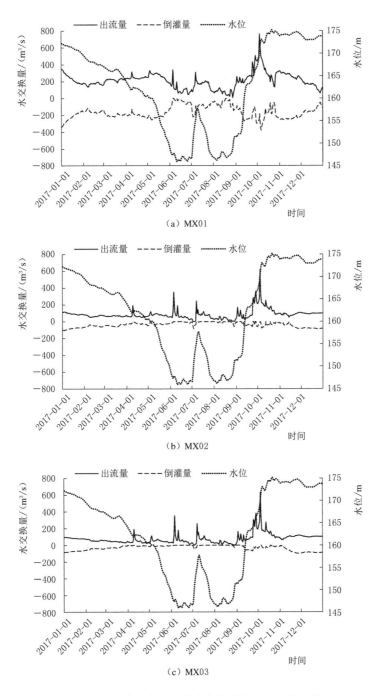

（a）MX01

（b）MX02

（c）MX03

图 3.2-7　典型支流库湾水交换量的时空变化过程

表 3.2－1　　　　　　　**2017 年梅溪河支流库湾与库区干流水交换量总量**　　　　　　单位：亿 m³

月　份	河口		库湾中部		库湾尾部		水库运行期
	灌入量	流出量	灌入量	流出量	灌入量	流出量	
1	5.82	6.19	2.12	2.45	1.90	2.19	汛前消落期
2	3.74	4.14	1.26	1.61	1.08	1.39	
3	5.31	5.89	1.22	1.75	0.66	1.14	
4	5.22	6.36	0.64	1.72	0.19	1.21	
5	5.57	7.09	0.78	2.08	0.25	1.38	
6	1.10	2.81	0.16	1.81	0.03	1.61	汛期
7	2.81	4.33	0.25	1.78	0.18	1.69	
8	1.65	2.02	0.25	0.72	0.09	0.60	
9	5.13	6.99	0.70	2.89	0.85	3.23	汛后蓄水期
10	5.38	9.16	0.83	4.78	0.57	4.58	
11	6.22	7.08	1.31	2.17	1.67	2.53	枯水运行期
12	3.72	4.07	2.19	2.53	2.40	2.72	
全年	51.67	66.13	11.71	26.29	9.87	24.27	—

根据图 3.2－7 和表 3.2－1 的结果，2017 年梅溪河支流库湾在河口、库湾中部和库湾尾部不同位置的年水交换量为 66.13 亿 m³、26.29 亿 m³、24.27 亿 m³，年均水交换流量分别为 210.15m³/s、83.60m³/s、77.21m³/s。在空间上支流库湾与库区干流的水交换量变化特征为自河口向上游呈逐渐减小趋势，干支流交汇处（MX01）的水交换量是库湾中部（MX02）的 2～3 倍，是库湾尾部（MX03）的近 3 倍；换言之，干支流水温差导致的密度流对支流库湾水动力条件影响从河口向上游逐渐减弱。

此外，梅溪河支流库湾干支流水交换量在时间上还表现出：在主汛期（6—8 月）水交换量相对较小，而在汛后蓄水期间（9—10 月）的水交换量相对较大，枯水运行期（11—12 月）与汛前消落期（1—5 月）的水交换量较主汛期大，但比汛后蓄水期有所减小。梅溪河支流库湾干支流水交换量的年内变化特征与三峡水库的调度运行过程关系密切，春季和夏季是三峡水库的汛前消落期和汛期，在这一时段内，三峡水库水位从175.00m 不断降低至 145.00m，并维持汛限水位运行，所以该时段由于库湾内水深较浅，不利于密度流向库湾的剖面上横向和纵向展开，也不利于密度流在库湾内部向上游延伸和发展，因此水交换量相对较低。相反，在秋季和冬季是三峡水库的蓄水期和枯水运行期，这时水库水位从 145.00m 逐渐蓄至 175.00m，支流库湾中水深较大，密度流作用可以在库湾的剖面上展开并向上游延展，所以从整个库湾的不同位置看，水交换量都比其他时候大一些。

另外，罗光富（2014）在 2012 年 7 月至 2013 年 7 月间对梅溪河库湾的水交换量进行了测量和计算，将河流断面划分为若干个矩形微断面，通过多普勒声学流速仪测量微断面处的流量来计算整个河流断面。研究结果显示，梅溪河干支流交汇处的水交换量为 314～

$672m^3/s$，并且表现为在 9—10 月的三峡水库蓄水期，水交换量较大高于其他时期，这与本书的研究成果一致，这一方面说明数值模拟的结果较为准确地反映了支流库湾水交换过程，另一方面说明支流库湾中的水交换十分强烈。

梅溪河库湾基本无地下水补给，也没有厂矿企业，因此对于支流库湾而言，上游天然来水和密度流倒灌是库湾水体的两项主要来源，根据梅溪河支流库湾不同断面位置的库区干流水倒灌量和梅溪河上游天然径流的入流量可以分析出倒灌水量占特征断面总水交换量的比例，见图 3.2-8。

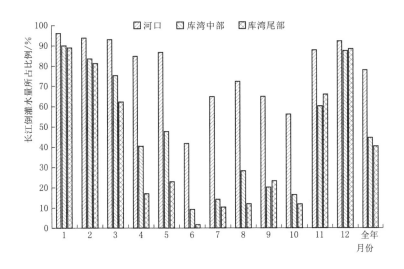

图 3.2-8　密度流倒灌水量占干支流水交换量的比例

对于梅溪河支流库湾尾部（三峡水库 145.00m 水位回水末端）而言，由于在低水位运行期间的水深很浅（仅 1m 左右），因此在库湾尾部，密度流倒灌水量所占比例较小，仅为 1.76%～12.04%，但是其他时段，密度流倒灌水量所占的比例为 22.83%～88.93%；而对于梅溪河库湾中部和河口而言，在整个年内，密度流倒灌水量所占的比例为 9.28%～96.10%。通过倒灌水量占比的全年变化过程可以看出，库湾内部长江水倒灌量的比例远大于梅溪河天然入流量，来自长江的水团处于绝对占优的位置，因此支流库湾中的水体组分与长江基本一致。

3.2.2.2　水库水位变化对支流库湾水量净收支的驱动影响

根据水量平衡原理，结合三峡水库的水位变化过程（图 3.2-9）、梅溪河天然入流情况和梅溪河支流库湾的水位-库容曲线，可以计算梅溪河支流库湾水量净收支年内变化过程，见图 3.2-9 和表 3.2-2。

梅溪河支流库湾水量的净收支主要依赖于三峡水库的调度过程，当日水位升幅较大时，支流天然入流量不能达到库湾体积上升要求时，长江干流的水体会发生净回灌，使得库湾水位与长江干流持平。2017 年梅溪河流域的天然径流量为 145380.79 万 m^3，三峡水库向梅溪河库湾的净补充水量为 17326.09 万 m^3，两者接近 8.4∶1。需要说明的是，由于受干支流水温差异导致的异重流影响，梅溪河支流库湾与三峡库区干流年内存在持续的水量交换，因此长江干流实际灌入到梅溪河支流库湾内的水量远远高于基于水量平衡理论计算得到的净补充水量。

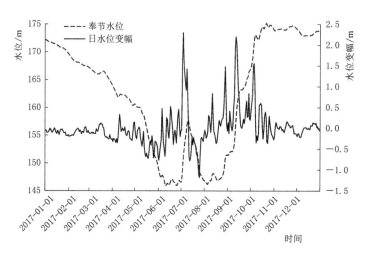

图 3.2-9　2017 年三峡水库奉节站水位年内变化过程

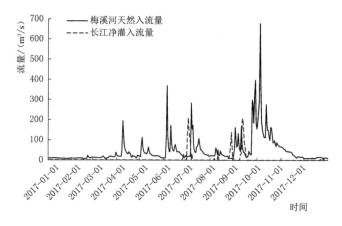

图 3.2-10　2017 年梅溪河支流库湾水量净收支年内变化过程

表 3.2-2　　　　　　　　　　　　　**2017 年梅溪河库湾水量收支过程**　　　　　　　　　　　　单位：万 m³

月　份	梅溪河灌入量	长江净灌入量	月　份	梅溪河灌入量	长江净灌入量
1	2453.11	0.00	8	6320.04	3490.95
2	2490.22	0.00	9	27750.33	6923.10
3	4006.57	185.68	10	42039.51	0.00
4	9374.84	0.00	11	8663.96	0.42
5	8529.88	0.00	12	3148.75	214.38
6	15343.75	352.67	合计	145380.79	17326.09
7	15259.83	6158.89			

3.2.3 三峡水库调度对梅溪河支流库湾水量交换影响

梅溪河支流库湾与库区干流的水交换易受三峡水库调度过程影响。2017年三峡水库调度过程引起的库湾流量变化与库湾实际存在的干支流水交换过程见图3.2-11。由图3.2-11结果可以看出，虽然三峡水库调度和干支流水温差都会影响梅溪河支流库湾与库区干流间的水交换，但是三峡水库调度引起的水交换变量要远小于干支流间水温差异导致的异重流引起的水交换量，这就说明三峡水库调度对梅溪河支流库湾与干流库区间的水交换量变化影响较小，梅溪河支流库湾中的水交换主要受干支流间的水温差影响。

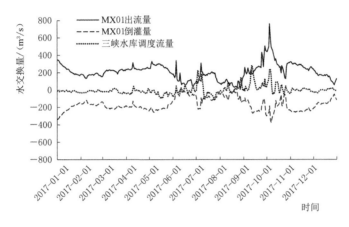

3.2-11 2017年梅溪河支流库湾河口断面年内水量交换变化过程图

图3.2-11中，三峡水库在汛前消落期（1—5月）的水位下降过程和汛后蓄水期（9—10月）的水位上升过程，都会在一定程度上影响梅溪河支流库湾与干流库区的水交换过程，水库在不同蓄泄阶段的水位变化过程，对支流水交换的影响也不尽相同，因此对比三峡水库不同运行阶段的水交换量（表3.2-3），有助于认识三峡水库调度过程对梅溪河支流库湾水交换的影响。

表3.2-3   三峡水库调度对梅溪河支流库湾水交换的影响

水位/m	河口/(m³/s)		库湾中部/(m³/s)		库湾尾部/(m³/s)	
	泄水过程	蓄水过程	泄水过程	蓄水过程	泄水过程	蓄水过程
150.00～155.00	213.11	156.12	49.19	36.94	25.15	32.56
155.00～160.00	258.94	220.24	59.12	43.35	35.22	58.08
160.00～165.00	228.00	251.49	47.60	57.35	28.05	76.82
165.00～170.00	184.65	322.30	58.40	142.54	44.18	143.16

从表3.2-3中可以看出：①在相同的水位范围内，泄水过程的水交换要比蓄水过程的水交换慢，这主要是由于三峡水库泄水过程比较缓慢，从1月持续到6月初；而蓄水过程较快，从9月中旬持续到10月下旬；②在水位较高的时段内，干支流水交换较为强

烈，这主要是由于水深增加，利于密度流在垂向的展开和在平面上入侵支流；③河口水交换要显著大于库中和库尾，而库中和库尾的水交换强度相差较小，这主要是由于河口水面较为宽阔，而中上游河道较为狭窄所致。

3.3　梅溪河支流库湾水体富营养演化过程研究

湖库类缓流型水体，其水体富营养化演变主要是营养盐、温度、光照、水动力条件等非生物因素和浮游动物捕食等生物因素综合作用的结果，而作为水生态系统的初级生产者，浮游植物（藻类）是上述非生物因素与生物因素共同作用的集中体现，在三峡库区特定的温度、光照等自然条件下，梅溪河库湾水环境演化过程是库湾水动力条件变化后营养盐输入、浮游植物生长繁殖与演变、水生态系统中食物网结构与功能调整等作用的综合结果。

3.3.1　梅溪河支流库湾水体富营养化状态及其变化特征

梅溪河自 2008—2018 年连续 11 年发生水华现象，是三峡库区水华发生频率最高和次数最多的支流。为探究梅溪河支流库湾水体营养状态及其变化特征，对梅溪河支流库湾不同位置：河口（MX01）、库湾中部（MX02）、库湾尾部（MX03，145.00m 回水末端）、回水末端上游（MX04，175.00m 回水末端以上）四个特征断面进行定期水质、水动力监测（频率为 1 次/月），以便为梅溪河支流库湾水体富营养状态评价及其时空分布特征分析提供较为翔实的基础数据资料。梅溪河支流库湾各特征断面的具体监测位置见图 2.4-11。

3.3.1.1　梅溪河库湾水质状况及其时空变化特征

1. 梅溪河库湾水环境质量现状评价

根据《长江三峡工程生态与环境监测公报》（2018 年）公布信息，梅溪河库湾 2017 年 5—10 月曾出现水色异常情况。以 2017 年作为现状年，采用单因子评价法和《地表水环境质量标准》（GB 3838—2002）中湖库水质标准对梅溪河库湾现状水质进行分析评价。

基于 2017 年梅溪河河口、库湾中部、库湾尾部等特征断面的水质监测资料，评价结果显示梅溪河支流库湾水质较差，整体水质类别为Ⅳ类（TN 不参评，见表 3.3-1），且存在明显的时空差异性（图 3.3-2）。库湾内 NH_4^+-N 指标全年各月均满足Ⅲ类标准；COD_{Mn} 除汛期个别月份略有超标外，其余月份均满足Ⅲ类水质标准。相比之下，库湾内 TP、TN 污染较为严重，TN 指标全年浓度均高于《地表水环境质量标准》（GB 3838—2002）中的湖库Ⅲ类标准，汛期为劣Ⅴ类；TP 指标在枯水期间可满足湖库Ⅲ类水质标准，其余时段均为Ⅳ类、Ⅴ类。总体上看，梅溪河库湾 TP、TN 浓度均超过水体富营养化风险阈值（0.02mg/L、0.2mg/L），为藻类在库湾内大量生长提供了充足的营养盐条件。从空间上看，梅溪河支流库湾的 COD_{Mn}、TP 浓度自河口到库湾尾部呈现自下而上逐渐升高的变化特征，而 TN 浓度则呈现自下而上逐渐降低的变化特点，这可能是由于污染物来源不同影响导致。2017 年梅溪河库湾各水质指标年内及沿程变化过程详见图 3.3-1。

表 3.3-1　　　　　　　　2017 年梅溪河支流库湾水质现状评价结果

指　标	汛期（6—9 月）		非汛期		年　　度		综合评价
	水质浓度 /(mg/L)	类别	水质浓度 /(mg/L)	类别	水质浓度 /(mg/L)	类别	
COD_{Mn}	5.70	Ⅲ类	1.37	Ⅰ类	2.81	Ⅱ类	Ⅳ类 （TN 除外）
$NH_4^+ - N$	0.41	Ⅱ类	0.42	Ⅱ类	0.42	Ⅱ类	
TP	0.10	Ⅳ类	0.06	Ⅳ类	0.07	Ⅳ类	
TN	1.80	Ⅴ类	1.91	Ⅴ类	1.87	Ⅴ类	
Chl-a	17.59×10^{-3}		1.77×10^{-3}		7.04×10^{-3}		

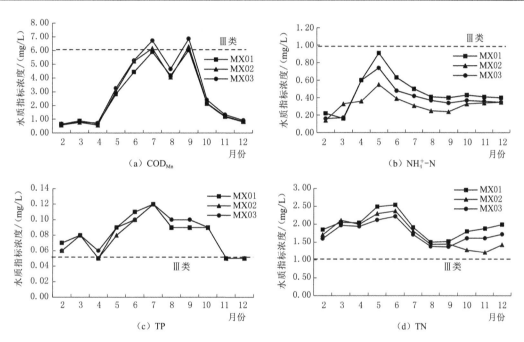

图 3.3-1　2017 年梅溪河库湾各水质指标浓度年内及沿程变化过程

注　"Ⅲ类"指湖库水质为Ⅲ类标准，下同。

（1）年内水质变化。2017 年梅溪河库湾 COD_{Mn} 指标浓度年内变化呈现"双峰型"特征，见图 3.3-1（a）。枯水期（12 月至次年 4 月）COD_{Mn} 稳定在 1.00mg/L 以下，自 5 月开始出现明显的上升，两个峰值分别出现在 7 月和 9 月，分别为 6.73mg/L、6.87mg/L，水质类别为Ⅳ类，自 10 月开始大幅度回落。$NH_4^+ - N$ 全年稳定在 1.00mg/L 以下，峰值出现在 5 月为 0.91mg/L。TP 指标整体呈现先增大后减小的年内变化过程 [图 3.3-1（c）]，TP 浓度自 4 月起由 0.05mg/L 上升至 7 月达到峰值 0.12mg/L，随后指标浓度开始降低，11 月降至与 4 月相同水平。TN 指标年内呈先升高后降低再升高的过程 [图 3.3-1（d）]，TN 浓度全年均高于湖库水质Ⅲ类标准（1.00mg/L），最大值出现在 6 月为 2.54mg/L（劣Ⅴ类）。TN 和 TP 浓度分别在 6 月、7 月达到峰值，这主要是由于夏季雨水丰富，冲刷农田，降雨径流中携带大量 N、P 等营养盐汇入库湾，导致汛期支流库湾营养盐浓度明显升高。与其他各指标不同的是，TN 浓度自 9 月起又出现明显的回升，由 1.45mg/L 逐步升高至 12 月的 1.99mg/L，这可能是由于秋冬季节浮游植物生物量明显降低，对营养盐的消耗量较小，营养盐开始逐渐积累，导致库湾中 TN 浓度略有升高，同时流域内农田耕作区的化肥施用导致该季节的入库来水中的 TN 浓度也较高，加之三峡水库汛后蓄水过程进一步弱化了支流库湾的入库污染物迁移扩散过程，致使入库的 N 素营养盐更容易出现累积效应。

（2）沿程变化。COD_{Mn} 全年均呈现自河口、库湾中部到库湾尾部沿程逐渐递增的变化特点，在汛期表现得尤为明显，COD_{Mn} 在 7 月河口浓度与库湾尾部浓度相差 0.83mg/L。NH_4^+-N 则呈现河口最大、库湾尾部次之、库湾中部最小的特点，这是由于长江干流来水和支流上游来水 NH_4^+-N 浓度较高所致。TP 各断面浓度差距不明显，差值均在 0.01mg/L 左右，全年大部分月份，库湾尾部断面浓度最高，库湾中部和河口断面浓度相当，其中 6 月较特殊，为河口浓度最高，库湾尾部和库湾中部断面浓度较低，这可能是由于汛期受降雨影响，长江干流悬浮泥沙量较大导致。TN 自汛前消落期至汛期，河口断面浓度最高、库湾中部断面浓度次之、库湾尾部浓度最低，浓度差异不大。高水位运行期，则由高到低依次为河口断面、库湾尾部断面、库湾中部断面，最大相差 0.67mg/L。

总体上看，梅溪河库湾 COD_{Mn}、NH_4^+-N、TP 等各水质指标浓度在年内均呈现先升高后降低的特点，TN 指标呈先升高后降低再升高的变化特点。COD_{Mn}、NH_4^+-N、TP、TN 在年内最大值分别出现在 9 月、5 月、7 月、6 月，这与梅溪河的水华敏感期（5—10月）时间一致。各水质指标沿程变化规律不尽相同，这与干支流来水的营养盐输入组成、各指标的理化性质等关系密切，其中 COD_{Mn}、TP 指标全年大部分月份自库湾尾部至河口逐渐减小，NH_4^+-N 指标呈现河口与库湾尾部两端高，库中小的沿程变化特点，TN 指标则呈现河口至库湾尾部自下而上逐渐减小的变化特点。

2. 近 3 年梅溪河库湾水质变化情况

基于 2017—2019 年梅溪河库湾各监测断面（河口、库湾中部、库湾尾部）逐月水质监测结果，得到支流库湾 2017—2019 年期间年内逐月水质状况（图 3.3 - 2），并对其进行分析与评价。

2017 年与 2018 年各指标年内变化过程基本一致，且 2018 年水质略差。2019 年各水质指标浓度有显著降低，COD_{Mn} 指标浓度极大值由 2017 年、2018 年的 6.40mg/L、7.46mg/L 降至 2019 年的 3.23mg/L，全年均满足Ⅱ类水质标准；NH_4^+-N 指标浓度极大值由 2017 年、2018 年的 0.73mg/L、0.86mg/L 降至 2019 年的 0.46mg/L，全年均满足Ⅱ类水质标准；TP 浓度极大值由 2017 年、2018 年的 0.12mg/L、0.15mg/L 降至 2019 年的 0.06mg/L 以下，全年基本均满足湖库Ⅲ类水质标准；TN 指标浓度极大值由 2017 年、2018 年的 2.38mg/L、2.87mg/L 降至 2019 年的 2.09mg/L，全年基本均满足湖库Ⅴ类水质标准，但在汛后蓄水期及以后（10—12 月）出现异常升高，高于 2017 年和 2018 年。

整体上看，梅溪河支流库湾 2017—2019 年期间水质呈现 2018 年最差、2019 年最好的特点，这可能主要受干流来水条件变化影响所致，尤其是 2018 年、2019 年梅溪河流域连续遭遇特枯水年（$P_{2018}=96\%$、$P_{2019}=98\%$）条件下流域农田面源输入大幅度减少关系密切。

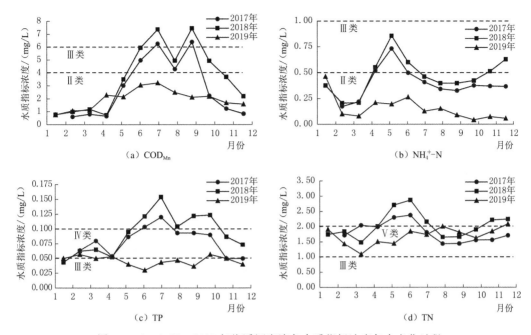

图 3.3-2　2017—2019 年梅溪河库湾各水质指标浓度年内变化过程

3.3.1.2　梅溪河库湾水体营养状态及其时空变化特征

梅溪河库湾局部水域多次发生水体富营养化，严重影响梅溪河支流库湾整体水质状况，并威胁整个库区水生态环境安全。为进一步了解梅溪河支流库湾水体营养状态现状及其时空分布特征，基于 2017—2019 年梅溪河支流库湾各特征断面逐月的 Chl-a 浓度监测成果，分析梅溪河支流库湾 Chl-a 浓度的时空变化特征，并通过综合营养指数法对梅溪河支流库湾水体营养状态进行评价。

1.梅溪河支流库湾 Chl-a 浓度的时空变化特征

Chl-a 是一种常用的度量藻类生物量的指标，对于易发生富营养化的水体，表层 Chl-a 浓度能较好地反映水体中藻类聚集到表层形成水华的状态。2017 年梅溪河库湾各特征断面（河口、库湾中部、库湾尾部）的 Chl-a 浓度年内变化过程见图 3.3-3，易发生藻类水华的库尾断面 Chl-a 浓度年内垂向（表、中、底层）变化过程见图 3.3-4，2017—2019 年梅溪河支流库湾 Chl-a 浓度（河口、库湾中部、库湾尾部断面平均）年内变化过程见图 3.3-5。

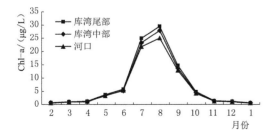

图 3.3-3　2017 年梅溪河不同位置表层
Chl-a 浓度年内变化过程图

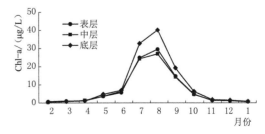

图 3.3-4　2017 年梅溪河易发生水华断面
Chl-a 浓度垂向变化过程图

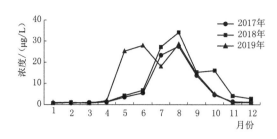

图 3.3-5　2017—2019 年梅溪河库湾
Chl-a 浓度变化图

根据图 3.3-3 所示结果可知，2017 年梅溪河支流库湾 Chl-a 浓度在年内呈现先增大后减小的单峰型变化过程，年内在 6—10 月存在显著的季节性波动变化特征，具体表现为：11 月至次年 4 月期间，支流库湾 Chl-a 浓度均维持在较低水平（≤1.5μg/L）；自 5 月升温期开始 Chl-a 浓度出现明显升高，6—7 月升幅最大，浓度峰值出现在 8 月，达 29.54μg/L；自 9 月起又随气温下降出现明显回落，至 11 月 Chl-a 浓度降至年内低值，并在 11 月至次年 4 月期间基本保持稳定。

从支流库湾沿程变化来看，梅溪河支流 Chl-a 浓度自库湾尾部至河口呈现自上而下逐渐减小的特点，尤其是主汛期（7—8 月）表现得尤为明显，如 8 月梅溪河河口与库湾尾部浓度相差 4.52μg/L。从易发生水华的库湾尾部断面 Chl-a 浓度垂向分布差异（图 3.3-4）来看，浮游藻类主要在水深 1.5～2.0m 的库底生长，并逐步上浮至表层，从而形成库底浓度最高、表层次之、中层相对最低的垂向分布格局。

根据图 3.3-5 中近 3 年梅溪河库湾 Chl-a 浓度变化过程可知，2018 年梅溪河库湾 Chl-a 浓度相对最高，2017 年与 2019 年浓度基本相当。与 2017 年、2018 年不同的是，2019 年自 4 月起库湾的 Chl-a 浓度就开始激增，一直到 8 月 Chl-a 浓度均维持在较高的浓度水平，这可能与气象条件异常关系密切。同时根据经济合作与发展组织（Organization for Economic Co-operation and Development，OECD）富营养化单因子 Chl-a 评价标准：ρ（Chl-a）<3μg/L 为贫营养，3μg/L≤ρ（Chl-a）<11μg/L 为中营养，11μg/L≤ρ（Chl-a）<78μg/L 为富营养，ρ（Chl-a）≥78μg/L 为严重富营养，梅溪河库湾 2017 年 7—9 月、2018 年 7—10 月、2019 年 5—9 月均处于富营养状态。

2. 梅溪河支流库湾营养状态评价

基于 2017—2019 年梅溪河库湾各特征断面常规水质监测资料，采用《地表水环境质量评价办法（试行）》（环办〔2011〕22 号）和《地表水资源质量评价技术规程》（SL 395—2007）推荐的卡尔森综合营养状态指数法对支流库湾的营养状态进行评价。选取叶绿素 a（Chl-a）、总磷（TP）、总氮（TN）、透明度（SD）和高锰酸盐指数（COD$_{Mn}$）5 个单项指标浓度值，采用综合营养状态指数计算公式进行计算，并用 0～100 一系列连续数值对水体营养状态进行分级，分级标准见表 3.3-2。

综合营养状态指数计算公式为

$$TLI(\textstyle\sum) = \sum_{j=1}^{m} W_j \cdot TLI(j) \qquad (3.3-1)$$

式中：$TLI(\sum)$ 为综合营养状态指数；$TLI(j)$ 为第 j 种营养状态指数；W_j 为

表 3.3-2　湖泊（水库）营养状态评价标准

富营养状态		营养状态分级 $TLI(\sum)$
贫营养		$TLI<30$
中营养		$30 \leqslant TLI \leqslant 50$
富营养	轻度	$50 < TLI \leqslant 60$
	中度	$60 < TLI \leqslant 70$
	重度	$TLI>70$

第 j 种参数的营养状态指数的相关权重。

以叶绿素 a（Chl-a）作为基准参数，则第 j 种参数归一化的相关权重计算公式为

$$W_j = \frac{r_{ij}^2}{\sum\limits_{j=1}^{m} r_{ij}^2} \qquad (3.3-2)$$

式中：r_{ij} 为第 j 种参数与基准参数 Chl-a 的相关系数；m 为评价参数的个数。

中国湖泊（水库）的 Chl-a 与其他参数之间的相关系数 r_{ij} 及 r_{ij}^2 见表 3.3-3。

表 3.3-3　　　　　　　　中国湖泊部分参数与 Chl-a 的相关关系

参　数	Chl-a	TP	TN	SD	COD_{Mn}
r_{ij}	1	0.84	0.82	−0.83	0.83
r_{ij}^2	1	0.7056	0.6724	0.6889	0.6889

各项目的营养状态指数计算公式分别为

$$TLI(\text{Chl-a}) = 10 \times (2.5 + 1.086 \ln Chl\text{-}a) \qquad (3.3-3)$$

$$TLI(\text{TP}) = 10 \times (9.436 + 1.624 \ln TP) \qquad (3.3-4)$$

$$TLI(\text{TN}) = 10 \times (5.453 + 1.694 \ln TN) \qquad (3.3-5)$$

$$TLI(\text{SD}) = 10 \times (5.118 - 1.94 \ln SD) \qquad (3.3-6)$$

$$TLI(\text{COD}_{Mn}) = 10 \times (0.109 + 2.66 \ln COD_{Mn}) \qquad (3.3-7)$$

2017 年梅溪河支流库湾水体营养状态年内变化过程见图 3.3-6。由图 3.3-6 可知，2017 年梅溪河支流库湾水体综合营养状态指数年内呈现先增大后减小的变化过程，其中 6—9 月期间的水体营养状态表现为轻度富营养，年内其余月份的营养状态为中营养，年内综合营养状态指数最大值出现在 7 月，综合营养状态指数为 57；最小值出现在枯水期的 2 月，综合营养状态指数为 31，接近中-贫营养的临界值。

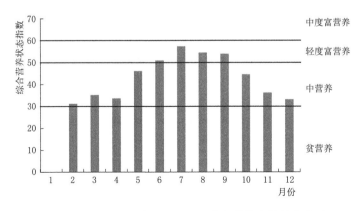

图 3.3-6　2017 年梅溪河库湾水体营养状态指数变化图

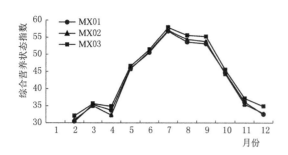

图 3.3-7　2017 年梅溪河库湾不同断面
营养状态指数变化图

从支流库湾水体综合营养状态指数沿程变化（图 3.3-7）来看，2017 年梅溪河库湾全年库湾尾部断面的综合营养状态指数均高于库湾中部、河口两个断面，但相差不大。各断面的最大值均出现在 7 月，其中库湾尾部断面的综合营养状态指数为 58，库湾中部与河口断面均为 57，因此，库湾尾部（145.00m 回水末端）是梅溪河支流藻类水华发生的高风险区。

3. 2017—2019 年梅溪河库湾水体水华敏感期营养状态变化

近 3 年来梅溪河库湾水华敏感期（5—10 月）营养状态指数变化情况见图 3.3-8。2017 年梅溪河库湾综合营养状态指数为 51，2018 年为 54，2019 年为 48，2017 年与 2018 年均表现为轻度富营养水平，2019 年为中营养水平。

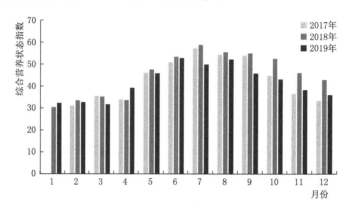

图 3.3-8　2017—2019 年梅溪河库尾断面营养状态指数变化图

3.3.1.3　梅溪河支流库湾水质演变成因识别

自三峡水库蓄水以来，梅溪河支流库湾尾部已连续 11 年（2008—2018 年）发生水华现象，是梅溪河支流库湾水质不达标及水体富营养化演变的重点关注区域。通过对梅溪河支流库湾水质变化成因分析，以充分了解库湾水质变化的原因及导致水华现象发生的关键环境驱动因素，为后续进行水质改善及水生态系统修复提供理论基础。结合梅溪河支流库湾近几年的水质时空变化特征，识别出导致梅溪河支流库湾水质出现年内季节性变化及年际波动变化的原因主要有以下几个方面：

（1）流域面源污染是梅溪河支流库湾的主要污染来源，降雨径流过程是影响库湾水质年内季节性变化的主驱动力。

三峡水库建成运行后，库区移民的后靠安置和库区特色农业经济的快速发展驱动着库区土地利用结构和类型的快速变化，加之库区流域土地以坡耕地为主，水土流失较为严重。近年来为践行"绿水青山就是金山银山"的绿色发展理念，实现三峡库区经济社会高质量发展，库区流域加强了对工业、城镇生活污染源的综合治理，2008—2017 年期间三峡库区工业废水排放量总体呈逐年大幅度下降趋势，生活污水排放增速趋缓，但农业面源污染问题久治不愈并日渐凸显。根据 2017 年原环境保护部发布的《三峡水库生态安全调查与评估专题报告》，农业面源污染是三峡库区水体营养物质的主要来源，占入库污染负荷总量的 71%，已成为影响三峡库区水环境质量的首要威胁。

梅溪河流域是一个典型的农业耕作区，主要以种植脐橙、花椒、油橄榄等经济作物为主，村落大多沿河分布在上游。梅溪河沿岸大部分是陡峭的高山，除华电国际电力股份有限公司奉节发电厂、重庆巨能矿产有限公司及乡镇污水处理厂等，沿途几乎无其他点源污染。由于流域内地形地貌与岸坡地质结构复杂，耕地多以陡坡耕地为主，水土保持能力弱，夏季雨量丰沛且暴雨集中，水土流失严重。在降雨冲刷下，耕种过程中施用的化肥、农药，养殖业产生的畜禽粪便，以及未进行处理的乡村生活污水、生活垃圾等随水流混入河道，以降雨径流形式输入水体中从而形成流域面源污染，是当前梅溪河支流库湾的主要污染来源。

面源污染主要受降雨及降雨形成径流的过程影响与支配。流域降雨径流中的氮（N）、磷（P）流失形态分为可溶态和颗粒态两种，其中磷元素主要以颗粒态与泥沙相结合的形式流失，氮元素主要以可溶态的硝态氮和铵态氮形式流失。以 2017 年为例，梅溪河流域自 3 月末开始出现小规模降雨（图 3.3－9 和图 3.3－10），库湾内 TN、TP 浓度开始出现明显升高，这是由于降雨初期地表的 N、P 等营养盐累积量较大，降雨对污染物的冲刷作用显著，大量高浓度的初期雨污水随降雨径流汇入水体；随着降雨过程的延续，汛期单日降水量最高可达到 80mm 以上，在大规模降水影响下，地表径流的稀释作用逐渐展现，TN、TP 浓度逐渐降低；11 月以后进入枯水期，降雨量大幅度减少，地表的 N、P 营养盐又开始逐渐累积，TN 又有小幅度上升趋势，TP 则保持相对稳定且不再继续下降。

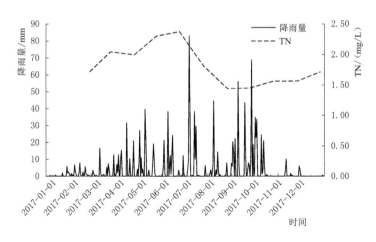

图 3.3－9　2017 年梅溪河流域降雨量与 TN 变化过程

（2）干支流水情条件变化直接影响梅溪河库湾来水水质状况。

梅溪河支流库湾是连接梅溪河支流和长江干流的关键区域，根据库湾的水动力特征，库湾中部以上（含库湾尾部）汛期水质主要受梅溪河流域上游来水影响，对于干支流交汇的河口区及支流库湾中部，长江干流倒灌影响较为显著。三峡库区污染负荷来源调查分析也表明，营养盐负荷主要来自库区上游来水和沿库区江段支流来水，对于梅溪河支流库湾来说，营养盐输入主要来自梅溪河支流来水和长江倒灌，不同干支流水情条件的变化将直接影响梅溪河库湾来水水质以及水质沿程变化。

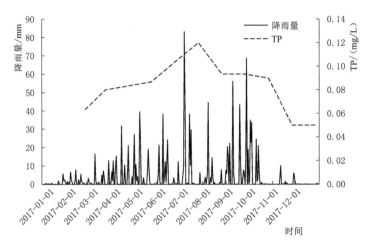

图 3.3-10　2017 年梅溪河流域降雨量与 TP 变化过程

根据梅溪河上游来水年径流量过程（图 3.3-11），梅溪河流域 2017 年上游来水为特丰水年（水文频率 $P_{2017}=4.08\%$），2018 年、2019 年为连续特枯水年（水文频率 $P_{2018}=96\%$、$P_{2019}=98\%$）。结合水质数据分析结果（图 3.3-12），2017 年由于支流降水较多，上游来水水量大，大量冲刷农田耕作区土壤，使 N、P 等营养盐流失较为严重，导致 2017 年梅溪河上游来水水质整体较差，汛期尤为明显。2018 年、2019 年连续遭遇特枯水年，梅溪河上游来水水质浓度相较于 2017 年出现明显好转。

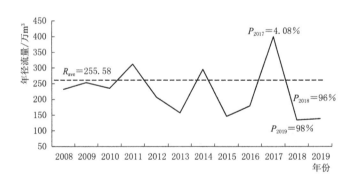

图 3.3-11　2008—2019 年梅溪河上游来水年径流量变化过程

根据长江干流寸滩站年径流量过程变化（图 3.3-13），2017 年长江干流来水为平偏枯水年（水文频率 $P_{2017}=69.23\%$），2018 年、2019 年分别为特丰及平偏丰水年（其水文频率 $P_{2018}=5.1\%$、$P_{2019}=28.21\%$）。

根据受长江干流影响与控制的梅溪河口水质监测数据分析结果（图 3.3-14），并结合三峡库区干流来水过程（图 3.3-13），2018 年长江干流为特丰水年，来水水量大，故受干流来水影响与控制的梅溪河口水质指标浓度为近 3 年最高，并携带大量营养盐由长江倒灌进入支流库湾；2017 年受梅溪河流域特大丰水年来流影响而位居其次，2019 年梅溪河口水质相对最好。

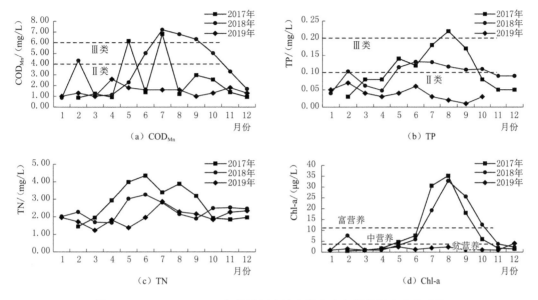

图 3.3-12　2017—2019 年梅溪河库湾上游来水各指标年内变化过程

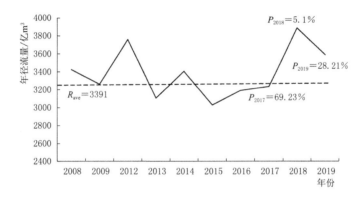

图 3.3-13　2008—2019 年寸滩站年径流量变化过程

综上，2017 年梅溪河流域为特丰水年，上游来水水质较差，汛期尤为明显，长江干流为平偏枯水年，干流来水水质较好，库湾水质主要受上游来水影响；2018 年梅溪河为特枯水年，上游来水水质较 2017 年好，长江干流为特丰水年，干流水质相对较差，梅溪河支流库湾水质主要受长江干流倒灌影响；2019 年梅溪河流域为极枯水年，而长江干流为平偏丰水年，干支流来水水质均较好，故梅溪河支流库湾水质是近 3 年中相对最好的。干支流不同的水情条件组合，都将对梅溪河库湾来水水质产生显著影响。

（3）流域气候条件是梅溪河库湾发生水体富营养化的主要诱发因素。

基于 2017—2019 年梅溪河支流库湾水华敏感期（6—9 月）水体中影响其营养状态指数的相关水质参数（主要包括水温、Chl-a、SD、TP、TN、COD_{Mn} 等）的监测成果，通过相关性分析（表 3.3-4），结果表明：

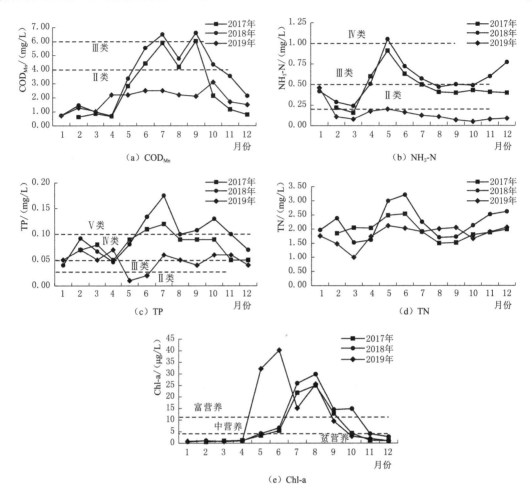

图 3.3－14　2017—2019 年梅溪河口各指标浓度年内变化过程

表 3.3－4　　梅溪河库湾水华敏感期（6—9 月）水体各影响因子间相关系数

营养因子	COD_{Mn}	TN	TP	Chl－a	SD	水温
COD_{Mn}	1					
TN	−0.133	1				
TP	0.852	0.432	1			
Chl－a	−0.155	−0.700	0.093	1		
SD	−0.158	0.847	−0.062	−0.936	1	
水温	−0.696	0.035	0.237	0.629	− 0.317	1

1）梅溪河支流库湾水华敏感期的 Chl－a 浓度与 TN 指标浓度呈显著负相关［图 3.3－15 (a)］，与 TP 指标浓度呈极弱正相关［图 3.3－15 (b)］，说明库湾水体中的 Chl－a 浓度（即浮游藻类生长繁殖）受 N、P 等营养盐的限制较弱，梅溪河库湾 N、P 等营养盐浓度在水华敏感季节的波动变化对 Chl－a 浓度影响甚小，流域及干流倒灌的营养盐输入对支流库湾藻类生长与繁衍无限制性影响，即干支流输入的 N、P 等营养盐足够充足，不影响其生长繁殖的营养需求。

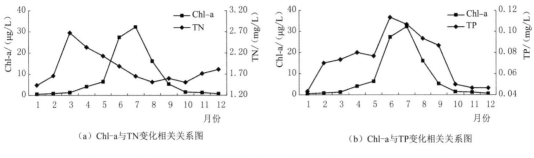

（a）Chl-a与TN变化相关关系图　　　　　（b）Chl-a与TP变化相关关系图

图 3.3-15　2017 年梅溪河库尾 Chl-a 浓度与 N、P 营养盐变化关系图

2）梅溪河支流库湾水华敏感期的 Chl-a 浓度与水温呈较强正相关关系（图 3.3-16），表明当前 Chl-a 浓度变化更多受水温和光照等条件影响，尤其在水华敏感期，当 6 月支流库湾水温逐步上升并超过 25℃时，即进入梅溪河支流库湾蓝藻最适宜生长的水温区间，并伴随着水温抬升支流库湾藻类迅猛生长，故流域气候条件成了梅溪河库湾发生水华的主要诱发因素。

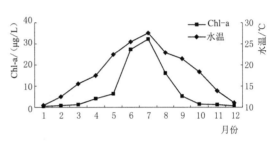

图 3.3-16　2017 年梅溪河库尾 Chl-a 浓度与水温关系图

3.3.2　梅溪河支流库湾营养盐来源组成及其水情变化影响

3.3.2.1　梅溪河支流库湾营养盐来源及其组成分析

基于 2017 年梅溪河上游年内逐月入库流量与水质监测资料、长江干流梅溪河河口江段常规水质监测资料（图 3.3-17），并结合梅溪河支流库湾水动力与水体富营养化数学模型反演的逐时水动力过程，统计分析 2017 年梅溪河支流库湾各特征断面的营养盐组成、收支状况及其年内变化过程。

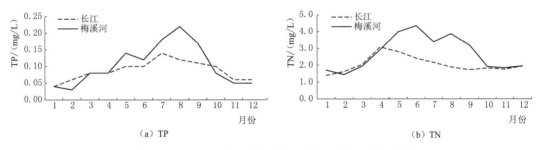

（a）TP　　　　　　　　　　　　　　　（b）TN

图 3.3-17　2017 年梅溪河库湾入库水质年内变化过程

1. 梅溪河支流库湾全断面营养盐收支情况统计

基于梅溪河支流库湾水体富营养化模型模拟成果，2017 年梅溪河支流库湾在干支流因水温差产生的分层异重流/密度流作用下，不同层位水体的流动方向不同，整个库湾水体中都实时存在营养盐的流进（收入）和流出（支出）情况。下面重点以 P、N 营养盐为

例进行分类统计分析。

（1）总磷（TP）。2017 年梅溪河支流库湾河口、库湾中部和库湾尾部三个位置的磷酸盐、总磷收支情况及分断面统计结果分别见图 3.3-18、图 3.3-19。

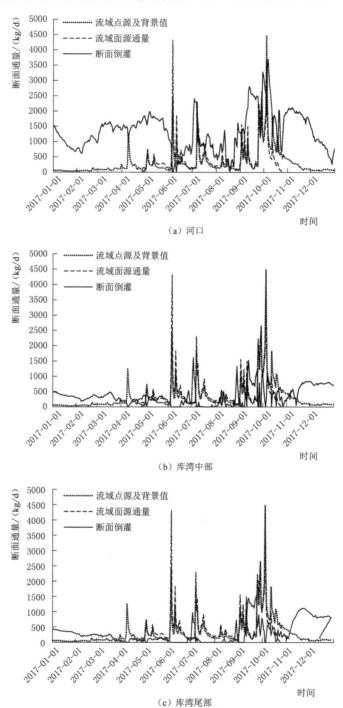

（a）河口

（b）库湾中部

（c）库湾尾部

图 3.3-18　2017 年梅溪河支流库湾各特征断面磷收支年内变化过程

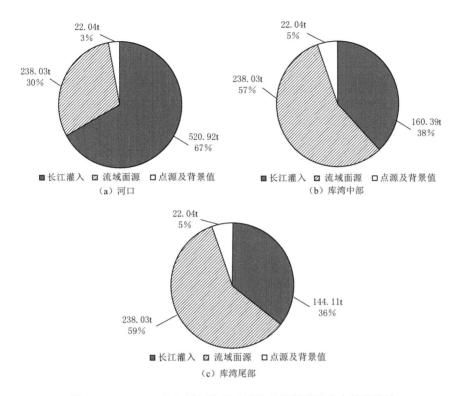

图 3.3-19 2017 年梅溪河支流库湾各特征断面磷收支情况统计

受干支流水温差形成的密度异重流作用沿梅溪河支流库湾自河口向上游逐渐减弱影响，长江干流倒灌对支流库湾中营养盐收支的影响沿河道自下而上也逐渐减弱。

1）河口（干支流水量交换最强烈区）：长江倒灌进入支流库湾的磷负荷为 520.92t，约占河口断面进出负荷总量的 67%；梅溪河本流域输入库湾的面源磷负荷为 238.03t，约占河口断面进出总量的 30%；流域点源及背景值输入 22.04t，约占河口断面进出总量的 3%，其中干流倒灌输入在河口区占绝对主导地位。

2）库湾中部（水华现象易发生区）：长江倒灌进入库湾中部的总磷负荷为 160.39t，占断面 P 元素营养盐总收支的 38%，支流库湾上游输入的面源磷负荷（总量不变）则占库湾中部断面进出总量的 57%，流域内点源及背景值磷负荷（总量不变）则占库湾中部断面进出总量的 5%，其中支流库湾营养盐输入在库湾中部断面占主导地位。

3）库湾尾部（藻类水华高发区）：长江倒灌进入到库湾尾部的磷负荷总量递减到 144.11t，占库湾尾部断面总收入的 36%，支流库湾上游输入的面源磷负荷则占库湾尾部断面进出总量的 59%，流域内点源及背景值磷负荷占比约为 5%，其中支流库湾营养盐输入在库湾尾部营养盐输入的主导地位进一步增强。

（2）总氮（TN）。2017 年梅溪河库湾河口、库湾中部和库湾尾部三个位置的总氮收支情况及分断面统计结果分别见图 3.3-20 和图 3.3-21。

通过分析 2017 年梅溪河支流库湾各特征断面的 TN 收支情况，其空间分布特征与 TP 负荷基本一致，但在营养盐输入组成方面又存在一些差异性，具体结果如下：

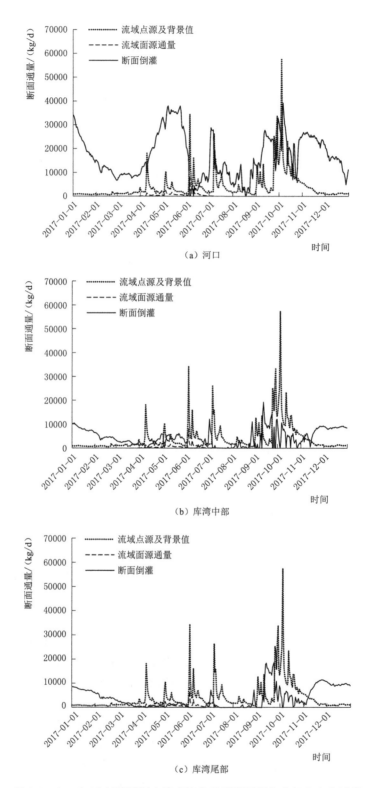

（a）河口

（b）库湾中部

（c）库湾尾部

图 3.3 - 20　2017 年梅溪河支流库湾各特征断面氮收支年内变化过程

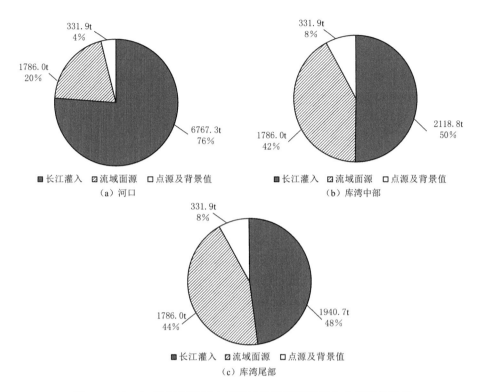

图 3.3－21　2017 年梅溪河支流库湾各特征断面氮收支情况统计图

1) 河口（干支流水量交换最强烈区）：长江倒灌进入支流库湾的氮负荷为 6767.3t，约占总河口断面进出负荷总量的 76%；梅溪河本流域输入库湾的面源氮负荷为 1786.0t，约占河口断面进出总量的 20%；流域点源及背景值输入 331.9t，约占河口断面进出总量的 4%，其中干流倒灌输入在河口区占绝对主导地位。

2) 库湾中部（水华现象易发生区）：长江倒灌进入库湾中部的总氮负荷为 2118.8t，占断面总氮负荷总收支的 50%，支流库湾上游输入的面源氮负荷（总量不变）则占库湾中部断面进出总量的 42%，流域内点源及背景值磷负荷（总量不变）则占库湾中部断面进出总量的 8%，长江倒灌营养盐输入仍在库中断面占主导地位。

3) 库湾尾部（藻类水华高发区）：长江倒灌进入到库湾尾部的总氮负荷总量递减到 1940.7t，占库湾尾部断面总收入的 48%，支流库湾上游输入的面源氮负荷（总量不变）则占库湾尾部断面进出总量的 44%，流域内点源及背景值氮负荷占比约为 8%，长江倒灌营养盐输入在库湾尾部断面仍多于上游面源的输入。

从梅溪河支流库湾整体收支过程来看，长江干流倒灌和支流面源输入是库湾营养盐的主要来源，内源释放的 N、P 负荷对库湾营养收支的影响很小。

2. 水华敏感期（3—10 月）库湾营养盐收支情况

每年 3—10 月是三峡水库支流库湾藻类水华的高发敏感期，此时支流库湾的营养盐来源结构将对支流库湾富营养化的演变过程及其防治具有决定性的意义和作用。2017 年三峡水库水华敏感期间梅溪河支流库湾不同位置磷和氮的收支过程分别见图 3.3－22 和图 3.3－23。

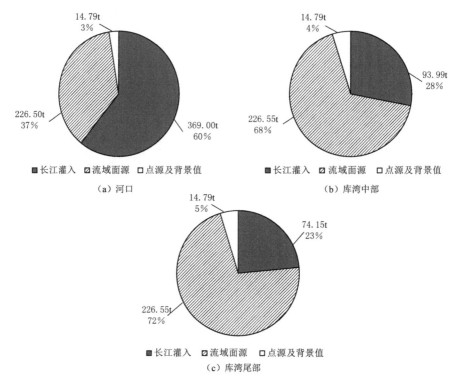

图 3.3-22　2017 年水华敏感期梅溪河支流库湾磷收支状况

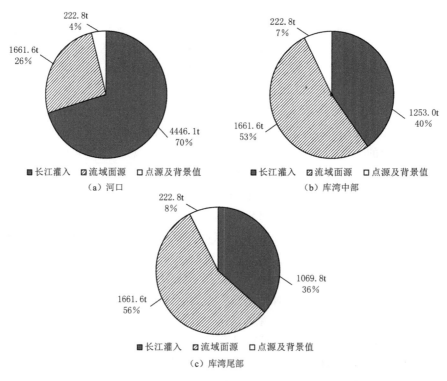

图 3.3-23　2017 年水华敏感期梅溪河支流库湾氮收支状况

由图 3.3 - 22 和图 3.3 - 23 可知，2017 年水华敏感期梅溪河库湾磷、氮收支状况分别与全年相比有着类似的变化特征。对于磷的收支而言，在水华敏感期从干支流交汇的河口区向上游，干流倒灌的磷负荷逐渐减少，从河口区最主要的磷贡献源（369.00t，占比 60%）下降为中上游区的次要磷贡献源（74.15~93.99t，占比 24%~28%）；而水华敏感期梅溪河上游输入支流库湾的面源磷负荷所占比重逐渐增大，从河口区次要的磷贡献源（226.50t，占比 37%）升为库湾中上部的首要磷贡献源（226.55t，占比 68%~72%），流域背景值及点源负荷输入占比均较小（3%~5%），但占比从河口到上游区略有增加。

对于氮的收支而言，水华敏感期间干流倒灌进入支流库湾的氮负荷呈现自河口向上游逐渐减少的过程，从河口区最主要的氮贡献源（4446.1t，占比 70%）下降为库湾中上部的第二位氮贡献源（1069.8~1253.0t，占比 36%~40%）；而梅溪河上游输入库湾的面源氮负荷所占比重逐渐增大，从河口区的次要氮贡献源（1661.6t，占比 26%）升为库湾中上部的首要氮贡献源（1661.6t，占比 53%~56%），流域背景值及点源占比较小，各特征断面的占比仅为 4%~8%。

3. 水华过程中（7月）库湾营养盐收支

7 月是 2017 年梅溪河支流库湾发生水华的主要时段，在这期间库湾尾部是藻类水华发生的主要位置，在水华发生时节（7月）梅溪河支流库湾的磷、氮收支情况见图 3.3 - 24。

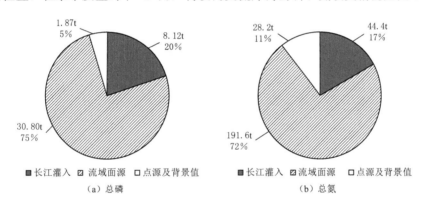

（a）总磷　　　　　　　（b）总氮

图 3.3 - 24　2017 年水华发生时节（7月）梅溪河库湾尾部的磷、氮收支情况

在 2017 年 7 月梅溪河支流库湾水华发生过程中，流域上游面源输入的磷负荷量为 30.80t，占断面总输入量的 75%，是水华发生时段库湾中最主要的磷贡献源，此时长江倒灌输入的磷负荷为 8.12t，约占断面总输入量的 20%，是水华发生时节的次要磷贡献源。同样，流域上游面源输入的总氮负荷量为 191.6t，占断面总输入量的 72%，是水华发生时节的主要氮贡献源，而此时长江倒灌输入的总氮仅占 17%，是水华发生时节的次要氮贡献源。因此，对于梅溪河支流库湾水华发生过程中营养盐控制与水体富营养化削减而言，流域面源控制与汛期入库水质浓度削减具有十分重要的意义。

3.3.2.2　干支流水情变化对梅溪河支流库湾营养盐组成影响

2017 年三峡库区干流为平偏枯年份（水文频率 $P = 69\%$）、梅溪河支流为特丰年份（水文频率 $P = 5\%$），2018 年三峡库区干流为特丰年份（水文频率 $P = 4\%$）、梅溪河支流为特枯年份（水文频率 $P = 96\%$）。干支流水文情势变化下，支流库湾营养盐组成发生一定变化，具体表现如下。

（1）总磷（TP）。长江干流由平偏枯年份（2017 年，$P=69\%$）变为特丰年份（2018 年，$P=5.1\%$），三峡库区长江灌入河口区 TP 的交换量明显大幅增加，这说明河口区的营养盐构成主要受长江干流倒灌输入影响。长江灌入库湾中部和上游的 TP，在不同水文年份总量变化不大，说明这些区域 TP 收支相对较为稳定。

梅溪河流域由特丰年份（2017 年，$P=4.1\%$）变为特枯年份（2018 年，$P=96\%$），来自梅溪河流域输入的面源、点源及背景值大幅减少，这主要受梅溪河流域污染物输入过程而控制。这也使得来 2018 年自梅溪河流域面源、点源及背景值所占比例比 2017 年有明显降低。2017—2018 年期间梅溪河支流库湾 TP 的收支状况及库尾水华高发期（7 月）的收支状况分别见表 3.3-5 和图 3.3-25。

表 3.3-5　　　　2017—2018 年梅溪河支流库湾 TP 的收支状况　　　　单位：t

年　份	来　源	全　年	水华敏感期	水华过程中
2017	流域面源	238.03	226.55	30.80
	点源及背景值	22.04	14.79	1.87
	长江灌入河口区	520.92	369.00	41.07
	长江灌入库湾中部	160.39	93.99	9.88
	长江灌入库湾尾部	144.11	74.15	8.12
2018	流域面源	21.70	17.11	1.64
	点源及背景值	35.30	27.37	2.30
	长江灌入河口区	177.34	96.04	9.02
	长江灌入库湾中部	44.75	24.50	2.58
	长江灌入库湾尾部	19.23	8.66	0.88

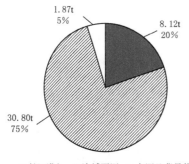
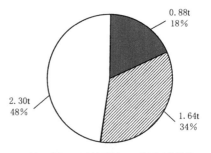

（a）2017年　　　　　　　　　　　（b）2018年

图 3.3-25　水华发生时节（7 月）梅溪河库湾尾部的磷收支状况

（2）总氮（TN）。伴随着三峡库区长江干流水情条件变化，自库区干流倒灌输入和支流库湾流域入库的氮、磷都将出现明显波动。如梅溪河流域由特丰年份（2017 年，$P=4.1\%$）变为特枯年份（2018 年，$P=96\%$）后，来自梅溪河流域输入的 TN 面源和点源及背景值也将大幅减少，同时其年内过程主要受流域降雨径流过程影响。而长江干流来水由平偏枯年份（2017 年，$P=69\%$）变为特丰年份（2018 年，$P=5.1\%$）后，三峡库区长江灌入河口区的 TN 负荷量明显大幅增加，从而使得 2018 年来自梅溪河流域的面源、点源及背景值占比比 2017 年有明显降低。2017—2018 年期间梅溪河支流库湾 TN 的收支状况及库尾水华高发期（7 月）的收支状况分别见表 3.3-6 及图 3.3-26。

表 3.3-6　　　　　　　2017—2018 年梅溪河支流库湾 TN 的收支状况　　　　　　　单位：t

年 份	来 源	全 年	水华敏感期	水华过程中
2017	流域面源	1786.0	1661.6	191.6
	点源及背景值	331.9	222.8	28.2
	长江灌入河口区	6747.3	4446.1	440.21
	长江灌入库湾中部	2118.8	1253.0	65.36
	长江灌入库湾尾部	1940.7	1069.8	44.4
2018	流域面源	375.4	313.0	27.7
	点源及背景值	983.3	760.6	60.9
	长江灌入河口区	12305.85	7491.03	655.21
	长江灌入库湾中部	2356.95	1373.68	164.24
	长江灌入库湾尾部	1055.75	439.89	67.05

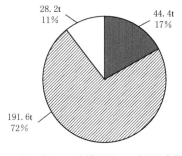 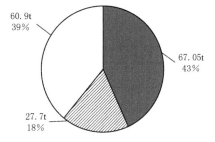

（a）2017年　　　　　　　　　　　　（b）2018年

图 3.3-26　水华发生时节（7 月）梅溪河库湾尾部的氮收支状况

总体来看，三峡库区长江干流水文情势变化将会对河口区营养盐交换产生显著影响，库区干流来水条件明显偏多年份，其干支流间的营养盐交换量将大幅增加，而库区干流倒灌输入对库湾中上部区域影响不显著。梅溪河流域水文情势变化将会使得流域点、面源输入支流库湾的营养盐发生显著变化，即当梅溪河流域来水为丰水年时，流域面源、点源输入量将会大幅增加，进而造成支流来水在库湾营养盐收支所占比例有大幅增加。

3.3.3　梅溪河支流库湾富营养化演变过程及其驱动因素

3.3.3.1　浮游植物及其限制性营养盐的演变过程研究

1. 梅溪河支流库湾浮游植物演变过程

基于三峡水库梅溪河支流库湾水体富营养化模型反演模拟成果，2017 年梅溪河支流库湾内河口、库湾中部和库湾尾部不同特征断面的浮游植物年内变化过程模拟结果见图 3.3－27。从年内变化过程来看，汛期（6 月 1 日至 9 月 30 日）是梅溪河支流库湾浮游藻类大量生长繁殖与藻类水华发生的高危时段，Chl－a 浓度在 20～60μg/L 之间持续的波动变化，即汛期和汛后蓄水期是梅溪河库湾藻类水华发生的高发时段，2017 年梅溪河库湾藻类水华刚好发生在叶绿素浓度最高的时段（7 月下旬至 8 月初）。从空间上看（图 3.3－28），在 7 月下旬至 8 月初期间发生水华时，梅溪河支流库湾尾部 Chl－a 浓度要明显高于库湾中部及河口位置，这由此说明：

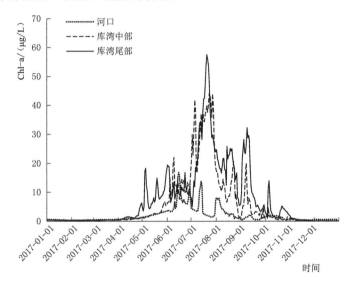

图 3.3－27 2017 年梅溪河支流库湾浮游植物年内变化过程

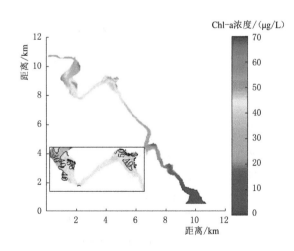

图 3.3－28 2017 年汛期梅溪河支流库湾
浮游植物空间分布特征

（1）含有大量浮游植物的支流来水进入库湾后，水动力条件的急速变缓（$u \leqslant 3cm/s$）和充足的 N、P 等营养盐输入为浮游植物在支流库湾末端快速生长发育提供了动力条件和充足的物质基础，并在支流高温水的表层水流驱动作用下，随水流逐渐向库湾中部及河口方向运动。

（2）梅溪河支流库湾中部和库湾尾部的水动力条件较弱，流速较为缓慢（$u \leqslant 3cm/s$），并在长江干流水流倒灌的顶托作用下，藻类更易在库湾中上部区域出现聚集，而河口区干支流水交换强烈，自上而下迁移扩散而来的藻类被快速稀释与掺混，故河口区浮游植物密度相对较低。

（3）汛期降雨径流携带大量的流域面源负荷入库为库湾尾部区的浮游植物大量生长繁

殖提供了丰富的营养物质，并易在库湾中上部出现藻类富集。

2. 磷酸盐（DIP）演化过程

藻类原生质（$C_{106}H_{263}O_{110}N_{16}P$）中的 $N:P=16:1$，而梅溪河支流库湾的氮磷浓度比 $N:P>15$，故梅溪河支流库湾是一个典型的磷元素限制性水体。因此，在梅溪河营养盐输入分析中，着重分析库湾中磷酸盐变化。而梅溪河支流库湾营养盐主要来源于梅溪河流域陆域汇入和三峡库区江水倒灌入库两部分，2017 年梅溪河支流库湾中不同来源的 DIP 年内变化过程见图 3.3-29。

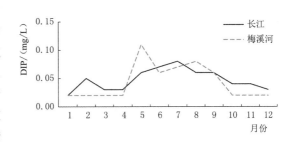

图 3.3-29 2017 年梅溪河支流库湾
来水水质年内变化过程（DIP）

由图 3.3-29 可知，2017 年三峡库区干流 DIP 的年内变化基本维持在 0.02～0.08mg/L 区间，其中汛期维持在 0.06～0.08mg/L 区间，非汛期维持在 0.02～0.04mg/L 区间；而梅溪河支流库湾回水末端上游天然入流水质浓度年内变化较大，在 5—9 月梅溪河上游流量较大时，入流的 DIP 浓度较高，平均浓度为 0.08mg/L（变幅为 0.06～0.11mg/L），较长江干流水质略差，最大值出现在 5 月，达到 0.11mg/L，是同期三峡库区干流水质的 1.85 倍。因此，汛期梅溪河上游高浓度的营养盐（DIP）输入成了当年水华敏感期梅溪河支流藻类水华暴发的潜在诱因。

受梅溪河库湾干支流交互作用、梅溪河上游来水及干流倒灌等水量携带的污染物影响，梅溪河库湾中 DIP 的垂向分布也存在明显的时空差异性。2017 年梅溪河河口、库湾中部和库湾尾部各特征断面的 DIP 垂向分布及其年内变化过程见图 3.3-30。

对于水交换较为强烈的河口区，在汛前消落期和枯水运行期，表、底层 DIP 浓度差异较小，且与长江干流水质相近，这主要是由于在这一时期内支流库湾浮游植物生物量一直维持在较低水平，因此河口区表层的 DIP 浓度没有被浮游植物生长吸收所影响。而在汛期和汛后蓄水期，由于表层浮游植物生物量有所增加，因此表层的 DIP 大部分被浮游植物生长所吸收，所以造成表层 DIP 浓度较低，而底层 DIP 浓度维持较高水平，并且与梅溪河上游浓度相接近，这主要是由于梅溪河上游天然入流大部分都是从库湾底层流入到长江所致。

对于水交换相对较慢的库湾中部和库湾尾部而言，在汛前消落期和枯水运行期，表、底层 DIP 浓度差异较小，且与长江相近，这主要是由于在这一时期内支流库湾浮游植物生物量一直维持在较低的水平，表层的 DIP 浓度没有受浮游植物生长吸收所，同时梅溪河上游来水水质与长江干流同期水质基本相当，因此造成支流库湾中部和库湾尾部 DIP 的浓度表、底层差异较小。而在汛期和汛后蓄水期，由于库湾中部和上游表层浮游植物生物量相对较高，因此表层的 DIP 被浮游植物大量生长所吸收，所以造成表层 DIP 浓度有所降低，而底层 DIP 浓度维持较高水平，并且与梅溪河上游来水浓度相接近，这主要是由于梅溪河的天然入流大部分都是从库湾底层灌入到长江的原因。此外，由于梅溪河上游更靠近天然入流，加上在 6—10 月期间天然入流量较大，入流的 DIP 浓度较高，因此梅溪河上游表层 DIP 浓度也比中部表层更高一些。

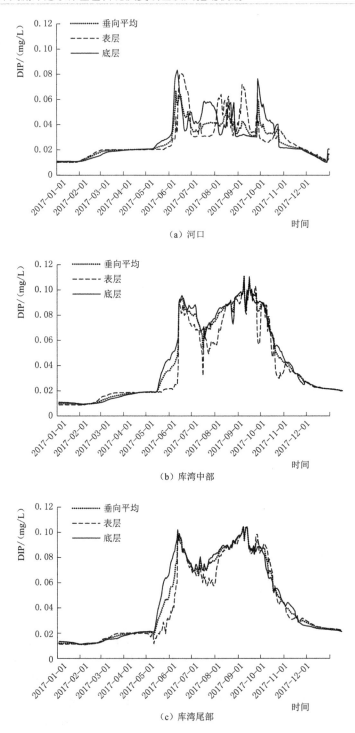

图 3.3-30　2017 年梅溪河支流库湾不同特征断面 DIP 的演化过程

　　由于梅溪河在 6 月 5 日有天然洪水入流过程，洪峰流量达到 369m³/s，且 DIP 浓度较高，因此造成梅溪河上游的表、底层 DIP 浓度快速升高，同时也造成了梅溪河库湾中部和河口位置底层 DIP 浓度的峰值变化。梅溪河上游天然入流携带的 DIP 为支流库湾浮游植物生长提供了大量的营养盐，成为 7 月支流库湾水华暴发的主要诱因之一。

3. 支流库湾 DIP 输送通量过程

梅溪河支流中的营养盐补充与循环在一定程度上会影响库湾中水体浮游植物的时空分布过程。当外部水温和光照条件适合时，营养盐的快速补充必然会加快支流库湾内浮游植物的快速生长与藻类水华形成和发生。2017 年梅溪河库湾表层不同部位的 DIP 输送通量见图 3.3-31。

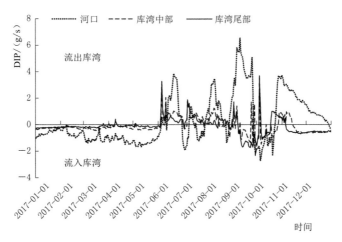

图 3.3-31　2017 年梅溪河库湾表层不同部位的 DIP 输送通量过程

由图 3.3-31 可知，2017 年梅溪河河口的 DIP 输送通量最快，主要是由于河口区更靠近长江干流，水交换更为强烈。在汛前消落期，主要是长江水体灌入到支流库湾中，因此，在这一阶段长江干流是梅溪河河口 DIP 的主要补给源。而在汛期，受梅溪河上游洪水和三峡水库调度的共同影响，在部分时段长江干流是河口 DIP 的主要补给源，在部分时段上游洪水入流是河口 DIP 的主要补给源。在汛后蓄水期，由于三峡水库的迅速上涨，导致长江水体由表层灌入到支流库湾中，因此，长江再次成了河口 DIP 的主要补给源。

库湾中部和库湾尾部的 DIP 输送通量较为接近，但是明显小于河口的输送通量。这主要是由于中部和尾部水交换比河口弱很多，同时较高的浮游植物生物量吸收了大量的 DIP，造成断面补充通量较少。此外，在汛期库湾尾部和中部受梅溪河上游河道洪水的影响，河道的天然入流是库湾中上部表层 DIP 的主要补给源。

对于库湾底层则表现出截然相反的 DIP 补给机制（图 3.3-32）。在全年的大部分时候，梅溪河整个库湾的 DIP 都是由天然入流进行补给，这主要是由于梅溪河上游的天然来水主要由底层流出库湾。而河口部分在汛期有短暂时间 DIP 是由长江进行补给，这是由于三峡水库在汛后蓄水期水位的迅速上升而引起的。

3.3.3.2　干支流水情变化对梅溪河库湾富营养过程演变的影响

2017 年三峡库区干流为平偏枯年份（水文频率 $P=69\%$）、梅溪河支流为特丰年份（水文频率 $P=5\%$），2018 年三峡库区干流为特丰年份（水文频率 $P=4\%$）、梅溪河支流为特枯年份（水文频率 $P=96\%$）。在 2017 年、2018 年干支流水文情势变化下，支流库湾富营养演化过程也将发生一定变化，具体表现如下。

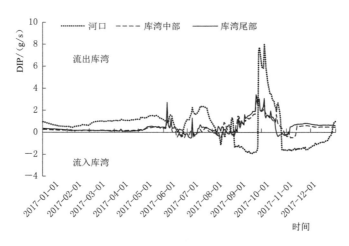

图 3.3 - 32 2017 年梅溪河支流库湾底层 DIP 输送通量过程

1. 干支流水情变化对支流库湾叶绿素 a 浓度变化的影响

对比不同的干支流水文条件组合，6—10 月期间为梅溪河支流库湾的藻类易生长阶段，因而造成库湾内叶绿素 a 浓度这一时段内偏高。梅溪河库湾河口区受三峡库区长江干流影响显著，这部分区域藻类会被长江的大量水交换带走，因此在河口区长江干流水文情势变化对叶绿素 a 的影响不明显。库湾上游区域受梅溪河流域来水影响显著，梅溪河水文情势变化对支流库湾尾部区域叶绿素 a 浓度影响明显，梅溪河流域特丰年份（如 2017年），由于梅溪河上游来水量较大，库湾尾部区水流流速相对较快，因此藻类不易在库尾上部区域聚集，因而 2017 年支流库湾尾部区的叶绿素浓度明显较 2018 年偏低。2017—2018 年梅溪河支流库湾各特征断面的叶绿素 a 浓度年内变化过程及其月平均浓度分别详见图 3.3 - 33 和表 3.3 - 7。

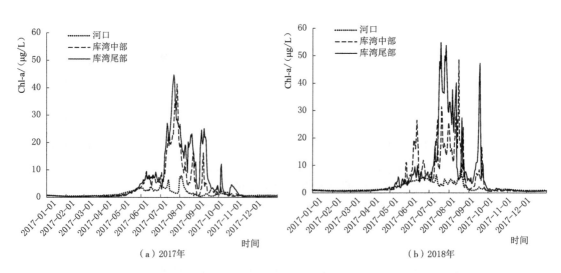

（a）2017年 　　　　　　　　　　　　　　（b）2018年

图 3.3 - 33 2017—2018 年梅溪河支流库湾叶绿素 a 浓度年内变化过程

表 3.3-7		梅溪河支流库湾叶绿素 a 月平均浓度			单位：μg/L
月 份	2017 年			2018 年	
	MX01	MX02	MX03	MX01	MX02	MX03
1	0.60	0.54	0.50	0.59	0.51	0.28
2	0.50	0.37	0.32	0.50	0.33	0.18
3	0.61	0.48	0.38	0.60	0.45	0.20
4	0.95	0.64	0.42	0.92	0.69	0.62
5	2.35	2.07	2.12	2.35	2.73	2.28
6	2.94	6.13	6.98	4.49	10.82	4.70
7	3.11	20.33	24.22	3.54	14.47	20.87
8	2.68	8.37	15.50	3.78	15.27	13.52
9	0.81	3.64	10.25	0.92	3.92	7.71
10	1.41	1.01	3.10	0.78	0.37	0.61
11	0.71	0.46	0.54	0.67	0.46	0.38
12	0.81	0.39	0.43	0.52	0.32	0.18
全年平均	1.46	3.70	5.40	1.64	4.18	4.29

2. 干支流水情变化对库湾综合营养状态指数的影响

就梅溪河支流库湾综合营养状态指数变化过程而言，2018 年比 2017 年略高，但是在不同的干支流水文情势组合下，梅溪河支流库湾在全年大多数时间都维持在中营养状态，仅在 6—9 月期间表现为轻度富营养水平。这主要是由于 2018 年梅溪河流域来水偏少，导致支流库湾尾部区表层流速变缓，水体分层现象更为突出，更有利于藻类生长，造成 2018 年支流库湾综合营养状态指数较 2017 年有所增加（图 3.3-34 和表 3.3-8）。

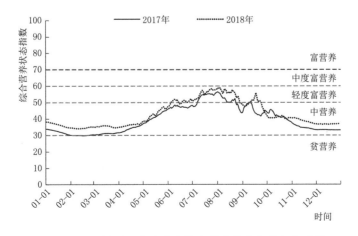

图 3.3-34 梅溪河支流库湾综合营养状态指数变化过程

表 3.3 - 8　　　　　　　　　　　梅溪河支流库湾综合营养状态指数月均值

月　份	2017 年	2018 年	月　份	2017 年	2018 年
1	32.21	36.45	8	50.67	55.48
2	29.99	34.51	9	45.51	49.26
3	31.00	35.31	10	41.63	40.78
4	34.11	36.29	11	34.80	38.77
5	41.41	43.14	12	33.25	36.78
6	47.37	50.59	全年平均	39.60	42.75
7	53.27	55.62			

　　总体来看，结合 3.3.2 节中营养盐来源及其组分判别的成果，长江干流水文情势变化对梅溪河支流库湾内部富营养状态变化影响不显著。梅溪河流域水文情势变化对库湾内部富营养状态变化影响较明显，当梅溪河来水偏丰时，会造成库湾表层水体流速增加，不利于藻类生长，因此叶绿素 a 浓度也会随之降低；当梅溪河来水减少时，会造成支流库湾尾部的表层水流速进一步减缓，当适宜藻类生长的温度和光照条件出现时，叶绿素 a 浓度会有所增加。

3.3.3.3　梅溪河库湾水体富营养化演变的主要驱动因素

　　（1）三峡水库建成后，支流水深增加，从原来的天然河流态转变为支流库湾，流速大幅减缓，在库湾中部和库湾尾部区域形成缓滞流或局部时段的静止水体，其水动力条件无法阻止或抑制藻类的快速迁移，并为藻类的大量繁殖并向表层聚集提供了适宜的水动力环境，故建库形成的缓流态是梅溪河支流库湾水体富营养演变及藻类水华现象发生的直接诱因。

　　（2）从库湾营养盐来源及其组成分析来看，梅溪河支流库湾在藻类水华发生过程中的主要营养盐受梅溪河流域来水影响，当梅溪河流域来水特丰时，面源负荷输入的氮磷占比超过 70%；当梅溪河流域来水特枯时，流域点源及背景值占比跃居主导地位（39%～48%），而长江干流倒灌占据次要位置（约占 18%～43%），本流域面源输入占比相对最小（18%～34%）。因此，就梅溪河支流库湾藻类水华防控与富营养状态削减而言，来自本流域的面源输入是造成支流富营养化的主要诱因，同时流域内的点源和面源污染综合治理都十分重要。

3.4　梅溪河支流库湾水体富营养化演变与水华形成机制

　　蓝藻水华是指主要由大量蓝藻聚集在水体表层引起的水体颜色明显改变的现象，蓝藻是一种利用光能将二氧化碳（CO_2）转化为生物质并产生氧气的自养细菌，其所需的营养盐浓度是蓝藻水华发生的最重要的化学因素。经研究证实，氮和磷是藻类生长的主要限制性营养元素，当水体中这两种元素过量增加时，水体富营养化过程是迅速的。由于碳、氮和磷的来源和利用上的差别，蓝藻生长的制约因素主要是磷元素，只有当磷的浓度合适时，蓝藻水华才会发生，同时这也决定了控制水体中的磷在蓝藻水华和水体富营养化控制中的实际意义和可操作性。由于影响蓝藻水华发生的条件还取决于水体的物理条件和生物条件，因此磷浓度相同的水体不一定都会发生蓝藻水华。下面将分析藻类水华的表征性指标（叶绿素 a）与营养盐、水动力条件（水位、流速）、温度与光照（以水体层化表征）之间的关系，以便揭示其发生与演变的机理机制。

3.4.1　浮游植物与环境因子的相关关系研究

3.4.1.1　Chl-a 与 DIP 的关系

浮游植物是藻类水华发生的表征性指标，而浮游植物生长与水体中营养盐浓度密切相关，2017 年梅溪河支流库湾河口、库湾中部、库湾尾部三个位置的 Chl-a 与 DIP 浓度间的相关关系及其年内变化过程分别见图 3.4-1 和图 3.4-2。

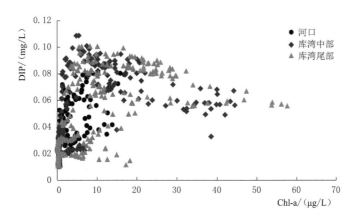

图 3.4-1　2017 年梅溪河库湾 Chl-a 与 DIP 浓度间的相关关系图

从整个库湾全年的 Chl-a 与 DIP 的相互关系（图 3.4-1）来看，Chl-a 与 DIP 无明显的相关关系。这主要是由于梅溪河支流库湾是一个相对开放或半开放水体，库湾水体中浮游植物在生长过程中，表层水体又在持续地与长江或支流天然入流进行交换，因此，梅溪河库湾表层水体中的 DIP 会不断地进行循环和补充，从而造成了支流库湾水体中浮游植物生物量较高，且与 DIP 无明显相关关系。

梅溪河库湾中不同位置 Chl-a 与 DIP 的变化过程（图 3.4-2）表明：

（1）梅溪河河口区，在 Chl-a 浓度相对较高的时候，DIP 浓度没有明显降低，这说明该区域的 DIP 是相对充足的，而浮游植物的生长过程并没有耗尽水团内的 DIP，DIP 浓度对浮游植物的生长未构成限制性条件。

（2）梅溪河库湾中部，Chl-a 与 DIP 的变化关系与河口不同，呈现出两种不同的相互关系。从 6 月初至 7 月初，在 Chl-a 浓度相对较高的时候，DIP 浓度有明显降低，这说明浮游植物的生长过程在不断消耗水团内的 DIP，造成了区域内 DIP 降低；从 7 月中旬至 8 月初，在 Chl-a 浓度持续增加，同时 DIP 浓度也有逐渐升高的趋势，这说明在这段时间水团中的 DIP 得到了持续补充，使得浮游植物大量生长。

（3）梅溪河库湾尾部，Chl-a 与 DIP 的变化关系也与河口和库湾中部明显不同，在整个 Chl-a 浓度相对较高的时候，DIP 浓度无明显降低，这说明在这段时间水团中的

DIP 得到了持续补充。

　　从梅溪河库湾 Chl-a 与 DIP 浓度的关系和变化过程来看，库湾内浮游植物的生长和营养盐呈现出不同的时空变化特点，河口、库湾中部和库湾尾部在不同的时段内，浮游植物对营养盐利用完全不同，这说明库湾不同位置的浮游植物可能处于不同的生长发育阶段。

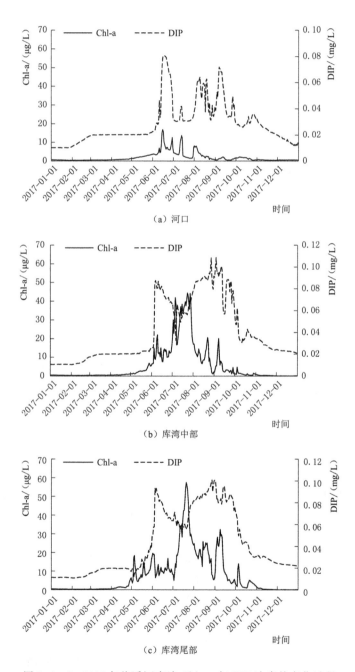

图 3.4-2　2017 年梅溪河库湾 Chl-a 与 DIP 浓度的变化过程

3.4.1.2　Chl-a 与水位变化的关系

对比分析梅溪河浮游植物浓度与三峡水库年内水位变化过程（图3.4-3）发现：梅溪河浮游植物浓度较高的时段出现在汛期（6—9月），即三峡水库低水位运行阶段。对于整个汛期而言，7月存在一个明显的水位抬升和下降过程，而8月则呈现持续的低水位运行过程。从浮游植物与汛期水位变化过程来看，在7月初的水位升高阶段支流库湾中Chl-a浓度没有明显下降；在7月下旬水位下降阶段，Chl-a浓度也没有明显下降。由此可以看出，三峡水库夏季汛期水位波动对于梅溪河库湾河口、库湾中部和库湾尾部的Chl-a浓度变化影响可能较小。

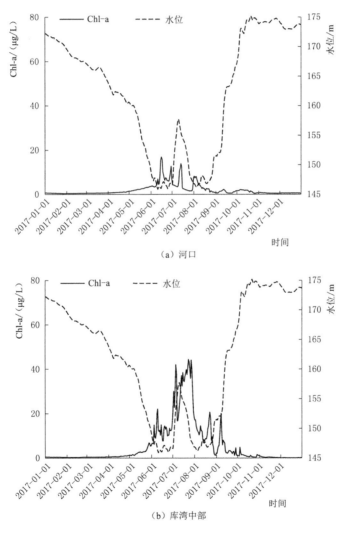

图3.4-3　梅溪河支流库湾 Chl-a 与水位的变化过程

对于汛后蓄水期，随着三峡水库水位的升高，库湾中部和库湾尾部Chl-a浓度表现出持续降低的变化情况，这主要是由于长江干流和梅溪河支流的来水水温逐渐减低，加上光照逐渐减少，产生了不利于浮游植物的生境。因此可以看出，三峡水库秋季的蓄水过程，对于库湾尾部Chl-a浓度会有影响，但是这一部分影响还包括水温和太阳辐射强度的变化，不能单纯归结于蓄水过程的作用。

3.4.1.3　Chl-a与流速的关系

浮游植物生长与水体流速密切相关，如果垂直方向的混合速率超过蓝藻上浮的速率，蓝藻就很难在气囊的作用下上浮，从而被硅藻和绿藻取代。由于蓝藻水华的形成需要时间，通过增加水流速度来缩短水力停留时间也有望成为控制缓滞型河流和水库静水中水华的有效方法。三峡工程建成后水动力条件的巨大改变是引起三峡水库各支流库湾水体富营养化及藻类水华发生的关键环境条件。但是，在三峡水库正常调度运行后，受年内水文情势变化与受三峡水库调度运行引起的水位变化综合作用所引起的库湾各特征断面的水流流速变化是非常小的（流速变幅不大于6cm/s），所以无法对浮游植物的生长形成抑制作用。2017年梅溪河支流库湾不同特征断面水流流速与Chl-a浓度相关关系见图3.4-4。

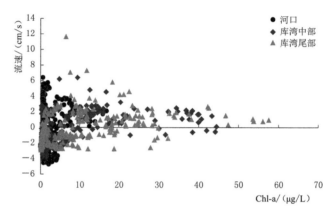

图3.4-4　2017年梅溪河库湾Chl-a与流速变化的相关关系图

从库湾全年的Chl-a与流速的相互关系（图3.4-4）来看，Chl-a与流速并无明显的相关关系。对于支流库湾表层水体来说，伴随着浮游植物的生长过程，还存在水体的输运过程。库湾中水华暴发的位置，可能并不是实际浮游植物生长发育的位置，而是浮游植物自身生长和水体输运共同作用的结果。

梅溪河库湾不同位置Chl-a与流速变化过程（图3.4-5）表明：

（1）梅溪河河口区，在Chl-a浓度相对较高的时候，流速大多为流出库湾，这说明该区域的浮游植物是随水流携带自上而下进入河口区的。当长江水从表层灌入到梅溪河库湾内部时，该时段梅溪河河口区的Chl-a浓度会出现明显下降现象。

（2）梅溪河库湾中部区，Chl-a与流速的变化关系则与河口区明显不同，在Chl-a浓度相对较高的时候，水流表层流向自上往河口区方向流动，这说明该区域的浮游植物是被水体从上游携带进入库湾中部的，同时也存在浮游植物在该区域生长后进入到下游河口区。

（3）梅溪河库湾尾部，Chl-a与流速的变化关系则与河口和库湾中部截然不同，6月至7月初当Chl-a浓度相对较高的时候，水流流向均为自上往下流，这说明浮游植物在该区域生长发育后不断向下游河口区输运；7月至8月底，当Chl-a浓度相对较高的时候，库湾尾部水体流速几乎为零，或者为流入和流出交替，说明在这一段时间梅溪河上游来水被滞留在库湾尾部区，浮游植物不断在库湾尾部区生长繁殖并聚集，形成较高生物量，从而导致水华现象的出现。

对于整个梅溪河库湾而言，在 Chl-a 浓度较高的时段，浮游植物均是在库湾的上游生长发育，并随表层水流逐渐向下游河口区运动，因此，支流库湾上游是控制梅溪河支流库湾藻类水华生长的关键区域，面源输入是梅溪河库湾藻类水华所需营养盐的最主要来源。

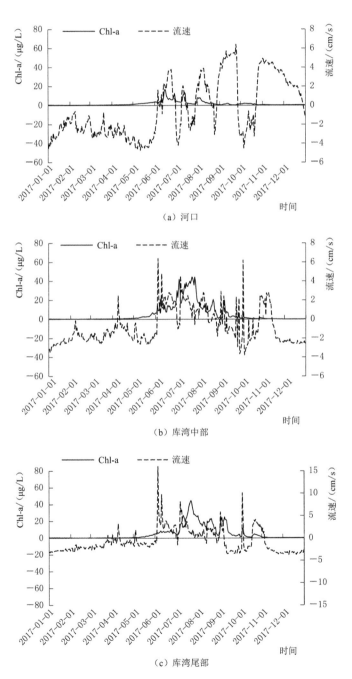

图 3.4-5　2017 年梅溪河库湾 Chl-a 与流速变化过程图

3.4.1.4　Chl-a 与水体层化的关系

水体层化有利于浮游植物的生长，2017 年梅溪河库湾中不同位置 Chl-a 与水体分层的变化过程见图 3.4-6。对于河口区而言，Chl-a 浓度与浮力频率呈现明显的正相关关系，即浮游植物浓度较高的时候都伴随着水体层化状态的出现。库湾中部的水体层化状态要明显强于河口，但是 Chl-a 浓度与浮力频率的相关关系却不如河口区明显，8 月梅溪河支流库湾水体的层化状态增强，但是 Chl-a 浓度却有明显的下降。库湾尾部的水体层化程度比中部和

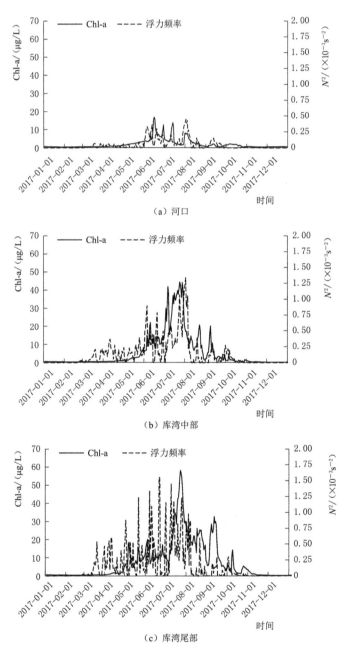

图 3.4-6　2017 年梅溪河库湾 Chl-a 与浮力频率的变化过程

河口都强，但是 Chl-a 浓度与浮力频率的相关关系却比河口和中部更为复杂。从 4 月初至 7 月底，表现为伴随着水体层化状态的增加，Chl-a 浓度也逐渐升高；而 8 月初至 9 月底的表现则与前一阶段截然相反，表现为水体层化消失，但是 Chl-a 浓度也依然保持较高水平。

此外，从三峡水库调度对水体层化过程影响来说，水库水位升降变化对梅溪河支流库湾水体层化过程的影响不明显。三峡水库水位在 7 月有一个明显的升高和降落过程，而库湾中部和上游的浮力频率与水位变化却没有直接关系，说明在汛期时，水位的迅速升降对于库湾水体层化影响可能不显著；而在 9 月的蓄水期，随着三峡水库水位的持续上升，库湾中部和上游的浮力频率明显降低，水体层化减弱，但是这一过程是三峡水库和梅溪河上游水温降低，以及太阳大气辐射减小共同作用的结果，难以直接归结于水位抬升对水体层化的影响。

3.4.2 梅溪河支流库湾水体富营养化演变与蓝藻水华驱动机制

富营养化是水体中生物对营养盐浓度升高的自然响应，而蓝藻水华主要由大量蓝藻聚集在水体表层引起的水体颜色的明显改变，是水体富营养化过程最为明显的表征。营养盐、温度、光照、水动力条件等非生物因素和浮游动物捕食等生物因素是影响湖泊富营养化的主要因素。综合梅溪河支流库湾的水动力特性、水环境演变特征，以及浮游植物生长与营养盐、三峡水库日常调度运行、年内水流流速变化和水温分层等因素的相关研究成果，梅溪河支流库湾水体富营养化演变及蓝藻水华驱动机制可归纳为：①三峡水库蓄水使得支流库湾的整体流速大幅降低（1.0～3.0m/s→0～0.05m/s）；②受干支流水温差引起的分层异重流影响，长江水不断向支流库湾内倒灌补给，易在库湾中上部形成低流速的缓滞留区，春夏季更容易发生分层现象，为藻类水华暴发提供了潜在的适宜生境条件；③缓流态水体又导致垂向水体交换不畅，来自库湾周边及支流上游的营养盐易在库湾中上部出现堆积，并在适宜生境（水温和光照都达到生长阈值）条件下，造成了支流库湾内水体富营养程度逐步升高、水华现象频发。梅溪河支流库湾水体富营养化演变及蓝藻水华驱动机制概化示意图见 3.4-7。

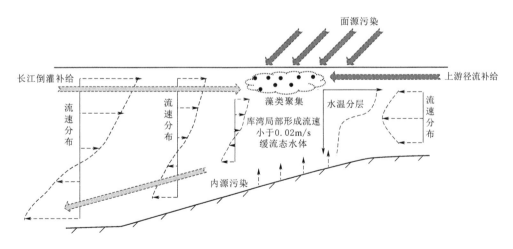

图 3.4-7 梅溪河支流库湾水体富营养化演变及蓝藻水华驱动机制概化示意图

（1）建库形成的缓流态是支流库湾水体富营养化演变及水华发生的直接诱因。

蓝藻，也常被当成绿藻，但它并非严格意义上的藻类，而是一种光能自养型的原核生物。常见导致水华形成的属有丝囊藻、胞藻、长胞藻、微囊藻、节球藻、浮丝藻和束毛藻等。气囊是充满气体的中空蛋白质结构，能为形成水华的蓝藻细胞提供浮力，使它们漂浮在水面。在风速较低的湖库水面上，蓝藻很容易大量繁殖形成水华。它们暴露在光和紫外线辐射之下，也缺乏充足的碳源和营养物质。然而，由于它们拦截了光和大气中的二氧化碳，抑制了水下其他藻类的生长，从而在竞争中取得优势，并逐步形成优势种群。

蓝藻通常大量繁殖形成大菌落聚集体（例如微囊藻、丝囊藻和束毛藻）。这些菌落可以调节其细胞内糖类含量与气囊提供的浮力抵消，从而在水中上下移动。如红色浮丝藻，在湖泊的特定深度漂浮，秋季则浮上水面，形成壮观的红色水华。当水体垂直方向的混合速率超过其大菌落聚集体的上浮速率时，蓝藻就很难再在气囊提供的浮力作用下上浮，并可抑制有浮力的蓝藻大量繁殖，从而被硅藻和绿藻取代。因此，增加水流速度来缩短水力停留时间有望成为控制缓滞型河流和静水型湖库水华的有效方法。

针对三峡水库梅溪河支流库湾而言，建库前的梅溪河支流夏季径流量大、水体流速快（流速 $u \geq 1.0 \mathrm{m/s}$），河流垂向完全混合，其水动力条件不适合蓝藻大量繁殖与生长；建库后，梅溪河支流平均河宽由建库前的 40m 逐步增加到 200m（图 3.4-8），梅溪河河口（临近奉节站）区枯水期水位抬升（或水深增加）100m、汛期水位抬升（或水深增加）45m（图 3.4-9），梅溪河支流库湾中上部全年平均流速 $u \leq 0.02 \mathrm{m/s}$（图 3.4-10），汛期三峡水库低水位运行时表层最大流速 $u \leq 0.05 \mathrm{m/s}$，其垂向混合速率远小于蓝藻菌群气囊提供的上升浮力，故三峡水库建成运行后梅溪河支流库湾变成缓滞流或局部时段的静止水体，其水动力条件无法阻止或抑制蓝藻菌群的定向移动，并为蓝藻的大量繁殖并向表层聚集提供了适宜的水动力环境，故建库形成的缓流态是梅溪河支流库湾水体富营养演变及藻类水华现象发生的直接诱因。

图 3.4-8　三峡水库蓄水前后梅溪河平均河宽变化图

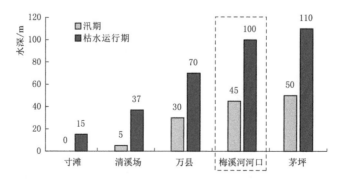

图 3.4-9　三峡水库运行后梅溪河河口水深增加图

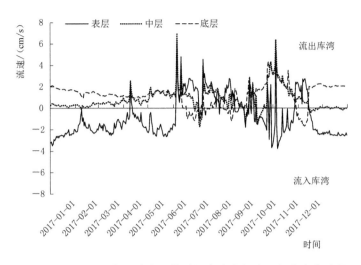

图 3.4-10 2017年三峡库区梅溪河库湾中部流速年内变化过程

（2）分层异重流是库湾浮游植物群落演替及水华生消的关键因素。

通过对梅溪河支流库湾三维流场模拟与水动力特性的分析，发现长江干流水体汛期通过中层倒灌入支流库湾，梅溪河来水除汛期外都是从底部流入长江（图 3.4-11），这种特殊的水体异向流动特征称为分层异重流。分层异重流主要是由于干支流温度差和泥沙浓度差导致的水体密度差，最主要受干支流温度差影响。这种分层异重流会导致一种特殊的水体层化现象，即水越深分层越弱，水越浅分层越强，导致从河口至上游分层越来越强烈，水体混合层越来越小，最终导致库尾部分更容易发生水华，具体见图 3.4-12。

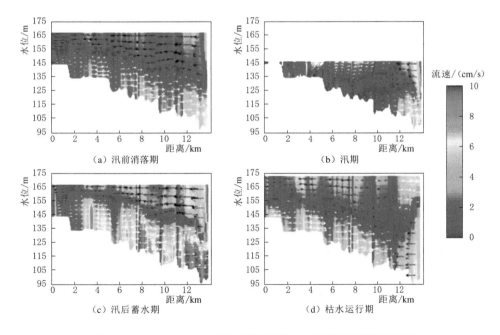

图 3.4-11 2017年各特征时段梅溪河支流库湾流速纵剖面图

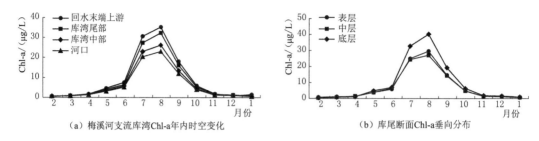

（a）梅溪河支流库湾Chl-a年内时空变化　　　（b）库尾断面Chl-a垂向分布

图 3.4-12　2017 年梅溪河支流库湾 Chl-a 年内时空变化及库尾断面垂向分布

　　水体层化有利于浮游植物生长，梅溪河库湾中不同位置 Chl-a 浓度与水体分层的变化过程见图 3.4-13。对于河口区而言，Chl-a 浓度与浮力频率呈现明显的正相关关系，即浮游植物浓度较高的时候都伴随着水体层化状态的出现。库湾中部的水体层化状态要明显强于河口，但是 Chl-a 浓度与浮力频率的相关关系却不如河口明显，8 月水体的层化状态增加，但是 Chl-a 浓度却有明显下降。库湾尾部的水体层化程度比库湾中部和河口都强，但是 Chl-a 浓度与浮力频率的相关关系却比河口和库湾中部更为复杂。从 4 月初至 7 月底，表现为伴随着水体层化状态的增加，Chl-a 浓度也逐渐升高；而 8 月初至 9 月底的表现则与前一阶段截然相反，表现为水体层化消失，但是 Chl-a 浓度也依然保持较高水平。

　　对易发生蓝藻水华的水体进行人工混合可抑制有浮力的蓝藻大量繁殖，这种方法相对昂贵但非常有效。针对梅溪河支流库湾这种大型而开放的水域而言，通过三峡水库生态调度来加快梅溪河支流库湾水体的掺混强度，可能会在水华发生季节达到抑制支流库湾蓝藻菌群的定向移动并向表层聚集的效果。2017 年在梅溪河支流库湾蓝藻水华发生的 7 月，因受干流上游洪水来流影响，三峡水库水位从 6 月 30 日的 145.223m 上涨到 7 月 10 日的 157.034m，然后经历 16d 后于 7 月 26 日又快速下降到 147.176m，该涨落水过程持续 26d，涨水期间三峡水库的水位涨水率为 1.180m/d，落水期间三峡水库的水位跌水率为 0.616m/d。从改善梅溪河支流库湾水动力条件角度来看，该涨落水过程（图 3.4-14）是一个特大号的生态调度过程，但从 6—8 月期间梅溪河支流库湾中上部水流流速变化响应来看，表、中、底层流速基本都不超过 0.05m/s，无法对库湾水体垂向混合产生明显影响，无法抑制有浮力的蓝藻大量繁殖并向表层聚集。即使在 2017 年 7 月上中旬"特大型生态调度试验"下，同期仍出现蓝藻水华现象，由此说明，对于距离三峡水库坝址相对较远的梅溪河（距离坝址达 137km）支流库湾中上游（距河口 15km），三峡水库常规调度和特定的生态调度手段很难营造出不利于梅溪河支流库湾有浮力的蓝藻大量繁殖的水动力条件。而在 9 月的蓄水期，随着三峡水库水位的持续上升，库湾中部和上游的浮力频率明显降低，水体层化减弱。但是这一过程是三峡水库和梅溪河上游水温降低，以及太阳大气辐射减小共同作用的结果，难以直接归结水位抬升对水体层化的影响。故水温差导致的密度流是支流库湾水体流动的主驱动力因素，库湾水深大幅度增加带来的层化问题加剧了水华现象发生，且常规生态调度很难弱化或改变梅溪河支流库湾适宜蓝藻生长的水动力条件。

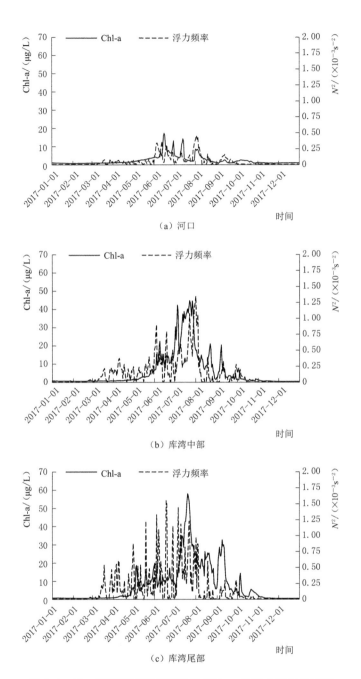

图 3.4-13 梅溪河库湾不同位置 Chl-a 与浮力频率关系图

（3）流域面源输入是支流库湾水体富营养化演变的主要物质基础。

基于梅溪河支流库湾三维水动力与水体富营养化数学模型反演模拟结果，并结合同期干支流来流的水量与水质边界条件，统计得到 2017 年梅溪河支流库湾河口、库湾中部和库湾尾部（三峡水库水位 145.00m 时的回水末端）不同特征断面的 N、P 等营养盐总收支情况表明：在梅溪河支流库湾易发生藻类水华的库中及其以上区域，从年尺度上来看梅

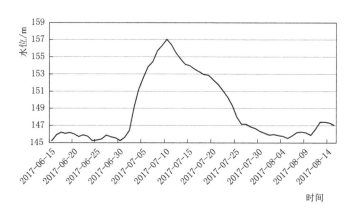

图 3.4-14　2017 年 6—8 月三峡水库一次涨落水过程图

溪河流域面源输入的总磷（TP）负荷量占断面总收支的 57％以上，是蓝藻水华水域高发区的主要营养来源；从三峡水库水华敏感期（3—10 月）尺度来分析，梅溪河流域面源输入的总磷（TP）负荷量占断面总收支的 68％以上，是易发生蓝藻水华水域水华高发时段最主要的营养贡献源；从梅溪河支流库湾水华发生时节（7 月）的营养来源解析，梅溪河流域面源输入的总磷（TP）负荷量占断面总收支的 74％，总氮（TN）输入也占 72％，因此，流域内的面源输入是梅溪河支流库湾蓝藻水华发生的控制性营养源；反过来说，在梅溪河支流库湾蓝藻水华发生时节，由长江干流倒灌输入的营养负荷占比已低于 25％。因此，从梅溪河支流库湾水体富营养化削减与蓝藻水华控制的营养基础调控着手，控制流域面源负荷的产生、强化面源随降雨径流输送过程中的拦截、提升消落带生态系统的系统性修复以增强其对库周散流面源的末端拦截效率，从而减少流域面源输入量及其占比，是近期梅溪河支流库湾水体综合营养状态指数削减、富营养水平控制、降低叶绿素水平和蓝藻水华发生风险的最有效的措施之一。

农业农村面源污染主要来自化肥、农药、养殖废水、农业废弃物及农村生活污水等。我国农药使用量居世界第一位，2009 年为 226.2 万 t，农药一般毒性大且具有化学与生物稳定性，利用率不到 30％，未利用部分则流失在土壤、水体、空气中。我国每公顷农田的化肥施用量高达 400kg，超过世界平均水平的 2 倍，尽管主要粮食作物的氮、磷、钾肥利用率已进入国际上公认的适宜范围，但仍处于较低水平，其中未被利用的养分通过降雨径流、淋溶等方式进入环境，污染了土壤和水体。畜禽粪便的淋溶性强，能通过地表径流污染水体。2010 年我国畜禽养殖的粪便量达到 45 亿 t，远超同期的工业废弃物量。水产养殖中的鱼类粪便、饵料沉淀以及化学药品肥料也会对湖库生态环境造成很大的污染。过去一些年，我国农村每年产生的生活污水超过 90 亿 t、生活垃圾约 2.8 亿 t，这些污水和垃圾几乎全部直排或露天堆放，而人粪尿年产生量为 2.6 亿 t，造成大量 N、P 污染。这些生活污水、生活垃圾的产生和积累加剧了农村生态环境的恶化，是农村面源污染的主要来源之一。

三峡库区属亚热带季风气候，冬春雨水较少，夏秋季降雨量多，因此来自农业农村的化肥污染、农药污染、养殖废水污染、农业废弃物及农村生活污水污染等多在汛期随降雨径流集中入库，而冬春季节因降雨量少无法形成明显的地表径流，故冬春季入库的面源负荷很少。针对梅溪河支流库湾来说，降雨径流是面源负荷产生和输运的动力源泉，其面源负荷量在年内随降雨径流过程多集中在 6—10 月（图 3.4-15），主要受年际间的水文情势变化影响显著。如 2017 年梅溪河流域来水条件为特丰水年（水文频率 $P=4.1\%$），2018 年和 2019 年均属特枯水年，其水文频率分别为 $P=96\%$、$P=98\%$（图 3.4-16），所以近三年梅溪河流域携带的面源负荷量存在显著的差异。基于梅溪河支流库湾三维水动力与水体富营养化数学模型反演模拟结果，2018 年梅溪河流域 6—10 月期间入库的总磷面源负荷量分别为 16.87t，仅占 2017 年同期入库的总磷面源负荷 9.1%。同时结合长江干流来水水情条件（图 3.4-17，分别属 $P_{2017}=69\%$、$P_{2018}=5\%$），统计得到 2018 年梅溪河支流库湾中上游区域总磷来源组成，详见图 3.4-18。

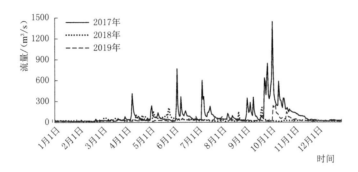

图 3.4-15　2017—2019 年大宁河逐日流量变化过程

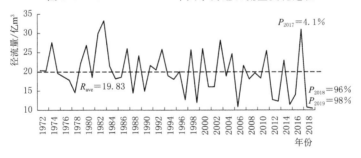

图 3.4-16　1972—2019 年大宁河年际径流量变化过程

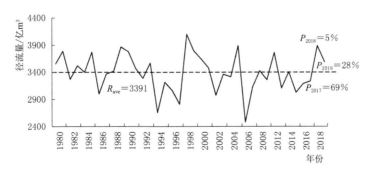

图 3.4-17　1980—2019 年长江干流寸滩站年际径流量变化过程

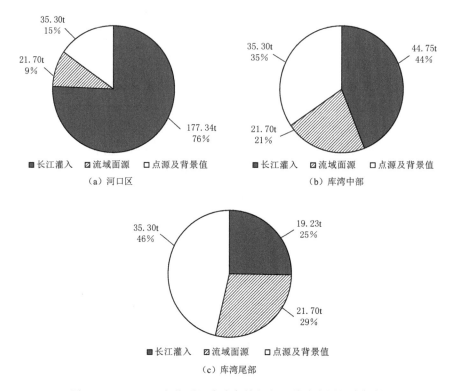

图 3.4-18　2018 年梅溪河库湾各特征断面总磷来源组成解析

（4）气候条件是梅溪河支流库湾发生水体富营养化的主要触发因素。

根据梅溪河支流库湾易发生水华断面（库尾）的水质参数相关性分析结果（表 3.4-1）及库尾断面叶绿素浓度与水温、N、P 营养盐年内变化关系图（图 3.4-19）可知，梅溪河支流库湾水华敏感期（6—9 月）Chl-a 与 TN 呈显著负相关，与 TP 呈极弱正相关，与水温呈较强正相关，由此说明：水体中藻类生长繁殖不受 N 营养盐浓度的限制，并出现过剩抑制现象；P 营养盐浓度的持续增加将加快藻类的生长繁殖，但目前的营养盐足够丰富，不会影响其生长于繁殖；而流域气温升降引起的水温变化是影响当前梅溪河支流库湾藻类生长及叶绿素水平的关键制约因素。

表 3.4-1　　梅溪河库湾水华敏感期（6—9 月）水体各影响因子间相关系数

营养因子	COD_{Mn}	TN	TP	Chl-a	SD	水温
COD_{Mn}	1					
TN	−0.133	1				
TP	0.852	0.432	1			
Chl-a	−0.155	−0.700	0.093	1		
SD	−0.158	0.847	−0.062	−0.936	1	
水温	−0.696	0.035	0.237	0.629	−0.317	1

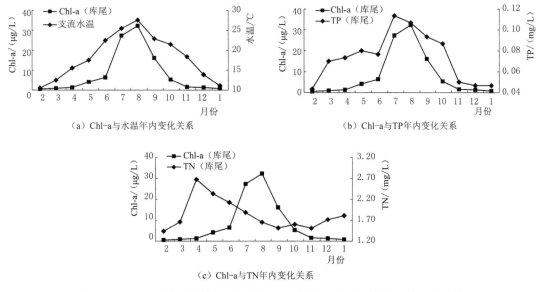

（a）Chl-a与水温年内变化关系   （b）Chl-a与TP年内变化关系

（c）Chl-a与TN年内变化关系

图 3.4-19　2017 年梅溪河库尾 Chl-a 与水温及 N、P 营养盐年内变化关系

综上，在当前的干支流营养盐输入水平条件下，梅溪河库湾各营养盐浓度在水华敏感季节的波动变化对库湾藻类生长及 Chl-a 浓度影响甚小，支流库湾流域及长江干流倒灌营养盐输入对支流库湾藻类生长繁殖不构成限制性影响，即干支流输入的营养盐足够充足，不影响其生长繁殖的营养需求，当前 Chl-a 浓度变化更多受水温和光照等条件影响，尤其在水华敏感期，流域气候条件成了梅溪河库湾发生藻类水华的主要触发因素。

综上所述，三峡水库蓄水后，已在支流库湾形成了低流速的缓流型水体，并且受干支流水温差影响而形成的分层异重流又可以为支流库湾源源不断地提供外源性营养盐补充，蓄水后支流库湾的水文水动力条件的改变为支流库湾水华的暴发提供了适宜的生境条件和维持机制，因此，控制面源营养盐输入成为支流富营养化控制的首选方案，加强陆域营养盐入库前的末端阻控、水体营养盐原位削减和生物调控是缓解支流库湾水华频发、富营养化程度增加的有效手段。

3.4.3　梅溪河支流库湾水体富营养化调控途径

梅溪河支流库湾水质及水体富营养状态直接受干支流来水的影响与控制，按照先易后难原则，加强梅溪河流域村镇生活污染点源集中处理、分散式畜禽养殖废污水综合利用及种植业面源污染治理以改善支流上游来水，是当前改善梅溪河支流水质并降低其藻类水华风险的优先选择。若仅控制支流上游来水水质对库湾中部及以上位置的富营养化水平削减、降低库湾中上部的藻类水华风险有一定作用，但无法解决支流库湾的藻类水华问题。因此，以梅溪河为代表的三峡水库支流库湾水体富营养化治理，作为推动长江经济带高质量发展的有机组成部分，应坚持"生态优先、绿色发展"理念，遵循"源头控制-过程阻断-末端拦截-水体原位削减-水生态系统修复"的系统治理思路，充分发挥科技对保障水资源质量的支撑作用，把梅溪河流域和三峡库区农业农村面源污染治理与控制放在更加突出的位置，并结合梅溪河支流库湾水陆交错带末端拦截、库湾水体营养盐原位削减和基于食物网结构与功能优化的生物调控措施在内的水生态修复措施，以三峡水库"山水林田湖草沙"生命共同体理念为指导，从"一湾之治"向"三峡库区之治"转变，逐步解决三峡水库各支流库湾的水体富营养化问题，逐步降低支流库湾藻类水华发生风险，为长江经济带绿色高质量发展提供安全的水资源条件。

综合近年来三峡水库区梅溪河支流库湾水环境变化特点、水体富营养化演变特征及蓝藻水华形成机制，梅溪河支流库湾水体富营养调控途径主要包括：

（1）结合美丽乡村建设，加强梅溪河流域村镇生活污染点源集中处理、分散式畜禽养殖废污水处理与农田回用，引导农民坡耕地耕作方式的转变，强化坡改梯工程改造和陡坡地的退耕还林还草落实力度，推广测土配方技术和小流域综合治理与立体防控技术，从源头控制流域农业农村面源的产生与输出，大幅度提高梅溪河流域的水土保持成效，大幅度削减雨季随降雨径流入库的面源污染负荷量，逐步改善雨季和非雨季节支流入库水环境质量。

（2）三峡水库年内水位变幅 30m 并形成 632km² 的消落带，从而形成"夏陆冬水"的景观格局，其中近 70% 的消落带面积原为耕地，春夏季季节性植被生长茂盛，可为库区坡面散流中污染物滞留、吸收、过滤、水质净化等提供良好条件，有效降低入库水体污染负荷。故应充分利用原有较为平整的耕地环境形成人工湿地、基塘工程等，修复库湾周边消落带生态系统，强化水陆交错带对入库散流面源的拦截效果，适当改变雨季大量面源随降雨径流集中入湖的不利条件。

（3）在"源头控制-过程阻断-末端拦截"等诸多环节作用下，尽管入库污染负荷有明显减少，但支流库湾因水流流速缓慢、水体层化现象突出、面源污染负荷随降雨径流集中入库等因素影响，三峡水库水华现象呈现春季向夏季演替的趋势，故针对水景观敏感区域强化基于植物营养竞争的水体原位削减技术，并从食物网结构与功能优化需求角度对藻类水华高发区实施区域生物调控措施，加大食藻类鱼类在鱼类生态系统中的比例，并通过适当渔业活动干预保持区域水生态系统的健康良性发展。

3.5　小结

以三峡水库梅溪河流域作为研究区域，以梅溪河支流库湾逐月水动力、水质、水生态监测资料作为数据基础，以构建的梅溪河支流库湾水动力-水体富营养化数学模型为主要技术手段，分析了梅溪河支流库湾的水环境质量状况、水体营养状态水平及其年内年际变化特征，模拟反演了干支流交互作用影响下梅溪河支流库湾水动力特性，定量解析了梅溪河支流库湾营养盐来源组成及其时空变化特点，归纳总结了梅溪河支流库湾水体富营养化演变成因及其驱动机制。

（1）梅溪河支流库湾整体水质类别为Ⅲ～Ⅳ类（TN 指标参评则多为劣Ⅴ类），是三峡水库水质污染问题较为突出、藻类水华问题最为严重的支流之一，主要超标指标为 TP 和 TN，且自梅溪河河口至库湾尾部均呈现自下而上逐渐升高过程，其中 TP 超标均集中在汛期，TN 浓度全年均高于湖库Ⅲ类水质标准。梅溪河支流库湾全年 N、P 营养盐水平均远高于国际公认的富营养化发生阈值（TN≥0.2mg/L、TP≥0.02mg/L），梅溪河支流库湾水体营养状态指数较高，全年均处在中营养水平以上，其中6—9月达到轻度富营养水平，库湾尾部营养状态指数最高，是藻类水华发生的高风险区域。

（2）梅溪河库湾整体流速较小，平均流速 $u≤5.00$cm/s。受长江干流与梅溪河支流来水交互作用影响，梅溪河库湾内河口、库湾中部、库湾尾部不同特征断面和表、中、底不同层位均存在明显的流速与流向空间变异特征，库湾内表底流场全年相反，与长江存在频繁的水量交换。汛前消落期（2—5月），长江干流水体从表层倒灌进入梅溪河支流库湾，支流水体从底层汇入库区干流，河口处底层流速略高，库湾中部和尾部流速差别较小；汛期（6—9月），长江干流水体从河口中层倒灌进入库湾，支流水体从表、底层汇入库区干流，库湾尾部和河口处流速较大，库湾中部流速较小；汛后蓄水期（10—11月）和枯水运行期（12月至次年1月）干支流水体交互特征是表层倒灌进入支流库湾，支流来水自底层流出库湾。在梅溪河支流库湾河口、库湾中部和库湾尾部不同位置的年平均水交换量分别为210.15m³/s、83.60m³/s和77.21m³/s。自河口向库湾中上部的干支流水交换量逐渐减小，干支流交汇处的水交换量是库湾中部的2.5倍，是库湾尾部的3倍。

（3）从年尺度上解析，三峡库区干流是梅溪河支流库湾N、P营养负荷的主要来源，梅溪河库湾河口、库湾中部和库湾尾部的N、P收支总量分别为8868t/a、4238.75t/a、4060.05t/a，780.88t/a、420.46t/a、404.17t/a，其中河口区长江干流倒灌输入的N、P占比约67%～76%，流域面源输入约占20%～30%，流域点源仅占3%～4%；库湾中上部库区长江干流倒灌输入约占38%～50%，流域面源输入约占42%～59%，流域点源仅占5%～8%。水华敏感期（3—10月）和水华高发期（7月）梅溪河流域面源输入是支流库湾易发生水华区域营养盐的最主要来源。水华敏感期，梅溪河库湾河口、库湾中部和库湾尾部的P、N收支总量分别为610.34t、335.34t、315.50t，6332.63t、3138.76t、2955.16t，其中河口区长江干流倒灌输入的TP约占60%，流域面源输入约占37%，流域点源仅占3%；库湾中上部区长江干流倒灌输入的TP约占24%～28%，流域面源输入约占68%～72%，流域点源仅占4%～5%。在梅溪河库湾水华发生时节，流域面源输入的TP、TN分别占库湾中上部断面收支总量的74%、72%，是库湾水华发生时段最主要的P和N贡献源，而长江倒灌输入的P、N仅分别占20%、17%，因此对于梅溪河支流库湾水华发生过程中营养盐控制而言，流域面源负荷是梅溪河库湾水体富营养化控制与削减的关键，支流的来水过程和降雨径流产生的面源负荷过程都将对支流库湾水华的发生产生重要影响。

（4）梅溪河支流库湾水体富营养化演变和藻类水华发生是三峡水库蓄水后水动力条件变化、入库污染物迁移扩散与水体层化等综合作用的结果，其中水库蓄水导致支流库湾水动力条件的改变是支流库湾水体富营养化演变的主要驱动因子，缓流态导致陆域输入的大量营养盐在库湾中上部不断累积，为藻类大量生长和繁殖提供了充足的营养物质基础，而水体层化则有利于藻类上浮并在水体表面聚集形成水华。在当前库湾中营养盐条件十分充足且对藻类生长繁殖不构成的限制性影响时，梅溪河支流库湾藻类水华主要受到温度和光照等气候条件影响与控制。

（5）仅控制梅溪河支流上游来水水质对库湾中部及以上位置的富营养化水平削减、降低库湾中上部的藻类水华风险有一定作用，但无法彻底解决支流库湾的藻类水华问题。梅溪河支流库湾水体富营养化治理，应遵循"源头控制-过程阻断-末端拦截-水体原位削减-水生态系统修复"的系统治理思路，将梅溪河流域治理和三峡库区农业农村面源污染治理有机结合起来，并配合支流库湾水陆交错带末端拦截、库湾水体营养盐原位削减和基于食物网结构与功能优化的生物调控技术在内的一系列水生态修复措施，逐步解决三峡水库支流库湾的水体富营养化问题，逐步降低支流库湾藻类水华发生风险，为长江经济带绿色高质量发展提供安全的水资源条件。

第 4 章

三峡库区水陆交错带地表潜流末端阻控技术与应用示范

4.1 水陆交错带营养盐末端阻控技术识别与筛选

三峡库区水陆交错带（消落带）面积约为 $632km^2$，在库区消落带形成之前近 70% 的面积原为耕地，高强度的化肥（以氮肥为主）施用造成硝酸盐的大量蓄积，在三峡水库蓄水后易随降雨径流进入库区，进而影响库区干支流的水环境质量。因此，若采用恰当的技术手段对消落带汇流区坡面径流中的氮素进行入水前的末端阻控，可有助于削减三峡库区水体中的坡面径流氮素负荷输入。目前常用的氮、磷等营养盐阻控技术有植物缓冲带、人工湿地、生态沟渠和基塘工程等。

径流中的氮污染物主要包括氨态氮（NH_4^+-N）和硝酸盐氮（NO_3^--N）等形式，完全脱氮的产物是将 NO_3^--N 还原为 N_2，由于硝酸盐还原菌需要在缺氧条件下进行，而植被缓冲带和生态沟渠等技术，无法提供良好的 NO_3^--N 还原环境，坡面径流中氮的去除主要是通过植物的吸附、拦截等作用短期减少，但长期又会释放出来。有些人工湿地技术，如潜流式人工湿地的深处氧气水平较低，对 NO_3^--N 的还原有一定作用，但反硝化过程需要碳源作为电子供体，由于人工湿地中缺乏持续的碳源供应，仍无法保证长效的脱氮效果。渗透反应墙技术是以活性反应介质材料组成的构筑物，通过垂直于水流方向形成反应屏障区，受污水体流经墙体时，污染物经物理、化学及生物等作用被吸附、沉淀、降解或去除，进而达到降低水中的硝态氮（NO_3^--N）浓度。以 NO_3^--N 还原为目的设置的渗透反应墙，也称为反硝化墙。反硝化墙将外加碳源材料作为反硝化细菌的电子供体，从而将硝酸盐还原。为了实现对三峡库区消落带汇流区坡面径流中硝酸盐的有效去除，本研究采用反硝化墙作为三峡库区水陆交错带氮素污染物入库的末端阻控技术手段，从碳源筛选、小试反硝化墙和示范工程构建及运行等方面开展了系列研究工作。

4.2 三峡水库水陆交错带营养盐末端阻控技术研发

4.2.1 反硝化墙技术的碳源筛选

在利用生物反硝化去除硝酸盐的过程中，碳源是异养反硝化反应的电子供体，通过添加碳源可提高反硝化效率。固体有机碳源，特别是农业固体废弃物，不仅具有价格低廉、来源广泛、可控性好等特点，同时还具有缓释碳的优点，因而适于用作反硝化的碳源。

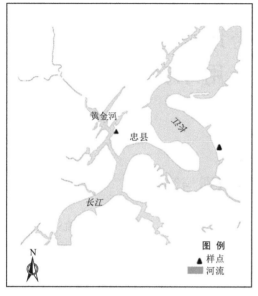

（a）三峡库区消落带土壤采样点位置

（b）采样点环境（2018年3月22日）

图 4.2-1　三峡库区消落带土壤采样点位置及环境

根据三峡库区消落带空间分布特征及其毗邻区土地利用类型的典型代表性，试验土壤采自重庆市忠县黄金河（甘井河）沿线大面村，采样点经纬度为 N30°20′05″、E108°03′23″ [图 4.2-1 (a)]，位于坡耕地和 175.00m 水位线交界处 [环境现状见图 4.2-1 (b)]。采用碳源：土壤质量比为 1:4 和 1:10 两种处理，以不加碳源的土壤作为对照。选取 5 种农业固体废弃物作为有机碳源，分别是刨花（杨木）、花生壳、稻草秸秆、玉米秸秆和小麦秸秆（图 4.2-2）。

前 5d 所有处理的 $NO_3^- - N$ 浓度出现快速降低（图 4.2-3），之后添加碳源材料的处理中 $NO_3^- - N$ 浓度保持较稳定的水平，而对照组 $NO_3^- - N$ 浓度则在 5d 左右呈上升趋势。在 25d 时对照组的 $NO_3^- - N$ 去除率大多仅为添加碳源的 50% 左右。这可能是由于对照组中土壤对 $NO_3^- - N$ 虽具有一定的吸附能力，但并不能转化溶液中的硝酸盐，且土壤胶体携带阴离子，$NO_3^- - N$ 在土壤中以氧化态存在，同时阴离子在土壤中会有较大移动性，因此土壤无法长时间吸附溶液中的 $NO_3^- - N$，土壤所吸附的部分 $NO_3^- - N$ 在实验后期又重新释放出来。

对于同种碳源，1:4 的碳源添加比例对 $NO_3^- - N$ 的去除率较 1:10 的碳源添加比更低，且 $NO_3^- - N$ 浓度的变化幅度相对较大。添加 1:10 碳源处理组中 $NO_3^- - N$ 浓度在 5d 后基本趋于稳定，这可能是由于 1:4 的碳源添加比例中的碳源相对过量，因此其本身会释放一定量的 $NO_3^- - N$。

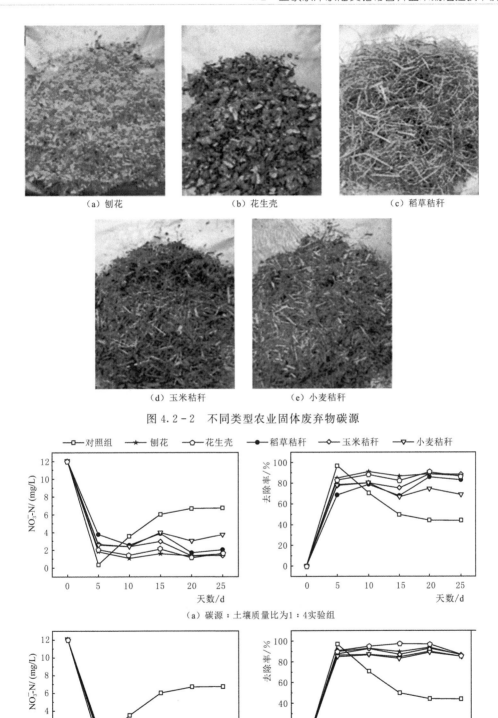

（a）刨花　　　　　　　（b）花生壳　　　　　　　（c）稻草秸秆

（d）玉米秸秆　　　　　　　（e）小麦秸秆

图 4.2－2　不同类型农业固体废弃物碳源

（a）碳源：土壤质量比为1：4实验组

（b）碳源：土壤质量比为1：10实验组

图 4.2－3　不同碳源下 $NO_3^- - N$ 去除随时间的变化

除小麦秸秆外，其余 4 种碳源处理组在 25d 时，$NO_3^- - N$ 浓度均小于 2mg/L，去除率均达 80% 以上，其中，添加花生壳反硝化效果相对较佳，去除率基本维持在 90% 左右。小麦秸秆组 $NO_3^- - N$ 浓度在后期出现较明显的上升，去除率降至 70% 以下。表 4.2-1 为添加不同碳源及其碳土比例下各处理组土壤在 25d 时的 $NO_3^- - N$ 去除率，整体而言，碳源：土壤质量比为 1:10 时去除效果优于 1:4 组，由此说明，碳源：土壤质量比为 1:10 时就已经能够满足反硝化菌生长对碳源的需求。

表 4.2-1　　　　添加不同碳源及其碳土比例下土壤在 25d 时 $NO_3^- - N$ 去除率　　　　%

碳源材料	花生壳	刨花	稻草秸秆	玉米秸秆	小麦秸秆
碳源：土壤质量比 1:4	86.48	87.00	69.17	76.79	71.09
碳源：土壤质量比 1:10	86.90	86.58	85.08	86.05	85.19

在整个实验过程中，不同碳源及两种碳土比例下 $NO_2^- - N$ 浓度均低于 0.25mg/L（图 4.2-4），并没有明显的积累情况。总的来说，添加花生壳和刨花后亚硝酸盐浓度相对其他碳源材料更低。

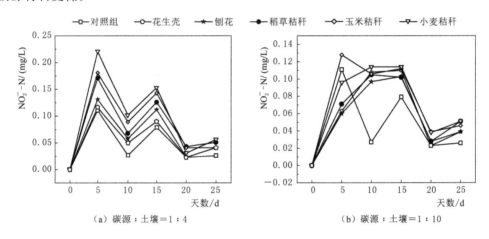

图 4.2-4　不同碳源及其添加比例下土壤中的 $NO_2^- - N$ 随时间变化

4.2.2　反硝化墙技术脱氮效果的模拟试验研究

4.2.2.1　污染负荷变化下反硝化墙脱氮的模拟试验研究

根据反硝化墙技术碳源比选的研究结果，以刨花、玉米秸秆和花生壳 3 种农业固废作为反硝化外加碳源，以上 3 种材料均具有较高的纤维素含量，纤维素降解菌可将纤维素转化为反硝化菌可利用的碳源，使得反硝化反应得以持续进行。利用 3 种碳源材料强化三峡库区土壤处理模拟消落带地表径流中 $NO_3^- - N$。反硝化墙小试模拟实验装置见图 4.2-5。该模拟装置由导渗槽、混合基质槽（反硝化墙主体）、出水槽等组成。混合基质层填充质量比为 1:1:10 的碳源、砾石和土壤。设置 3 种进水 $NO_3^- - N$ 浓度，分别是 5mg/L、10mg/L 和 20mg/L。5 次采样时间分别为 9 月 27 日（22℃）、10 月 5 日（22℃）、11 月 26 日（14℃）、12 月 27 日（6℃）和 3 月 18 日（16℃）。小试装置的进水水力负荷为 8m³/(m²·d)。

1. 氮负荷变化下小试反硝化墙的脱氮效果

不同 NO_3^--N 浓度下反硝化墙进水 pH 值为 7.0～7.5（表 4.2-2），由于墙体内发生的反硝化过程会产生碱度，从而导致出水 pH 值升高。对于同一种碳源，改变进水 NO_3^--N 浓度对 pH 值并没有太大影响；对于相同进水 NO_3^--N 浓度，3 种碳源出水 pH 值有一定差异，其中刨花组在各进水 NO_3^--N 浓度条件下 pH 值均较低，其最高值仅为 7.65，玉米秸秆和花生壳组则相对更高，pH 值最高分别达到了 8.04 和 8.07。进水经过反硝化反应区后 pH 值出现上升的情况与其反应机理相一致，由于 NO_3^- 作为电子受体被还原为 N_2 时需要 H^+ 的参与，一部分 H^+ 在反应的过程中被消耗，从而导致 pH 值升高。反硝化墙出水 pH 值的升高幅度并不大，适于进行反硝化反应。

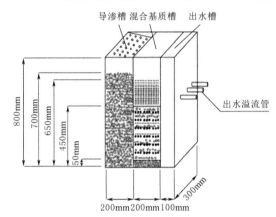

（b）原理图

（b）实物图

图 4.2-5　小试反硝化墙模拟装置

表 4.2-2　　　　　　　　　　　不同氮负荷下反硝化墙进出水 pH 值

进水浓度		5mg/L			10mg/L			20mg/L		
		刨花	玉米秸秆	花生壳	刨花	玉米秸秆	花生壳	刨花	玉米秸秆	花生壳
9 月 27 日	进水	7.17	7.16	7.24	7.23	7.14	7.16	7.20	7.09	7.10
	出水	7.38	7.34	7.48	7.35	7.27	7.43	7.25	7.19	7.33
10 月 5 日	进水	7.49	7.38	7.49	7.47	7.32	7.48	7.41	7.30	7.44
	出水	7.55	7.78	7.73	7.50	7.64	7.66	7.42	7.55	7.62
11 月 26 日	进水	7.22	7.32	7.35	7.29	7.28	7.35	7.24	7.27	7.34
	出水	7.34	7.47	7.52	7.46	7.41	7.51	7.38	7.37	7.50
12 月 27 日	进水	7.21	7.16	7.16	7.23	7.18	7.18	7.25	7.20	7.19
	出水	7.48	7.37	7.54	7.42	7.33	7.47	7.35	7.29	7.38
3 月 18 日	进水	7.27	7.21	7.28	7.25	7.24	7.27	7.19	7.25	7.24
	出水	7.63	7.91	7.98	7.65	8.04	8.07	7.58	7.75	7.84

不同进水氮负荷下反硝化墙出水中 NO_3^--N 浓度变化大致相同（图 4.2-6），均呈先上升后下降的趋势。在进水 NO_3^--N 浓度和反应温度双重因素的影响下，花生壳实验组的出水 NO_3^--N 浓度较另两种碳源更低，说明花生壳对强化三峡土壤去除水体中 NO_3^--N 的作用优于刨花和玉米秸秆，是所选 3 种农业固废中较为理想的碳源材料。

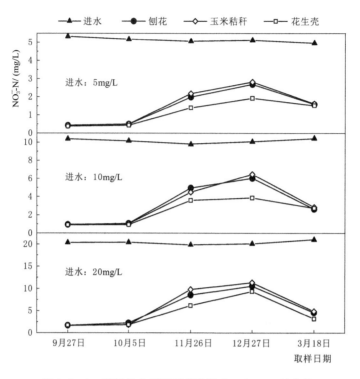

图 4.2-6　不同氮负荷下反硝化墙中 $NO_3^- - N$ 的变化

在 20℃左右，$NO_3^- - N$ 去除率均达到约 90%（表 4.2-3）。随着反应温度逐渐下降，各组出水中的 $NO_3^- - N$ 去除率也随之下降，最终在 12 月 27 日降至最低。其中，脱氮效果最佳的花生壳实验组的 $NO_3^- - N$ 去除率为 61.52%。可见反应温度的变化对 $NO_3^- - N$ 的去除有较大程度的影响。在进水 $NO_3^- - N$ 浓度分别为 5mg/L、10mg/L 和 20mg/L 时，各处理组出水中 $NO_3^- - N$ 浓度差异较小，反映了反硝化墙对氮负荷变化具有较好的适应能力。

表 4.2-3　　　　　不同氮负荷下反硝化墙对 $NO_3^- - N$ 的去除率　　　　　　%

进水 NO_3^--N 浓度	5mg/L			10mg/L			20mg/L		
	刨花	玉米秸秆	花生壳	刨花	玉米秸秆	花生壳	刨花	玉米秸秆	花生壳
9 月 27 日	91.56	91.40	92.45	90.64	90.48	90.98	91.59	91.80	91.58
10 月 5 日	90.20	89.92	91.34	89.31	89.81	90.81	88.92	90.96	90.88
11 月 26 日	60.18	56.35	72.05	50.41	55.11	63.97	57.33	51.07	69.16
12 月 27 日	46.14	43.66	61.52	39.66	35.26	61.19	47.17	43.24	53.22
3 月 18 日	68.20	67.50	69.61	73.49	71.47	72.61	77.18	75.56	83.97

图 4.2-7 为不同进水 $NO_3^- - N$ 浓度条件下，反硝化墙出水中的 $NO_2^- - N$ 浓度变化。尽管 $NO_3^- - N$ 为 20mg/L 的进水浓度下，$NO_2^- - N$ 在 10 月 5 日刨花实验组中积累较高，达到 1.62mg/L，但在后期降至较低水平。所有处理的出水 $NO_2^- - N$ 浓度均在 0.2mg/L 以下。$NO_2^- - N$ 作为反硝化过程的中间产物，较低的积累量说明反硝化墙中反硝化过程进行得较为彻底。

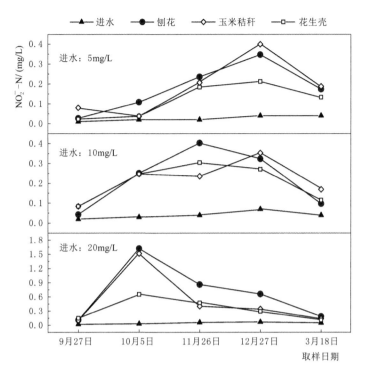

图 4.2-7 不同氮负荷下反硝化墙中 $NO_2^- - N$ 的变化

3 种氮负荷条件下的进水 TN 含量在实验周期内分别维持在 6mg/L、12mg/L 和 24mg/L 左右（表 4.2-4）。反硝化墙对 TN 的去除率随着进水 $NO_3^- - N$ 浓度的增加而呈一定增加趋势，也就是说高进水浓度下反硝化墙具有更大的 N 去除量。尽管添加 3 种碳源对 TN 的去除没有明显差别，但总体来说，花生壳碳源的添加可使反硝化墙获得更稳定的 TN 去除率。随着反应温度的降低，出水中 TN 浓度逐渐升高。如 22℃时，5mg/L 的 $NO_3^- - N$ 进水浓度下反硝化墙的 TN 去除率在 50% 左右，而进水 $NO_3^- - N$ 浓度增加至 20mg/L，TN 去除率升高至 75%。尽管低温影响了 TN 的去除，但温度回升之后，TN 的去除能力得以逐步恢复。

表 4.2-4 不同氮负荷下反硝化墙 TN 含量随时间的变化 单位：mg/L

$NO_3^- - N$ 浓度		5mg/L			10mg/L			20mg/L		
		刨花	玉米秸秆	花生壳	刨花	玉米秸秆	花生壳	刨花	玉米秸秆	花生壳
9 月 27 日	进水	6.21	6.13	5.97	12.33	12.19	12.69	23.66	23.38	23.87
	出水	3.06	3.42	2.58	3.66	5.32	4.13	6.27	6.87	5.80
10 月 5 日	进水	6.33	6.27	6.15	12.22	11.96	12.05	23.98	24.17	24.11
	出水	3.55	2.77	2.77	4.37	4.59	3.58	6.24	6.33	6.05
11 月 26 日	进水	6.07	6.16	6.22	12.41	12.27	12.34	24.41	24.56	24.52
	出水	5.65	5.55	5.47	6.79	7.20	6.82	11.33	12.94	10.35
12 月 27 日	进水	6.30	6.09	6.18	12.58	12.44	12.41	24.55	25.36	24.71
	出水	6.42	6.84	5.90	11.69	11.84	8.94	15.32	16.13	12.83
3 月 18 日	进水	6.24	6.19	6.27	12.16	12.29	12.37	23.89	24.13	23.96
	出水	4.99	5.81	5.67	6.22	6.53	5.98	8.95	10.22	7.77

2. 氮负荷变化下小试反硝化墙的脱氮微生物特性

图 4.2-8 中，不同进水 $NO_3^- - N$ 浓度及反应温度下，花生壳实验组的混合基质反硝化强度在 3 种材料中最强，均高于同等条件下的刨花和玉米秸秆实验组，且在 11 月 26 日进水 $NO_3^- - N$ 浓度为 5mg/L 时达到最高值为 7.27mg/(kg·h)，这与花生壳实验组的脱氮效率最高结果相符。反应温度对各实验组反硝化强度均有一定程度的影响，但实验初期由于混合基质中碳源溶解率不高，从而导致基质中各组分未融合完全，这在整体上造成各进水 $NO_3^- - N$ 浓度条件下的反硝化强度不高，甚至低于最低温 6℃时的反硝化强度。由于碳源腐解程度不一的原因，导致在反应温度影响条件下，3 种碳源材料反硝化强度并未呈现规律性变化。在反应温度相同时，随着进水 $NO_3^- - N$ 浓度的增加，各碳源反硝化强度均有所减小。

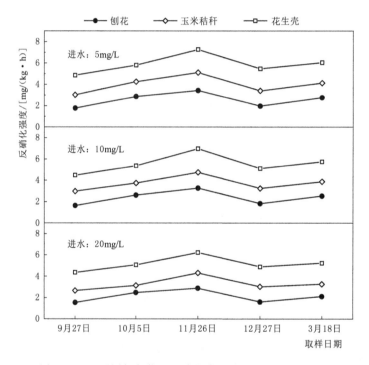

图 4.2-8 不同氮负荷下反硝化墙反硝化强度随时间的变化

3 种碳源材料在不同反应条件下的反硝化酶活性见表 4.2-5。模拟装置运行初期时，各碳源混合基质中反硝化酶活性均处于较低水平，随着反应时间的延长，各组酶活性均有明显增强。从表中结果看出，试验中后期各实验组混合基质中反硝化酶活性较为接近，说明反应温度和进水 $NO_3^- - N$ 浓度对反硝化酶活性的影响程度较小。

3 种碳源材料的反硝化菌数量在反应温度和进水 $NO_3^- - N$ 浓度的影响下呈一定变化趋势（图 4.2-9）。初期各碳源混合基质中反硝化菌数量均较少，这可能是由于各碳源腐解程度不足，不利于反硝化菌的附着生长。随着反应时间的延长，碳源的腐解程度不断加深，反硝化菌数量也随之增长，但当反应温度降低至 6℃时，各实验组混合基质中反硝化菌数量均出现明显下降，这可能是由于低温对反硝化菌活性有一定的抑制作用，而其余温度条件下，各碳源材料反硝化菌数量变化幅度较小。

表 4.2 - 5　　　　不同进水 $NO_3^- - N$ 浓度下反硝化墙混合基质的反硝化酶活性

单位：$\mu g\ N/(kg \cdot h)$

进水浓度	5mg/L			10mg/L			20mg/L		
	刨花	玉米秸秆	花生壳	刨花	玉米秸秆	花生壳	刨花	玉米秸秆	花生壳
9 月 27 日	25.98	64.48	23.92	11.76	62.14	37.89	17.57	57.16	20.86
10 月 5 日	32.39	65.11	34.74	14.55	62.30	30.55	12.39	58.93	23.36
11 月 26 日	78.12	306.66	149.23	99.22	336.15	228.72	117.82	344.65	274.68
12 月 27 日	55.33	244.12	95.24	108.49	278.01	186.98	41.42	260.15	227.54
3 月 18 日	63.47	257.31	110.53	136.88	303.48	255.47	67.38	277.16	245.31

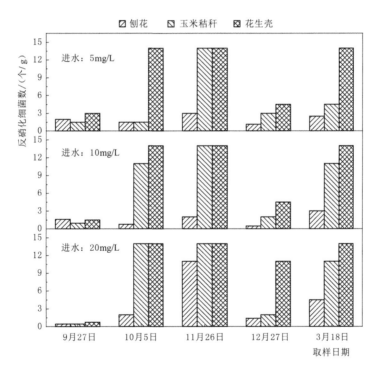

图 4.2 - 9　不同氮负荷下反硝化墙混合基质中反硝化细菌的数量

在不同进水 $NO_3^- - N$ 浓度下，以花生壳作为碳源的反应器中反硝化菌数量均处于 3 种材料中的最高水平，最大值为 1.4×10^7 个/g，改变进水浓度对反硝化菌数量的影响较小。在反应温度相同时，3 种碳源材料中，花生壳实验组反硝化菌数量较稳定地维持在较高水平，最大值为 1.4×10^7 个/g，高于相同实验条件下的刨花和玉米秸秆实验组。由此可见，花生壳在不同影响因素及反应条件下的反硝化细菌数量均较高，这可能是由于混合基质中碳源的不同导致细菌的附着能力产生较大影响，花生壳表面较为粗糙，适宜细菌附着，因此更适合作为反硝化碳源。

4.2.2.2 水力负荷变化下反硝化墙脱氮的模拟试验研究

水力负荷是反硝化墙脱氮效率的关键性影响因素之一，水力负荷的变化会在一定程度上影响反硝化墙对 $NO_3^- - N$ 的去除量及其去除效率。进水水力负荷设置为 $8m^3/(m^2 \cdot d)$、$12m^3/(m^2 \cdot d)$ 和 $16m^3/(m^2 \cdot d)$。采样时出水温度：10 月 22 日、10 月 29 日、12 月 12 日、1 月 5 日和 3 月 26 日分别为 21℃、18℃、10℃、4℃ 和 18℃。

1. 水力负荷变化下小试反硝化墙的脱氮效果

在相同进水负荷条件下，3 种碳源中添加花生壳的出水 pH 值最高，在水力负荷为 $8m^3/(m^2 \cdot d)$ 时达到最大值 7.87。相较于进水 pH 值，各碳源在不同水力负荷条件下的出水 pH 值均有所增加，但针对同一固废碳源，其出水 pH 值的增幅随水力负荷的增加而呈减小趋势。

表 4.2-6　　　　　　　不同水力负荷下反硝化墙进出水 pH 值

进水负荷		$8m^3/(m^2 \cdot d)$			$12m^3/(m^2 \cdot d)$			$16m^3/(m^2 \cdot d)$		
		刨花	玉米秸秆	花生壳	刨花	玉米秸秆	花生壳	刨花	玉米秸秆	花生壳
10 月 22 日	进水	7.20	7.22	7.25	7.19	7.19	7.17	7.16	7.13	7.18
	出水	7.43	7.67	7.87	7.62	7.53	7.71	7.57	7.49	7.68
10 月 29 日	进水	7.44	7.46	7.49	7.42	7.39	7.47	7.38	7.41	7.43
	出水	7.69	7.71	7.81	7.63	7.66	7.77	7.51	7.54	7.63
12 月 12 日	进水	7.23	7.26	7.26	7.20	7.31	7.30	7.22	7.33	7.26
	出水	7.44	7.49	7.54	7.38	7.50	7.47	7.34	7.46	7.41
1 月 5 日	进水	7.31	7.27	7.35	7.28	7.20	7.26	7.29	7.33	7.29
	出水	7.56	7.54	7.62	7.44	7.48	7.55	7.37	7.43	7.43
3 月 26 日	进水	7.37	7.34	7.39	7.31	7.38	7.36	7.35	7.41	7.33
	出水	7.60	7.64	7.71	7.52	7.58	7.65	7.47	7.53	7.52

不同水力负荷条件下，反硝化墙的脱氮效率见表 4.2-7。在水力负荷相同条件下，随着反应温度的降低，各实验组出水中 $NO_3^- - N$ 浓度呈上升趋势，去除效率持续下降，且在 1 月 5 日降至最低水平，刨花、玉米秸秆和花生壳实验组 $NO_3^- - N$ 去除率最低值分别为 10.34%、8.68% 和 13.13%。

表 4.2-7　　　　　　不同水力负荷下反硝化墙对 $NO_3^- - N$ 的去除率　　　　　　　　%

进水负荷	$8m^3/(m^2 \cdot d)$			$12m^3/(m^2 \cdot d)$			$16m^3/(m^2 \cdot d)$		
	刨花	玉米秸秆	花生壳	刨花	玉米秸秆	花生壳	刨花	玉米秸秆	花生壳
10 月 22 日	91.34	92.44	93.36	75.04	77.19	78.63	54.83	54.72	56.77
10 月 29 日	91.22	92.27	93.15	74.55	75.78	77.79	51.86	53.52	56.44
12 月 12 日	77.91	76.34	81.75	51.80	46.25	61.99	17.17	14.49	23.51
1 月 5 日	35.47	32.24	43.44	28.90	26.46	38.53	10.34	8.68	13.13
3 月 26 日	75.24	73.07	74.59	58.53	59.72	62.31	39.65	42.26	45.69

在同一温度下，随着进水水力负荷的增加，各实验组出水中 $NO_3^- - N$ 浓度均出现明显增加，尤其在水力负荷为 $16m^3/(m^2 \cdot d)$ 时浓度上升较为明显（图 4.2-10）。这是由于水力停留时间越短，混合基质表面难以生成稳定的生物膜，尤其是当水力负荷较大时，已经附着大量微生物的生物膜也会被水流冲走，从而导致反硝化脱氮效果下降。此外，在不同水力负荷条件下，花生壳实验组对 $NO_3^- - N$ 的去除效果均好于刨花和玉米秸秆组。

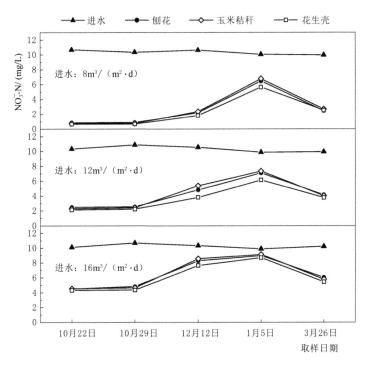

图 4.2-10 不同水力负荷下反硝化墙中 $NO_3^- - N$ 的变化

对于同一水力负荷，反应温度变化对出水中 $NO_2^- - N$ 含量的影响并不明显（图 4.2-11），同种碳源材料在各时间段的 $NO_2^- - N$ 含量变化浮动较小。当反应温度相同时，对于同一碳源材料，水力负荷增加会导致 $NO_2^- - N$ 浓度出现上升，其中，当水力负荷从 $12m^3/(m^2 \cdot d)$ 增加至 $16m^3/(m^2 \cdot d)$ 时，出水中 $NO_2^- - N$ 浓度上升的幅度较大，最大值为 1 月 5 日进水负荷为 $16m^3/(m^2 \cdot d)$ 时的刨花实验组，浓度达 2.71mg/L，这可能是由于高水力负荷条件下，水力停留时间较短，反硝化反应不充分，从而导致作为反硝化过程中间产物的 $NO_2^- - N$ 出现一定积累，但在出水中 $NO_2^- - N$ 浓度下降到与进水相似的水平。

反硝化墙进水 TN 含量在实验周期内基本维持在 12mg/L 左右（表 4.2-8）。各反硝化墙在实验初期的 TN 出水浓度均处于较低水平，随着反应温度的降低，出水中 TN 浓度逐渐升高，且在 6℃时升至最高，这主要是由于反硝化墙脱氮性能随温度下降而降低造成的。在相同温度下，同种碳源出水 TN 浓度随水力负荷的增加而增加。

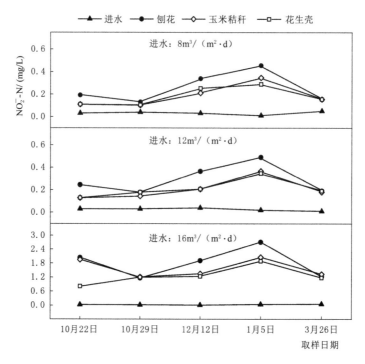

图 4.2 - 11 不同水力负荷下反硝化墙中 $NO_2^- - N$ 的变化

表 4.2 - 8　　　　　不同水力负荷下反硝化墙进出水的 TN 含量　　　　　单位：mg/L

进水负荷		8m³/(m²·d)			12m³/(m²·d)			16m³/(m²·d)		
		刨花	玉米秸秆	花生壳	刨花	玉米秸秆	花生壳	刨花	玉米秸秆	花生壳
10月22日	进水	11.72	11.87	11.83	11.81	11.74	11.85	11.93	11.96	11.84
	出水	4.35	4.60	4.36	6.36	6.33	6.25	9.30	11.34	9.01
10月29日	进水	11.84	11.95	11.88	11.97	12.04	11.85	12.16	12.33	12.15
	出水	4.82	4.64	4.40	7.03	6.99	6.82	10.04	10.22	9.73
12月12日	进水	12.34	12.48	12.43	12.22	12.35	12.23	12.72	12.99	12.68
	出水	11.13	10.67	8.99	14.13	13.68	12.01	18.46	19.24	15.87
1月5日	进水	12.56	12.98	12.73	12.78	13.35	12.66	13.37	14.38	13.25
	出水	19.34	19.22	15.54	20.62	20.58	17.11	23.61	23.92	20.45
3月26日	进水	12.71	13.13	12.83	13.03	14.37	13.32	13.29	14.24	13.21
	出水	9.12	9.68	8.77	11.12	11.34	10.83	14.18	14.69	13.02

2. 水力负荷变化下小试反硝化墙的脱氮微生物特性

图 4.2 - 12 表明，3 种材料中花生壳实验组反硝化强度高于刨花和玉米秸秆实验组，最高值为 8.84mg/(kg·h)。反应温度和进水水力负荷对各实验组反硝化强度影响明显，低温和高水力负荷条件下 3 种碳源实验组反硝化强度均处于较低水平。

由表 4.2 - 9 可看出，玉米秸秆实验组在各影响因素条件下均表现出较高的反硝化酶活性，在 12 月 12 日水力负荷为 $8m^3/(m^2 \cdot d)$ 时达到最高，为 $381.62\mu g\ N/(kg \cdot h)$。在反应温度和进水负荷条件的变化下，各实验组反硝化酶活性未呈现出明显的变化规律。

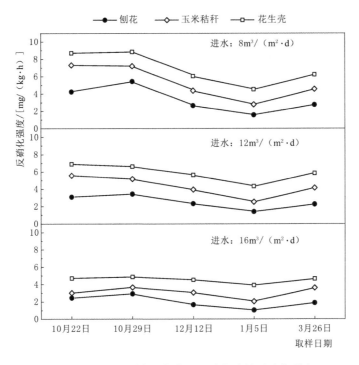

图 4.2 - 12　不同水力负荷下反硝化墙的反硝化强度

表 4.2 - 9　　　　不同水力负荷下反硝化墙混合基质的反硝化酶活性　　　单位：$\mu g\ N/(kg \cdot h)$

进水负荷	$8m^3/(m^2 \cdot d)$			$12m^3/(m^2 \cdot d)$			$16m^3/(m^2 \cdot d)$		
	刨花	玉米秸秆	花生壳	刨花	玉米秸秆	花生壳	刨花	玉米秸秆	花生壳
10 月 22 日	21.03	71.91	30.66	12.02	55.89	15.71	11.39	42.04	17.22
10 月 29 日	16.58	69.18	27.99	13.02	49.64	16.51	8.07	64.58	15.66
12 月 12 日	68.76	381.62	42.50	67.41	263.09	56.14	15.54	282.60	21.99
1 月 5 日	55.33	244.12	95.24	108.49	278.01	186.98	41.42	260.15	127.54
3 月 26 日	83.44	256.86	139.25	94.23	312.07	98.47	56.55	273.14	100.64

　　3 种碳源材料中，添加花生壳反硝化墙基质中反硝化细菌数较刨花和玉米秸秆更高（图 4.2 - 13）。由于不同混合基质温度对反硝化菌具有明显的选择作用，因此，6℃低温条件下各实验组细菌数量均少于高温条件，而除 6℃外的其余温度条件下，同种碳源在相同水力负荷条件下的反硝化菌数量较接近。当反应温度相同时，水力负荷增加后混合基质中附着的反硝化菌数量明显减少，其中，当水力负荷达 $16m^3/(m^2 \cdot d)$ 时，细菌数量减少幅度更大，且均降至最低水平。由此说明，高水力负荷对反硝化细菌的冲击作用较大，低水力负荷更适宜作为模拟反硝化墙的运行条件。

利用 Illumina Miseq 高通量测序技术对反硝化墙的花生壳混合基质中反硝化细菌种群结构及多样性进行分析，W1 和 W2 分别代表 22℃和 14℃的样品。从表 4.2－10 可知，基质样品中的反硝化菌群丰富度较高，且具有较高的群落多样性。

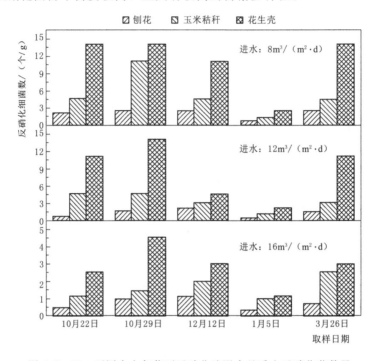

图 4.2－13　不同水力负荷下反硝化墙混合基质中反硝化菌数量

表 4.2－10　　　　　反硝化墙混合基质中反硝化菌群多样性指数

基质样本	Bobs 指数	Shannon 指数	Simpson 指数	Ace 指数	Chao 指数	覆盖率
W1	2443	6.693	0.003	2571	2559	99%
W2	2378	6.456	0.004	2529	2536	99%

花生壳混合基质中的反硝化细菌种群在门水平上主要可分为 10 个门，其中主要为变形菌门 Proteobacteria，在 W1 和 W2 两个样品中所占比例分别达 40.62% 和 37.47%。样品中的 OUT 主要属于 24 个属。其中 W1 中主要类别为：Anaerolineaceae（6.23%）、Acidobacteria（5.14%）、Bacillus（2.67%）、Blrii41（1.99%）、Haliangium（1.95%）、Woodsholea（1.83%）、Nitrospira（1.67%）、Roseiflexus（1.32%）；W2 种主要类别为：Bacillus（4.95%）、Anaerolineaceae（4.23%）、Microvirga（2.45%）、Terrimonas（2.17%）、Ruminiclostridium（1.85%）、Pseudomonas（1.71%）、Brevibacillus（1.61%）、Acidobacteria（1.55%）。

4.2.3　墙体厚度对反硝化墙技术脱氮效果影响研究

通过串联两个小试反硝化墙对比单层（20cm）与双层（40cm）反硝化墙脱氮效果，设置进水硝酸盐浓度为 30mg/L，在室温为 23℃、水力负荷为 8m³/（m²·d）条件下，研究墙体厚度对反硝化墙脱氮效果的影响。在水力负荷为 $8m^3/(m^2 \cdot d)$、$NO_3^- - N$ 负荷为 $30mg/L$ 时进出水的 pH 值差值均保持在 $0.3 \sim 0.6$（表 4.2-11），由于墙体内发生的反硝化过程会产生碱度，会导致出水 pH 值升高。对于同一种碳源材料来说，改变反硝化墙体厚度对出水 pH 值有一定影响，双层墙体的进出水 pH 变化值大于单层墙体 pH 变化值。对于同一墙体厚度的反硝化墙，3 组碳源材料出水的 pH 值存在一定差异，其中刨花和与玉米秸秆反硝化墙出水 pH 值较接近，均低于花生壳反硝化墙出水 pH 值。

表 4.2-11　　　　　　　不同厚度反硝化墙进出水 pH 值

墙体厚度	单 层			双 层		
	刨花	玉米秸秆	花生壳	刨花	玉米秸秆	花生壳
进水	7.03	6.87	7.14	7.23	7.15	7.26
出水	7.26	7.30	7.69	7.59	7.57	7.84

单层反硝化墙的 $NO_3^- - N$ 去除率总体低于双层反硝化墙，对于碳源为刨花的反硝化墙来说，单层墙体去除率为 48.03%，双层墙体去除率为 59.73%，说明增加墙体厚度能增加 $NO_3^- - N$ 去除率（图 4.2-14）。对于双层反硝化墙，3 组碳源材料中花生壳反硝化墙的出水 $NO_3^- - N$ 浓度较另两种碳源更低，为 $10.19mg/L$，说明花生壳对反硝化墙脱氮能力强化作用大于其他反硝化墙中的碳源材料。随着墙体厚度的增加，各反硝化墙出水中的 $NO_3^- - N$ 浓度明显下降，去除率也随之上升，脱氮效果最佳的花生壳反硝化墙 $NO_3^- - N$ 去除率可达 67.11%。而单层墙体中的花生壳反硝化墙 $NO_3^- - N$ 去除率为 57.09%，因此，双层墙体的 $NO_3^- - N$ 去除率能比单层墙体提高 10% 左右。

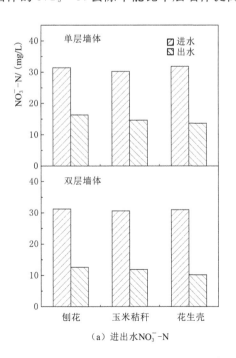
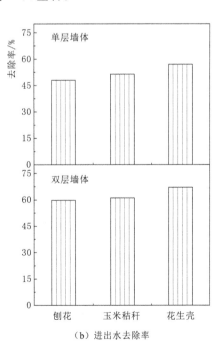

（a）进出水 $NO_3^- - N$　　　　　　　（b）进出水去除率

图 4.2-14　不同厚度反硝化墙进出水 $NO_3^- - N$ 及去除率

不同厚度的反硝化墙进水 TN 含量基本维持在 32～34mg/L（表 4.2-12）。单层墙体中 3 种碳源材料 TN 去除效果都比双层墙体的碳源材料去除效果差，双层墙体 TN 的去除率比单层墙体提高了 5%～8%，去除效果最好的花生壳反硝化墙总氮去除率分别为 39.24%（单层）和 45.55%（双层）。

表 4.2-12　　　　　　　　不同厚度反硝化墙进出水 TN 浓度　　　　　　　单位：mg/L

墙体厚度	单　　层			双　　层		
	刨花	玉米秸秆	花生壳	刨花	玉米秸秆	花生壳
进水	33.77	32.28	32.99	33.75	34.02	33.53
出水	22.03	21.41	20.04	20.51	19.94	18.26
去除率/%	34.76	33.69	39.24	39.23	41.40	45.55

4.2.4　海绵铁对反硝化墙技术脱氮性能的促进作用

设置 6 组不同基质的反硝化墙，分别为花生壳（HSK）、玉米秸秆（YM）、刨花（BH）、花生壳加海绵铁（HSK+Fe）、玉米秸秆加海绵铁（YM+Fe）、刨花加海绵铁（BH+Fe），对比在不同温度下（7℃、16℃、25℃）有机基质和添加海绵铁后的两种类型基质反硝化墙对硝酸盐去除效果。所有实验组设置的水力负荷为 2m³/(m²·d)，进水硝酸盐浓度为 10mg/L。相比于进水 pH 值，各实验组在不同反应条件下出水 pH 值均有所增加（表 4.2-13）。同一温度条件下，添加海绵铁后出水 pH 值增加幅度大于未添加海绵反硝化墙，出水 pH 值最高达到 8.29。对于同一碳源材料，其出水 pH 值变化随温度的升高而呈现增加趋势。在室温为 7℃ 时 pH 变化值只有 0.2～0.3。这可能是由于随着温度下降，混合基质中的反硝化菌群活性降低，从而导致反硝化作用减弱，最终导致出水 pH 值增幅减小。在 3 种碳源材料中，添加海绵铁的花生壳反硝化墙出水 pH 值变化幅度最大。

表 4.2-13　　　　　　　不同填充基质反硝化墙进出水 pH 值

填充基质		无海绵铁			有海绵铁		
		刨花	玉米秸秆	花生壳	刨花	玉米秸秆	花生壳
7℃	进水	7.84	7.63	7.82	7.68	7.81	7.86
	出水	8.12	7.85	8.15	7.85	7.85	8.02
16℃	进水	7.37	7.21	7.29	6.94	7.34	7.27
	出水	7.96	7.63	7.66	7.51	8.29	8.07
25℃	进水	6.83	6.94	6.84	6.64	6.74	6.76
	出水	7.67	7.59	7.61	7.53	7.72	7.87

不同填充基质的反硝化墙出水中 $NO_3^- - N$ 浓度变化大致相同，随着温度的降低而升高（图 4.2-15）。而对于相同温度下的反硝化墙，添加海绵铁反硝化墙出水 $NO_3^- - N$ 浓度明显低于未添加海绵铁反硝化墙，说明海绵铁能强化反硝化墙的脱氮能力。而在 3 种混合基质中，以花生壳和海绵铁为混合基质的反硝化墙 $NO_3^- - N$ 去除效果最好。

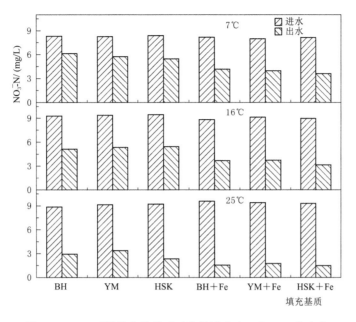

图 4.2 - 15 不同填充基质反硝化墙进出水 $NO_3^- - N$ 的变化

不添加海绵铁时，7℃、16℃和25℃下 $NO_3^- - N$ 去除率分别为30%、40%和70%左右（表4.2 - 14）。随着反应温度的降低，各组出水中的 $NO_3^- - N$ 浓度均有所增加，去除率也随之下降，在7℃时各实验组的 $NO_3^- - N$ 去除率都达到了最低，但花生壳反硝化墙仍可达到55.67%。

表 4.2 - 14　　　　　不同填充基质反硝化墙对 $NO_3^- - N$ 的去除率　　　　　　%

填充基质	无海绵铁			有海绵铁		
	刨花	玉米秸秆	花生壳	刨花	玉米秸秆	花生壳
7℃	26.47	30.49	34.98	49.14	50.48	55.67
16℃	44.75	43.03	42.53	58.23	59.11	64.86
25℃	67.15	63.18	74.78	83.85	81.31	84.01

在同一温度条件下，添加海绵铁反硝化墙 $NO_3^- - N$ 的去除率高于未添加海绵铁的反硝化墙，这说明海绵铁对反硝化墙的脱氮效果有促进作用。对于相同的碳源材料，海绵铁能将 $NO_3^- - N$ 的去除率提高10%～20%，一方面可能是海绵铁可以减少反应体系中的溶解氧，使反应环境处于厌氧状态；另一方面可能由于海绵铁能与基质中的碳源材料形成许多微小原电池，这些大大小小的原电池能加快电子传递，从而促进 $NO_3^- - N$ 的还原。因此，海绵铁的添加能提高反硝化墙脱氮效率。

不同填充基质的反硝化墙在不同温度条件下进水 TN 含量均维持在 11～14mg/L（表4.2 - 15）。对于同一填充基质的反硝化墙而言，随着温度降低，出水中 TN 浓度逐渐升高，当反应温度为7℃时出水 TN 浓度最高，这是由于随着反应温度降低，$NO_3^- - N$ 的去除效果减弱，同时 $NH_4^+ - N$ 会有一定的积累，从而导致 TN 含量呈现上升趋势。对于同一温度的填充基质来说，添加海绵铁反硝化墙的出水 TN 浓度低于未添加海绵铁反硝化墙，其主要原因是添加海绵铁能提高 $NO_3^- - N$ 的去除率，因此 TN 去除效果也会随之提高，TN 去除率最大可提高 23%。而海绵铁又被称为还原铁，其来源可以通过工业矿渣还原后得到，因此将海绵铁作为反硝化墙填充材料不仅可以提高 $NO_3^- - N$ 的去除率，还有助于推进工业矿渣资源化。

表 4.2 - 15　　　　　　　不同填充基质反硝化墙进出水 TN 浓度　　　　　　单位：mg/L

填充基质		无海绵铁			有海绵铁		
		刨花	玉米秸秆	花生壳	刨花	玉米秸秆	花生壳
7℃	进水	13.78	11.16	11.83	12.60	11.99	11.60
	出水	11.07	8.67	8.62	7.80	7.15	5.93
	去除率/%	19.73	22.31	27.13	36.52	40.40	48.88
16℃	进水	12.97	12.38	12.65	12.13	12.74	12.65
	出水	8.92	8.26	8.67	5.92	6.01	5.76
	去除率/%	31.20	33.23	31.44	51.16	52.80	54.44
25℃	进水	12.08	12.26	11.61	13.31	13.29	13.17
	出水	7.33	6.72	6.15	5.31	6.08	5.40
	去除率/%	39.32	45.22	47.01	60.11	54.22	59.01

在相同实验条件下，花生壳反硝化墙混合基质是三种碳源材料中最强的，均高于同等条件下的其他两种碳源材料（图 4.2 - 16），在 25℃ 时两个花生壳反硝化墙的混合基质反硝化强度分别达到了 7.34mg/(kg·h) 和 10.25mg/(kg·h)，这也与花生壳反硝化墙脱氮效率最强的结果相符合。反应温度对各反硝化墙的反硝化强度均有一定程度的影响，其表现为随着反应温度的升高，各反硝化墙的反硝化强度也随之增强，25℃下基质的反硝化强度高于 7℃ 和 16℃。说明较高的温度对反硝化墙反硝化强度有增强作用。对于同种碳源材料来说，加入海绵铁各反硝化墙相较于未加海绵铁反硝化墙的反硝化强度均有所增强，这也与前面的结果相一致，另外，由于各碳源材料的腐解程度不一，也会造成反硝化强度变化。

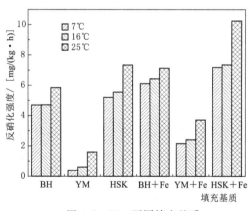

图 4.2 - 16　不同填充基质反硝化墙的反硝化强度

不同填充基质的反硝化墙在温度变化条件下反硝化酶活性较为接近（表 4.2 - 16），说明反应温度对反硝化酶活性的影响程度较小。对于不同填充基质的反硝化酶活性，加入海绵铁的混合基质反硝化酶活性要高于未加海绵铁的混合基质。而海绵铁与花生壳混合基质的反硝化酶活性最高为 $600\mu gN/(kg·h)$ 以上，这也与其脱氮效果最佳的结果相一致。

表 4.2 - 16　　　　　不同填充基质反硝化墙反硝化酶活性的变化　　　　单位：$\mu gN/(kg·h)$

填充基质	无海绵铁			有海绵铁		
	刨花	玉米秸秆	花生壳	刨花	玉米秸秆	花生壳
7℃	185.23	223.54	410.63	333.58	288.31	609.88
16℃	208.16	285.31	434.14	330.38	295.66	634.08
25℃	217.31	309.59	414.77	381.76	345.62	607.61

各实验组的反硝化细菌数量随温度和填充基质变化趋势较明显（图 4.2－17）。对于同种填充基质，在不同温度条件下反硝化细菌数量也不同，随着温度降低，混合基质中的反硝化细菌数量明显降低，这可能是由于低温条件下反硝化细菌活性被抑制，导致混合基质中的反硝化细菌数量也减少，不同温度条件对反硝化细菌也有选择作用。同时，碳源的腐解程度也会影响反硝化细菌数量，碳源材料腐解不足不利于反硝化细菌的附着生长。而随着碳源材料腐解程度不断加深，反硝化细菌数量也随之增长。

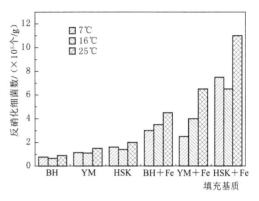

图 4.2－17　不同填充基质反硝化墙混合基质中反硝化细菌的数量

在不同填充基质反硝化墙条件下，花生壳反硝化墙中反硝化细菌的数量均处于三组碳源材料中最高水平，在反应温度为 25℃时，未添加海绵铁反硝化墙的反硝化细菌数量最大值为 2.0×10^5 个/g，添加海绵铁反硝化墙的反硝化细菌数量最大值为 1.1×10^6 个/g，均显著高于同等条件下的刨花和玉米秸秆反硝化墙。

4.3　三峡水库水陆交错带营养盐末端阻控技术应用示范

4.3.1　反硝化墙末端阻控技术示范区建设

三峡库区水陆交错带营养盐末端阻控技术（反硝化墙）示范工程位于重庆市忠县复兴镇凤凰村临江坡段，经纬度为 N30°19′33″、E108°07′35″（图 4.3－1）。反硝化墙示范工程周围为当地居民所种植的玉米和柑橘等作物，以及红豆杉和其他当地植物。

整个系统由集水池、导渗沟、反硝化墙主体、出水槽等组成（图 4.3－2 和 4.3－3）。导渗沟填充粒径 3～5mm 的砾石。反硝化墙主体的规格为 4m×6m×1m（长×宽×深），其中包括 a 和 b 两个反硝化墙单元，每个单元宽度为 3m。a 单元填充混合碳源，在底部填装砾石防止堵塞，中部填装碳源（花生壳与玉米秸秆各半）、小粒径砾石和土壤，碳源：砾石：土壤填充比例为 1∶1∶10，顶部为土壤层，保证植物生长。b 单元不添加碳源，中部为土壤和砾石混合层（砾石：土壤＝1∶10）。在反硝化墙内设置 5 根穿孔采样管。

图 4.3－1　三峡库区水陆交错带反硝化墙技术示范样点位置示意图

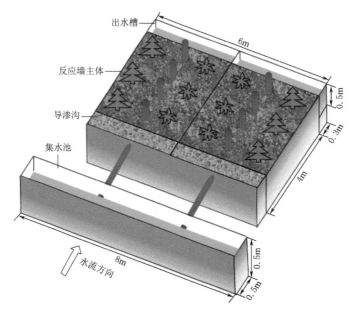

图 4.3 - 2　反硝化墙示范工程结构示意图

图 4.3 - 3　反硝化墙示范工程的构建

反硝化墙示范工程设置 4 个水力负荷，分别为 $0.5\text{m}^3/(\text{m}^2 \cdot \text{d})$、$1.0\text{m}^3/(\text{m}^2 \cdot \text{d})$、$1.5\text{m}^3/(\text{m}^2 \cdot \text{d})$ 和 $2.0\text{m}^3/(\text{m}^2 \cdot \text{d})$，对反硝化墙进水和出水分别采样，并通过墙体内的采样管，采集不同沿程长度和深度墙体的水样。反硝化墙示范工程所用进水水源为当地自然形成的地表径流。不同日期取样的温度及水质见表 4.3 - 1。

表 4.3 - 1　三峡库区水陆交错带末端阻控技术——反硝化墙示范工程进水水质

采样序号	温度 /℃	$NH_4^+ - N$ /(mg/L)	$NO_2^- - N$ /(mg/L)	TN /(mg/L)	$NO_3^- - N$ /(mg/L)	pH
1	30	0.31	0.19	13.94	7.91	7.85
2	32	0.83	0.10	12.31	12.11	7.04
3	35	0.64	0.26	3.78	2.10	8.08
4	30	0.48	0.151	4.12	2.84	7.39

4.3.2 反硝化墙技术脱氮性能及其提升途径

1. 反硝化墙技术脱氮性能有效性验证

相较于进水的 pH 值，添加碳源和不添加碳源的反硝化墙单元各沿程长度的 pH 值均有所增加（表 4.3-2）。针对加碳源单元，随着沿程长度增加，其 pH 值总体上也升高，而未加碳源单元 pH 值随沿程长度增加没有明显的变化规律。随着水力负荷的增加，两反硝化墙单元的 pH 增幅均呈现减小趋势。出水 pH 值在水力负荷为 1.5m³/(m²·d) 时达到最大（8.83），相较于进水 pH 值，出水 pH 值的变化值最大为 1.2，因此反硝化墙不会对出水水质造成影响。

表 4.3-2　　　　　　　　　　不同水力负荷下反硝化墙沿程 pH 值

水力负荷 /[m³/(m²·d)] ＼ 沿程长度/m	加碳源						未加碳源					
	0	0.8	1.6	2.4	3.2	4	0	0.8	1.6	2.4	3.2	4
0.5	7.35	7.72	7.76	7.29	7.85	8.55	7.36	7.43	7.23	7.00	8.01	8.03
1.0	7.78	7.58	7.45	7.20	7.38	8.76	7.91	8.35	8.29	8.41	8.09	8.59
1.5	8.39	8.41	8.25	8.67	8.83	8.97	8.54	8.06	8.32	8.64	8.12	8.83
2.0	7.09	7.22	7.11	6.93	6.98	7.12	7.03	7.33	7.53	7.82	7.31	7.24

随着进水水力负荷的增加，各反硝化墙单元出水 $NO_3^- - N$ 的去除效果将减弱（图 4.3-4），在水力负荷为 0.5m³/(m²·d) 和 1.5m³/(m²·d) 时，加碳源单元的进水 $NO_3^- - N$ 浓度较接近，但随着水力负荷的增加，各沿程长度的 $NO_3^- - N$ 浓度也在增加。这说明水力负荷越大反硝化墙对 $NO_3^- - N$ 的去除效果越差。出现这种现象的原因可能是随着水力负荷增加，水流流速变快，从而导致水力停留时间变短，在较高的水力负荷条件下，混合基质表面难以生成稳定的生物膜，即使是生成了生物膜也会被流速较快的水流冲走，从而导致混合基质中的微生物减少，反硝化作用减弱，脱氮效果下降。在同一水力负荷条件下，随着加碳源单元的长度增加，其 $NO_3^- - N$ 浓度基本呈现出下降趋势。对于未加碳源单元，

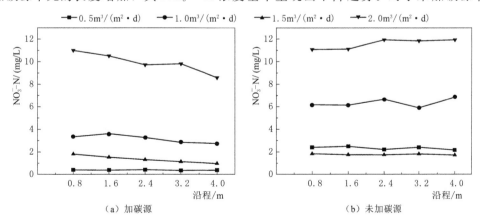

图 4.3-4　不同水力负荷下反硝化墙中 $NO_3^- - N$ 的变化

其 $NO_3^- - N$ 浓度随沿程长度的变化规律不大，加入碳源材料能提高反硝化墙对 $NO_3^- - N$ 的去除效果。

在水力负荷相同的条件下，随着沿程长度的增加，加碳源单元的 $NO_3^- - N$ 去除率基本呈上升趋势（表 4.3-3）。在水力负荷为 $0.5m^3/(m^2 \cdot d)$ 时，$NO_3^- - N$ 去除率在 0.8m 处即可达到较高水平（86.05%），在水力负荷较大时，$NO_3^- - N$ 去除率则会随着沿程长度的增加而升高，在 4m 处达到最大值。而未加碳源单元的 $NO_3^- - N$ 去除率与沿程长度之间无明显规律。在不同水力负荷的条件下，加碳源单元的 $NO_3^- - N$ 去除率随水力负荷增加而减小，这可能是由于孔隙水快速地穿过墙体，导致其停留时间较短，但在水力负荷最小时 $NO_3^- - N$ 去除率达到 86.86%。而未加碳源单元 $NO_3^- - N$ 去除率随水力负荷变化不大，基本维持在 10%～20%。

表 4.3-3　　　　　　　　　不同水力负荷下反硝化墙对 $NO_3^- - N$ 的去除率　　　　　　　　　%

水力负荷 /[m³/(m²·d)]	沿程长度/m 加　碳　源						未　加　碳　源					
	0	0.8	1.6	2.4	3.2	4	0	0.8	1.6	2.4	3.2	4
0.5		86.05	86.86	85.24	87.70	86.86		15.57	12.33	22.16	27.87	23.78
1.0		57.02	53.44	57.82	63.35	64.61		23.31	23.86	17.37	26.77	14.81
1.5		13.32	26.74	36.68	45.56	53.34		12.23	16.33	16.67	13.32	17.77
2.0		9.21	13.21	19.74	18.99	29.17		8.45	8.15	8.78	10.38	9.61

对于同一水力负荷条件下，加碳源单元和未加碳源单元的反硝化墙出水中 $NO_2^- - N$ 含量变化并不明显（图 4.3-5）。对于加碳源单元，随着水力负荷增加，各沿程长度的 $NO_2^- - N$ 含量基本呈现增加趋势，其中当水力负荷从 $0.5m^3/(m^2 \cdot d)$ 增加到 $1.0m^3/(m^2 \cdot d)$ 时，出水 $NO_2^- - N$ 浓度变化的幅度最大；当水力负荷为 $2.0m^3/(m^2 \cdot d)$ 时除水中的 $NO_2^- - N$ 浓度最大，达到 0.53mg/L。这可能是由于在高水力负荷条件下，水力停留时间较短，反硝化作用不充分，从而导致反硝化中间产物 $NO_2^- - N$ 的少量积累。而对于未加碳源单元，其出水 $NO_2^- - N$ 浓度随水力负荷变化规律不明显，且在墙体内部各沿程

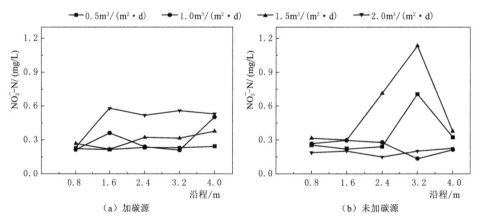

图 4.3-5　不同水力负荷下反硝化墙中 $NO_2^- - N$ 的变化

长度的 $NO_2^- - N$ 浓度变化也不明显。总体来说，出水 $NO_2^- - N$ 浓度范围为 $0.21 \sim$ 0.59mg/L，所以对出水水质影响较小。

两反硝化墙单元 $NH_4^+ - N$ 的变化与水力负荷之间无明显关系（图 4.3-6）。对于加碳源单元，除了水力负荷 $0.5 \text{m}^3/(\text{m}^2 \cdot \text{d})$ 时，出水中 $NH_4^+ - N$ 含量相较于进水略有增加，其他几种水力负荷下出水 $NH_4^+ - N$ 浓度均低于进水。对于相同水力负荷的两反硝化墙单元，加碳源单元各沿程长度 $NH_4^+ - N$ 的浓度大于未加碳源单元，这可能是由于碳源材料在墙体内会腐解，进而导致部分 $NH_4^+ - N$ 的积累。虽然在墙体内部 $NH_4^+ - N$ 有一定程度的增加，但在出水中 $NH_4^+ - N$ 的浓度保持在较低水平（$0.30 \sim 1.13 \text{mg/L}$）。

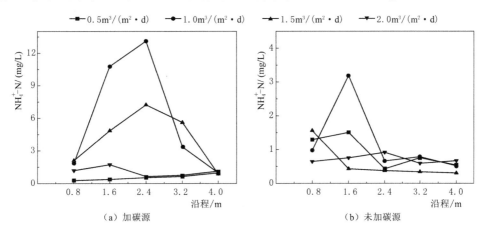

图 4.3-6 不同水力负荷下反硝化墙中 $NH_4^+ - N$ 的变化

由表 4.3-4 可知，由于进水为自然条件下的地表径流，因此导致各反硝化墙单元在不同水力负荷下进水 TN 浓度不同，但同一水力负荷下加碳源与未加碳源单元的进水 TN 浓度大致相同。由于水力负荷为 $0.5 \text{m}^3/(\text{m}^2 \cdot \text{d})$ 和 $1.5 \text{m}^3/(\text{m}^2 \cdot \text{d})$ 的 TN 浓度为 4mg/L 左右，而在 $1.0 \text{m}^3/(\text{m}^2 \cdot \text{d})$ 和 $2.0 \text{m}^3/(\text{m}^2 \cdot \text{d})$ 时的进水 TN 浓度较接近，因此以这两反硝化墙单元的水力负荷作对比可以看出，随着水力负荷的增加，不同反硝化墙单元各沿程长度 TN 的浓度也有所增加，主要是由于 $NH_4^+ - N$ 的积累也会对 TN 浓度增加产生一定影响，但即使是在较高 TN 浓度及水力负荷条件下，TN 去除率也能达到 30% 左右。相比于未加碳源单元，在各水力负荷下加碳源单元 TN 去除效果优于未加碳源单元。

2. 混合基质提升反硝化墙脱氮性能有效性验证

在反硝化墙每一沿程长度处设置 6 个深度梯度，分别测得其反硝化强度（图 4.3-7）。对于加碳源单元的混合基质，其反硝化强度在沿着长度方向的变化无明显规律。而对于不同深度的混合基质而言，其反硝化强度随着深度的增加而增加，在沿程长度为 3.2m 处的 100cm 深度时达到最大值 $16.63 \text{mg/(kg} \cdot \text{h})$，其最低值均为深度为 0cm 的表层土壤。对于未加碳源单元，反硝化强度随其沿程长度及深度的变化没有明显趋势，各处混合基质反硝化强度相差不大。因此，添加碳源能增强反硝化墙各深度的反硝化强度。

表 4.3 - 4　　　　　　　不同水力负荷下反硝化墙 TN 随沿程长度的变化

反硝化墙类型	沿程长度/m	0.5m³/(m²·d)		1.0m³/(m²·d)		1.5m³/(m²·d)		2.0m³/(m²·d)	
		TN 浓度/(mg/L)	去除率/%	TN 浓度/(mg/L)	去除率/%	TN 浓度/(mg/L)	去除率/%	TN 浓度/(mg/L)	去除率/%
加碳源	0	4.11		12.75		3.88		13.38	
	0.8	2.17	47.07	10.66	16.39	3.63	6.45	12.16	9.11
	1.6	3.17	22.73	9.03	29.21	3.51	9.36	10.93	18.28
	2.4	2.83	31.01	8.98	29.58	3.15	18.75	10.36	22.52
	3.2	2.97	26.69	8.66	32.07	2.61	29.08	10.56	21.07
	4	1.76	57.03	9.35	26.72	2.17	40.84	10.26	23.27
未加碳源	0	4.13		15.12		3.67		12.31	
	0.8	3.49	14.96	14.03	7.21	3.42	6.81	11.54	6.26
	1.6	3.81	7.21	14.66	3.04	3.49	4.96	10.74	12.75
	2.4	3.79	7.77	13.94	7.8	3.17	13.61	10.83	12.02
	3.2	3.58	12.74	14.07	6.94	3.23	12.14	10.81	12.19
	4	2.99	27.14	14.62	3.31	3.24	11.76	11.33	7.96

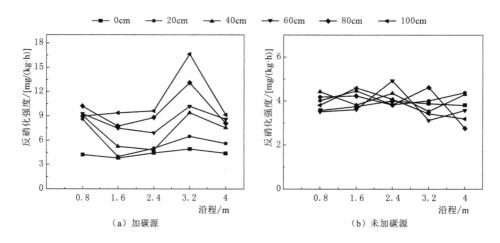

图 4.3 - 7　不同深度及沿程反硝化墙反硝化强度

　　未加碳源单元反硝化酶活性随沿程长度及深度变化也不明显，而添加碳源能显著提高反硝化墙混合基质的反硝化酶活性（图 4.3 - 8）。同一沿程长度处的混合基质其反硝化酶活性随着深度的增加而增加，在沿程长度为 3.2m、深度为 80cm 时反硝化酶活性达到最大值 10059.51μgN/(kg·h)，这与反硝化强度变化趋势基本一致。

　　加碳源单元的反硝化细菌数量较未加碳源单元更高（表 4.3 - 5）。碳源能为混合基质中反硝化细菌提供充足电子供体，从而使其数量增多。在同一沿程长度处，随着深度增加，其反硝化细菌数量基本呈现增加趋势，这可能是由于较深混合基质中的氧气含量减少，而反硝化细菌生长需要缺氧环境，从而利于反硝化细菌生长。因此，深度增加有利于

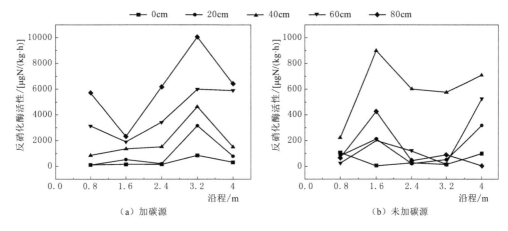

图 4.3-8 不同深度及沿程反硝化墙反硝化酶活性

反硝化墙运行。而对于未加碳源单元，不同沿程长度和深度处反硝化细菌数量水平基本接近。反硝化细菌数量与反硝化酶活性的变化趋势较为相似，反硝化细菌数量减少导致反硝化酶活性降低。

表 4.3-5　　　　　不同沿程及深度反硝化墙混合基质中反硝化菌数量的变化　　　　单位：$\times 10^5/g$

沿程长度/m 深度/cm	加碳源						未加碳源					
	0	0.8	1.6	2.4	3.2	4	0	0.8	1.6	2.4	3.2	4
0	0.2	0.15	0.2	0.4	0.75	0.25	0.45	0.65	0.3	0.65	0.75	0.25
20	0.75	0.3	2	0.95	1.6	0.65	0.75	0.4	0.45	0.75	0.45	0.2
40	1.5	2	6.5	4.5	20	1.6	1.5	0.45	0.2	0.45	0.25	0.45
60	25	30	16	25	45	1.15	1.15	1.15	0.95	0.95	0.3	0.95
80	45	45	30	30	45	7.5	1.1	1.4	1.15	1.15	0.95	1.1
100	110	140	45	110	140	30	2.5	1.1	1.5	1.6	4	1.4

　　为探索两个反硝化墙单元是否具有不同的反硝化种群结构以及优势反硝化菌，选取菌数和强度较高的混合基质（沿程长度为 3.2m，深度为 80cm 处）进行测序分析。加碳源单元的混合基质标号为 A，未加碳源单元的混合基质标号为 B。加碳源单元混合基质中的 OTU（Operational Taxonomic Unit）数量为 2014 个，而未加碳源单元混合基质中的 OTU 数量为 1603 个，两个样品中相同的 OTU 数为 1334 个，加入碳源材料能明显增加混合基质中的 OTU 数量。

　　两个基质样品中的反硝化菌群覆盖度均为 99%（表 4.3-6），两个样本中的 Shannon 指数分别为 6.544 和 6.376，说明加碳源单元的群落多样性高。Simpson 指数代表 OTUs 分布的均匀度，指数越高，说明 OTUs 数分布得越不均匀，从表中数据可以看出两反硝化墙单元 Simpson 指数均为 0.004，说明两反硝化墙单元混合基质中 OTUs 数分布差异较小。Ace 指数和 Chao 指数代表的是丰富度，两种指数所表现的趋势大致相同，均是加碳源单元高于未加碳源单元，说明加碳源单元的混合基质样品中反硝化菌群丰富度较高。

表 4.3 - 6   不同混合基质反硝化菌群多样性指数分析

基质样本	Sobs 指数	Shannon 指数	Simpson 指数	Ace 指数	Chao 指数	覆盖率
A	2014	6.544	0.004	2110	2099	99%
B	1603	6.376	0.004	1696	1697	99%

图 4.3 - 9 为 Rank - abundance 曲线，该曲线反映了两反硝化墙单元混合基质中反硝化细菌物种丰度及均匀度。可以看出，加碳源单元的混合基质中反硝化细菌种群丰度明显高于未加碳源单元。曲线的平滑程度代表物种分布均匀度，曲线越平滑，则物种分布的就越均匀，图中显示两处理单元混合基质中的物种分布都较均匀。

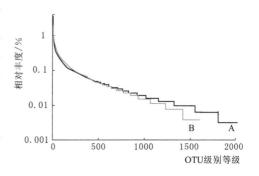

图 4.3 - 9   不同混合基质中反硝化细菌群落
Rank - abundance 曲线

两反硝化墙单元混合基质中的反硝化细菌种群在门水平上可以分为 11 个门（图 4.3 - 10），其中优势菌门为变形菌门（Proteobacteria），在加碳源和未加碳源单元的混合基质中分别占比为 35.13% 和 29.14%。其次是绿弯菌门（Chloroflexi），分别占比为 18.39% 和 17.15%。新一代测序结果显示，在野外条件下，变形菌门（Proteobacteria）占主要主导地位。

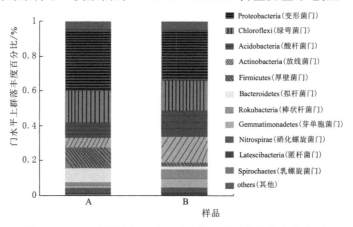

图 4.3 - 10   不同混合基质中反硝化细菌群落结构聚类分析

将 97% 相似水平下的 OTU 进行生物信息统计分析，将两个样本中共 2283 个 OTU 统计到属类别上形成的柱状图，见图 4.3 - 11。结果表明样品中的 OTU 主要有 10 个属。其中在加碳源单元混合基质样品 A 中主要的类别为：*Thioalkalispira*（3.55%）、*Desulfitobacterium*（3.09%）、*Anaeromyxobacter*（1.95%）、*Sideroxydans*（1.83%）、*Anaerolinea*（1.57%）、*Haliangium*（1.43%）、*Clostridium*（1.35%）；样品 B 中的主要类别为：*Gaiella*（2.91%）、*MND1*（2.47%）、*Nitrospira*（1.21%）、*Haliangium*（1.09%）。

Heatmap 图是以颜色梯度来表征二维矩阵或表格中的数据大小，并呈现群落物种组成信息（图 4.3 - 12）。在属水平上对两个混合基质样品和 OTU 类型进行聚类后各样品中

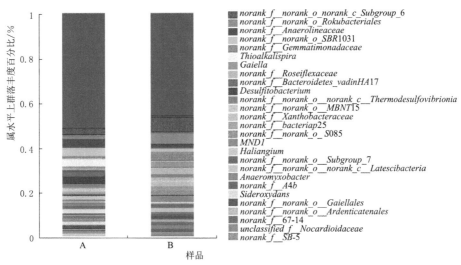

图 4.3 - 11　不同混合基质中反硝化细菌群落结构组成

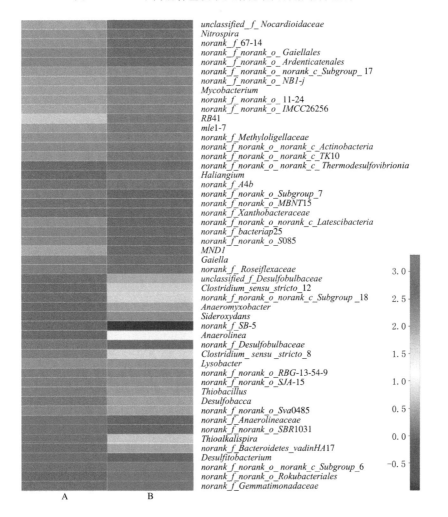

图 4.3 - 12　不同混合基质中优势反硝化菌群 Heatmap 图

不同 OTU 所含序列的丰度，根据颜色变化与相似程度反映出两个样品中菌属水平上样品菌落结构的相似性及差异性，两混合基质中细菌在属水平上的种类较为接近，但在数量上有较大的差异。在已知序列的细菌中，硫碱螺旋菌属（*Thioalkalispira*）在加碳源单元混合基质中的丰度较高，这说明硫碱螺旋菌属为混合基质中的优势菌属。

4.3.3　综合效益评价

在三峡水库水陆交错带（水位 170.00～175.00m），针对农田种植相对集中的坡面散流区和库湾周边污水处理厂尾水排口，布设适当规模的反硝化墙体（投资成本 512 元/m²，年运行成本 130 元/m²，详细特征参数见表 4.3-7），其中坡面散流的服务范围参数为 1～6 亩/m²，乡村污水处理厂尾水净化的服务参数为 1250 人/100m²，可使坡面散流（非暴雨径流时段）中的 TN 负荷削减 30％以上，使污水处理厂尾水 TN 负荷削减 60％以上。如果反硝化墙技术能和人工湿地、基塘湿地相结合，整体效果更佳。

表 4.3-7　　　　　　　　　　　　　反硝化墙工程特征参数表

占地面积/m²	适用范围	水力负荷/[m³/(m²·d)]	服务面积/(m²/m²)	硝酸盐去除率/％	投资/(元/m²)	年运行/(元/m²)	碳源更换时长/d
30.8	地表径流汇入水体的重点污染区域	0.25～2	487～3896	29.2～89.7	512	130	349～375

1. 生态效益

从室内模拟实验及示范应用效果来看，反硝化墙技术能够对三峡库区地表径流氮污染进行有效的末端阻控，适用于三峡库区典型支流库湾富营养化水体的综合治理。反硝化墙工程运行稳定，能够实现 $NO_3^- - N$ 有效脱除，且反硝化墙利用农业固废作为自身碳源，在实现了农业废物资源化利用的同时，又提高了反硝化墙对氮污染的去除效果。同时反硝化墙可以根据地表径流量来实时调节进水的水力负荷，进而提高反硝化墙处理地表径流的效率。此外，反硝化墙上可以通过种植景观植物来有效提高三峡水库消落带的景观质量。因此，该技术可在三峡库区消落带区域进行推广应用，可发挥较好的生态效益。

2. 经济效益

反硝化墙技术在实际应用中，可以设置在地表径流汇入水体的重点污染点位，通过设置集水池（或潜流湿地、基塘湿地）来收集地表径流，并调节流量来控制径流在反硝化墙里的水力停留时间，此外也可以根据水体污染情况来调节水力停留时间。反硝化墙构建成本低（建设成本 512 元/m²），且利用农业废弃物作为碳源，使用寿命较长，维护成本较低（年运行成本 130 元/m²），运行管理简易。因此，反硝化墙技术作为径流汇入水体的末端阻控手段具有很高的经济效益。

3. 社会效益

反硝化墙技术能够有效地对地表径流氮磷污染进行阻控和对乡村污水处理厂尾水水质再净化，可显著地削减消落带坡面散流和乡村生活污水及污水处理厂尾水中的氮磷污染进入水体，不仅能够综合提高水体环境质量，减少水体富营养化水平，而且能够提高社会对环境治理的认同感，优化环境质量从而提高人民的幸福感。此外，修建反硝化墙工程可以给当地百姓脱贫致富提供一条新路，收集农业废弃物也能一定程度地提高农业废物的资源化利用率，适当减少农业废弃物产生量及污染负荷入河湖量。

4.3.4 应用条件及推广价值

反硝化墙技术用于地表径流中 $NO_3^- - N$ 去除，在应用时可以设置于径流汇入水体中的重点污染点位，所需岸边带沿程长度为 3～4m，占地面积可根据径流区面积进行灵活布设。根据处置地径流量的调查进行反硝化墙宽度的确定，添加的反硝化碳源均为普遍存在的农业废弃物。通过反硝化墙阻控技术，农业废物作为碳源而实现资源化利用，可实现 $NO_3^- - N$ 有效去除，为减少外源氮负荷设置了末端屏障。反硝化墙技术设置条件简单，运行管理简易，克服了单一形式的生态工程技术应对地表径流污染效果不足的局限性，通过强化地表径流中氮素反硝化过程和磷素化学吸附过程，有效地削减了地表径流的氮磷污染输出，大大提高了地表径流脱氮除磷的效果，同时对径流污染浓度及负荷具有较好的适应性，对于保护水体环境质量具有较好的实践价值，具有占用土地资源少、工程量小、维护成本低等优点。

4.4 小结

（1）通过农业固废碳源的优选实验，筛选获得脱氮效果较好的反硝化碳源。添加 5 种农业固废材料后的三峡消落带土壤的脱氮能力均得到一定程度的强化，其中刨花和花生壳组具有对 $NO_3^- - N$ 更高的去除率，且 $NH_4^+ - N$ 积累程度和出水 TOC 含量更低。碳源和土壤两种添加比例（1：4，1：10）下，碳源：土壤为 1：10 时 $NO_3^- - N$ 去除率更高（＞85%）。综合考虑脱氮性能和安全性，花生壳和刨花是适合作为强化三峡库区土壤脱氮能力的碳源。

（2）探明了温度、氮源负荷、水力负荷和墙体厚度对反硝化墙运行的影响，反硝化墙对实验设置的氮源负荷有较好的承受能力，其处理效果随温度降低而下降，随水力负荷的增加而减弱，双层反硝化墙体 $NO_3^- - N$ 去除率比单层墙体高 10% 左右。22℃下反硝化墙对 $NO_3^- - N$ 去除率达 90% 左右，尽管处理效果随温度降低而下降，6℃下 $NO_3^- - N$ 去除率仍可达 61.52%。反硝化细菌种群结构相似，优势菌属为 *Bacillus* sp.。

（3）通过加入海绵铁以改进反硝化基质组成，可提高反硝化墙脱氮性能与脱氮效率。海绵铁能将反硝化墙的 $NO_3^- - N$ 去除率提高 10%～20%，TN 去除率最大可提高 23%。海绵铁的添加使反硝化墙混合基质的反硝化强度和反硝化菌数量明显增加，同时增强了混合基质的反硝化酶活性，与不加海绵铁的混合基质相比，酶活性最高增加量约为 $200\mu g\ N/(kg \cdot h)$。

（4）通过在重庆忠县运行的反硝化墙示范工程，作为三峡库区水陆交错带氮素营养盐的末端阻控技术，反硝化墙可以有效实现末端截污和氮素阻控，水力负荷为 $0.5m^3/(m^2 \cdot d)$ 时 $NO_3^- - N$ 去除率最大达到 86.86%，并随着水力负荷的增加，其脱氮性能呈现降低趋势，即使在较高水力负荷下运行 TN 去除率仍可达 30%。与未加碳源的反硝化墙相比，添加碳源的反硝化墙混合基质中反硝化强度增加，同时反硝化细菌具有更高的酶活性和数量，以及更高的反硝化物种丰度和均匀度。

（5）在三峡水库水陆交错带（水位 170.00～175.00m），针对农田种植相对集中的坡面散流区和库湾周边污水处理厂尾水排口，布设适当规模的反硝化墙体（投资成本 512 元/m²，年运行成本 130 元/m²），其中坡面散流的服务范围参数为 1～6 亩/m²，乡村污水处理厂尾水净化的服务参数为 1250 人/100m²，可使坡面散流（非暴雨径流时段）中的 TN 负荷削减 30％以上，使污水处理厂尾水 TN 负荷削减 60％以上。如果和人工湿地、基塘湿地相结合，脱氮除磷效果会更佳。

第5章

三峡水库典型支流库湾水体营养盐
原位削减技术与应用示范

5.1 支流库湾水体营养盐原位削减技术识别与筛选

受三峡大坝水位调节影响，三峡库区支流库湾水位常年在 145.00～175.00m 区间周期性涨落变化，支流水位年内波动变化大，在流域实施源头控制、过程阻断及水陆交错带末端拦截与阻控措施后，经支流河道和坡面径流进入水体中的污染物就很难轻易去除，同时针对三峡库区支流库湾这类开放型水域，水体中常规的水质治理方法应用难度极大，且针对水景观质量敏感程度较高的水域尤其无能为力。

水生植物修复技术是应用高等植物为主体的植物-生态修复技术，水生植物对水体中氮、磷等营养盐具有明显的去除效果，能够用于控制湖泊、水库等水体的富营养化问题，适用于大面积、低浓度的污染位点，并在污水治理中得到了广泛的应用。通过分析水生植物对水中氮、磷等营养元素和污染物的吸收及分解效应，可选择不同的水生植物及其组合来修复不同的受污染水体。在大面积水域的治理中，生态浮床技术得到较为广泛的应用。

生态浮床技术，是基于植物无土栽培技术原理，以高分子材料为载体和基质，采用现代农艺和生态工程措施综合集成的水面无土种植植物修复技术。相较于其他水体净化技术，该技术具有净化效果好、操作简单、成本低以及无二次污染等优点，受到越来越多的重视，已成为21世纪生态环境保护领域最有价值和最具生命力的生物处理技术。

本书研发的基于植物营养竞争的新型网式浮床技术，不仅可适用于库区大幅度水位波动的水体环境，水质原位净化效果好，同时具有可定点、定制特点，能营造与藻类生长的竞争性环境，美化周边水景观，创造生物的生息空间，且运行成本低并有一定的经济收益等，适宜用于三峡库区支流库湾富营养化水体的治理和水景观环境敏感程度较高区域的藻类水华防控。

5.2 三峡水库典型支流库湾营养盐原位削减技术研发

三峡水库建设成库后，受水库水位调度影响，库区冬夏季形成最大落差为30m的周期性水位波动。三峡库区独特的水文变动节律对利用水生植物修复富营养化水体提出了更高的要求。生态浮床对水位变动具有较好的适应性，同时具有可以为水生生物创造更多的栖息生境、美化景观等优点，因此可作为三峡库区典型支流库湾水体营养盐削减的重要技术手段。

为构建高效的生态浮床系统，有效削减三峡库区支流库湾富营养化水体中氮、磷等营养盐，特进行有针对性的技术研发，包括浮床系统载体的设计、浮床植物体系的构建和维护等综合技术。在技术研发中遵循综合考虑生态效益、社会效益和经济效益最大化的原则。

5.2.1 新型网式浮床系统载体的设计

浮床系统构建中，浮床载体可直接影响浮床植物生长，从而影响到浮床系统水体净化功能的发挥。本研究中浮床系统载体的设计原则为：①浮床材料绿色环保、耐腐蚀、使用周期长；②浮床结构稳定，能抵抗库区较大的风浪和水位大幅度波动；③浮床成本低，后期维护与管理方便；④依据浮床植物的生长习性、结构特点进行设计，以利于植物生长，提升净化水体能力。

通过比较，选择新型网式浮床为本研究生态浮床系统载体。浮床框架由口径 5cm 的硬质 PVC 管组成，每段 PVC 管用 PVC 管弯头连接，并在连接处用专用胶水密封。PVC 管之间用有塑料包裹的铁丝编织成网，网眼大小为 6cm×6cm。浮床植物由种植杯固定于浮床网眼中，种植杯杯底下口径为 2cm，上口径为 7cm，高为 8cm，杯体四周开孔以利于植物根系入水生长（图 5.2-1）。

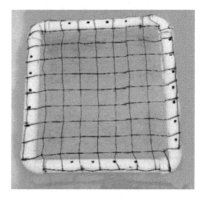

图 5.2-1 新型网式浮床载体设计概念图

通过模拟试验，比较了传统泡沫浮床与新型网式浮床对浮床植物生长的影响。试验共设计了 7 个处理组（表 5.2-1），每个处理组设置 3 次重复样。试验水箱体积约 500L（97cm×76cm×66cm），试验水体初始总氮浓度为 10mg/L、总磷浓度为 1.0mg/L。

表 5.2-1　　　　　　　　　　浮床系统搭配方式

浮床植物	水芹菜		黑麦草		混种（1∶1）		无
浮床载体	网式浮床	传统浮床	网式浮床	传统浮床	网式浮床	传统浮床	无浮床
浮床系统	SN	ST	HN	HT	CN	CT	CK

经过 2 个月的处理，研究结果表明，新型网式浮床更有利于浮床植物生长（图 5.2-2 和图 5.2-3）。新型网式浮床系统中植物吸收积累的氮、磷含量也显著高于传统浮床系统（图 5.2-4）。

对各处理组中水体氮、磷含量的测定结果显示，与空白对照相比，各浮床系统均能有效降低水体中总氮、总磷含量。比较各处理组浮床植物吸收对富营养化水体氮磷净化贡献率，网式浮床系统对水体中氮、磷去除贡献率均高于传统浮床（图 5.2-5）。

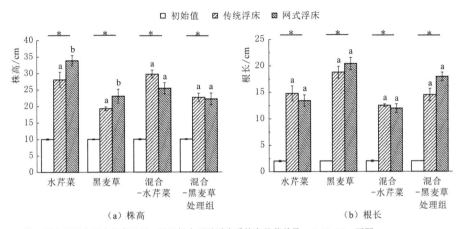

注 图中不同小写字母表示同一处理组中两种浮床系统有显著差异，$P<0.05$，下同；
 "*"表示同一处理组中两种浮床系统中植物株高和根长与生长初期有显著差异，$P<0.05$。

图 5.2-2 浮床植物生长情况

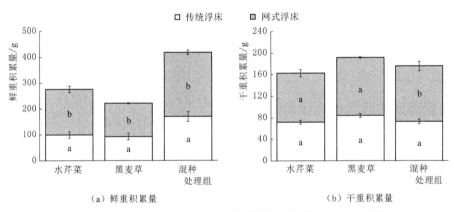

注 图中不同小写字母表示同一处理组中两种浮床系统有显著差异，$P<0.05$，下同。

图 5.2-3 浮床植物鲜重、干重积累量

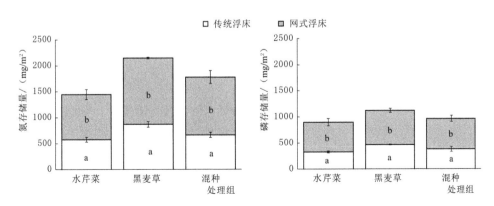

图 5.2-4 各浮床系统中植物氮、磷存储量

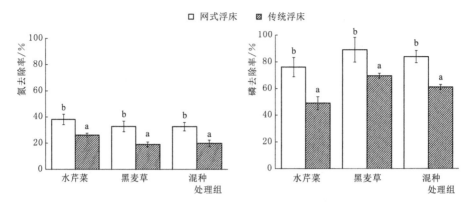

图 5.2-5　各浮床系统对水体氮、磷净化贡献率

浮床植物的生长状态受到浮床载体影响。浮床植物生长越好，从水体中吸收积累的氮、磷养分就越高，去除富营养化水体中的氮、磷能力就越强。本研究结果显示，在同一植物搭配方式下，网式浮床中植物株高、根长、鲜重和干重积累量及氮、磷等营养盐积累量均高于传统浮床，表明新型网式浮床结构更有利于浮床植物生长与吸收，以及积累氮、磷等营养物质。其原因可能是网式浮床便于浮床植物与水面的接触，利于植物主根和侧根生长，帮助浮床植物从水体中吸取更多的养分以供其生长。因此，在三峡库区典型支流库湾富营养化水体营养盐原位削减技术研发中，选择网式浮床为载体设计生态浮床系统。

5.2.2　新型网式浮床植物体系的构建

浮床植物是生态浮床系统构建的关键，在很大程度上决定了生态浮床系统净化水体的能力。在浮床植物筛选中，遵循了物种适应性原则、可操作性原则、抗逆性原则、强净化能力原则、综合利用价值和资源化程度高原则。

（1）适应性原则：即所选物种应对库区自然环境有较好的适应能力，在适应性选择中通常优先考虑本地种。

（2）可操作性原则：所选物种应是易栽培、管理方便、收获便捷的物种。

（3）抗逆性原则：所选物种应具有较强的抗自然灾害能力，如较强的抗病虫害能力等。

（4）强净化能力原则：针对修复富营养化水体，优先考虑脱氮除磷能力强的物种。

（5）综合利用价值和资源化程度高原则：如具有经济价值、可作为绿色蔬菜的经济作物，或具有观赏性价值的植物等。

已有研究表明，三峡库区支流库湾水华暴发的主要时段为春夏季，春夏季水体富营养化程度较高。同时，库区冬季为蓄水期，水体交换慢，加之支流库湾周边居民活动多，也容易出现水体富营养化问题。因此，综合浮床植物的筛选原则以及三峡库区典型支流库湾水体富营养化现状，在浮床植物体系构建中优先选择了蕹菜、黄花水龙、水芹菜、黑麦草4种低矮的经济作物。其中，蕹菜和黄花水龙适合在库区春夏季生长，水芹菜和黑麦草适合在库区秋冬季节生长。

蕹菜（*Ipomoea aquatica*）：旋花科、番薯属，多年生匍匐茎草本植物，又名空心菜。性喜温暖温润，最适生长温度为 15～35℃，广布于我国南方各省市。应用价值极广，主要作为食用蔬菜，同时净化水体能力较强。

黄花水龙（*Ludwigia peploides*）：柳叶菜科、丁香蓼属，多年生匍匐茎浮叶植物，可适应水深不同或变化大的生境，最适宜生长温度为 15～35℃，在我国长江流域以及江浙一带大量分布。其主要价值是净化水体，还具有药用价值以及美化绿化环境的作用。

水芹菜（*Oenanthe javanica*）：伞形科、水芹菜属，多年水生宿根草本植物。冬季 0℃ 以下的寒冷条件下都能正常生长，广布于中国、印度、缅甸等亚洲国家。其应用价值极广，可作为食用蔬菜或饲草，具有较强的水体净化能力。

黑麦草（*Lolium perenne*）：禾本科、黑麦草属，多年生草本植物，是一种冷季型优质、多用途经济牧草。最适宜生长温度为 0～15℃，广布于克什米尔地区、亚洲暖温带、非洲北部等地，其主要作为动物饲草和用于净化水质。

1. 浮床植物搭配方式设计

大量研究表明，与单一植物构建的浮床系统相比，植物混种构建的浮床系统具有更强稳定性和更好的净化效果。受种内种间关系的影响，不同植物混种产生的生态效益不同。在构建三峡库区典型支流库湾富营养化水体营养盐削减的生态浮床体系时，需要确定春夏季浮床植物蕹菜与黄花水龙、秋冬季浮床植物水芹菜与黑麦草混种栽培比例，以使效果更为理想。本研究采用模拟试验的方式，以网式浮床为载体，探究了浮床植物的最佳搭配方式，以构建持续高效的生态浮床系统。

模拟试验分为 2 期：春夏季试验以蕹菜和黄花水龙为浮床植物材料，共设计 6 个浮床系统，植物种植密度为 48 株/m²（表 5.2-2），受试水体的初始浓度设置为总氮浓度 5mg/L、总磷浓度 0.5mg/L；秋冬季试验以水芹菜和黑麦草为浮床植物材料，设计了 4 个浮床系统，植物种植密度为 64 株/m²（表 5.2-3）。试验水箱体积约 500L（97cm×76cm×66cm），受试水体初始浓度设置为总氮浓度 10mg/L、总磷浓度 1mg/L。

表 5.2-2　　　　　　　　　　　春夏季浮床植物搭配方式

浮床系统	浮床系统 1 (L)	浮床系统 2 (C1)	浮床系统 3 (C2)	浮床系统 4 (C3)	浮床系统 5 (I)	浮床系统 6 (CK)
浮床植物	黄花水龙	蕹菜：黄花水龙 (1:2)	蕹菜：黄花水龙 (1:1)	蕹菜：黄花水龙 (2:1)	蕹菜	无植物

表 5.2-3　　　　　　　　　　　秋冬季浮床植物搭配方式

浮床系统	浮床系统 1 (S)	浮床系统 2 (H)	浮床系统 3 (C)	浮床系统 7 (CK)
浮床植物	水芹菜	黑麦草	水芹菜：黑麦草 (1:1)	无植物

经过 2 个月的生长，试验结果显示，在春夏季试验中，黄花水龙和蕹菜单独种植处理组获得了相对更高的生物量积累；在秋冬季试验中，水芹菜和黑麦草 1:1 混种可积累更

多生物量（表 5.2 - 4）。

表 5.2 - 4　　　　　　　　　　各浮床系统中植物鲜重和干重积累量　　　　　　　　单位：g/m²

季节	处理组	初始鲜重	最终鲜重	鲜重积累量	初始干重	最终干重	干重积累量
春夏季	L	387.84±3.36	997.44±99.05	609.60±96.07a	98.56±0.58	311.52±19.55	212.96±19.33a
	C1	308.43±2.08	419.39±69.62	110.96±67.55c	77.65±0.51	139.80±18.48	62.14±18.96d
	C2	268.72±1.48	506.15±12.06	237.43±11.52bc	67.20±0.48	168.72±4.82	101.52±4.56bc
	C3	229.01±0.99	581.64±9.95	352.63±10.42bc	56.75±0.46	193.88±3.82	137.13±3.36bc
	I	149.60±1.12	614.92±14.14	465.32±14.92ab	35.84±0.42	204.97±9.61	169.13±9.78ab
秋冬季	H	160.55±1.53	289.69±1.60	129.13±1.72ab	21.57±0.18	107.73±1.12	86.17±1.19b
	S	195.63±2.05	371.73±12.75	176.11±12.30b	28.05±0.57	90.62±6.34	62.57±6.88ab
	C	178.09±1.13	426.30±9.52	248.21±8.69c	24.81±0.36	102.83±8.69	78.02±8.81b

注　表中数值均为平均值±标准误差，同一列不同小写字母表示在同一季节中，各处理组之间有显著差异（$P<0.05$），下同。

比较不同浮床系统中植物氮、磷含量，发现混种处理组表现更优（表 5.2 - 5）。其中，春夏季蕹菜与黄花水龙以 2∶1 比例混种处理组植物氮含量最高，蕹菜与黄花水龙以 1∶1 比例混种处理组磷含量最高；秋冬季水芹菜与黑麦草以 1∶1 比例混种处理组氮、磷含量均高于两个单种处理组。

表 5.2 - 5　　　　　　　　试验末期各浮床系统中植物氮、磷含量　　　　　　　　单位：mg/g

季　节	处理组	总氮含量	总磷含量
春夏季	L	10.35±0.26b	0.92±0.02b
	C1	13.88±1.54ab	1.12±0.09a
	C2	15.20±0.98a	1.17±0.04a
	C3	15.38±0.20a	1.13±0.10a
	I	9.95±0.67b	0.90±0.14b
秋冬季	H	13.84±0.13ab	7.52±0.29a
	S	13.14±0.22a	7.46±0.30a
	C	14.31±0.21bc	7.90±0.35ab

各处理组浮床植物的氮和磷总存储量见图 5.2 - 6。春夏季试验中，各处理组中氮和磷的存储量从高到低依次为 L＞C3＞I＞C2＞C1，但蕹菜∶黄花水龙＝2∶1 处理组（C3）与黄花水龙单种处理组（L）之间没有显著差异（$P>0.05$）。秋冬季试验中，各处理组中氮和磷的存储量从高到低依次为 H＞C＞S，水芹菜和黑麦草 1∶1 混种的处理组表现最佳。

试验期间，水体氮、磷含量持续下降，各浮床系统均表现出一定的去氮除磷效果（图 5.2 - 7）。其中，春夏季蕹菜与黄花水龙（2∶1）处理组中总氮去除率最高（90.8%），单

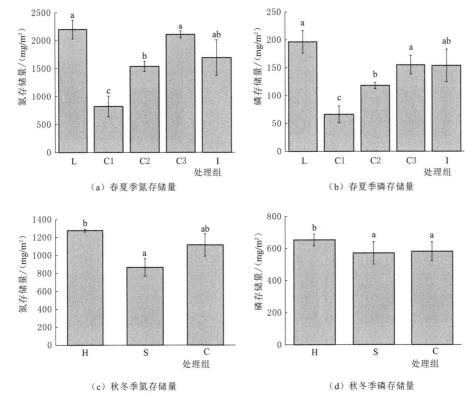

（a）春夏季氮存储量　　　　　　　　　　（b）春夏季磷存储量

（c）秋冬季氮存储量　　　　　　　　　　（d）秋冬季磷存储量

图 5.2-6　各浮床系统中植物氮、磷存储量

种黄花水龙处理组对水体总磷去除率最高（97.6%）；秋冬季水芹菜与黑麦草（1:1）处理组总氮去除率最高（28.4%），总磷去除率与水芹菜单种处理组相当（47.0%）。

各浮床系统中植物对水体 N、P 去除的贡献率见表5.2-6。在春夏季试验中，各组对 N 的净化贡献率为18.35%~59.15%，L 和 C3 组的贡献率显著高于其他各组；各组对 P 的净化贡献率为29.44%~84.01%，C3 显著高于其他各组。在秋冬季试验中，各组对 N 的净化贡献率为32.59%~38.09%，对 P 的净化贡献率为76.14%~86.12%，混种处理组相对更高。

表 5.2-6　　　　　　　　　　处理组对水质 N、P 净化贡献率

季　节	处理组	N 去除贡献率占比/%	P 去除贡献率占比/%
春夏季	L	59.15±5.86a	53.04±7.71b
	C1	36.19±0.11b	59.38±2.81b
	C2	18.35±3.04c	29.44±8.05b
	C3	53.72±6.68a	84.01±1.61a
	I	35.53±2.87b	56.65±5.76b
秋冬季	H	38.09±3.99b	89.12±9.29a
	S	32.78±4.07b	76.14±7.18a
	C	32.59±3.27b	83.90±4.57a

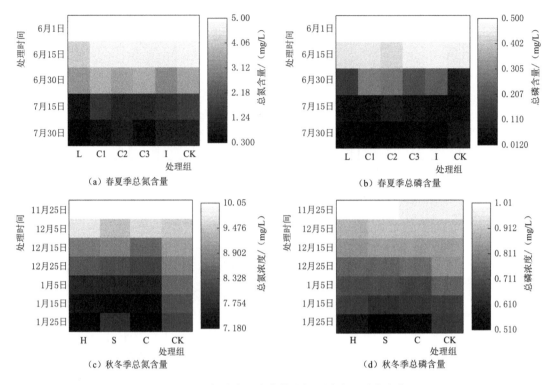

图 5.2 - 7　各浮床系统水体总氮、磷含量动态变化

综合试验结果，春夏季蕹菜与黄花水龙以 2∶1 比例混种时，生长状态较好，植物可吸收较多的氮、磷营养，对水体具有较为理想的去氮除磷效果。秋冬季水芹菜与黑麦草混种也表现出比单种更好的水体净化效果。

2. 浮床植物种植密度设计

浮床系统对富营养化水体中氮、磷的去除效果与植物种植密度相关。在一定范围内，随着种植密度的提高，浮床系统的植物生物量也提高，从水体中吸收的氮磷营养物质量也随之增加。但由于受到浮床面积的限制，植物密度过高，意味着更强的种内种间竞争强度，会影响到植物正常生长。在三峡库区典型支流库湾富营养化水体营养盐削减的技术研发中，生态浮床系统的构建需要配置最佳的浮床植物种植密度。

模拟试验分为 2 期：春夏季试验以蕹菜和黄花水龙为浮床植物材料，两物种种植比例为 2∶1；秋冬季以水芹菜和黑麦草为浮床植物材料，两物种种植比例为 1∶1。2 期试验均设计了 4 个种植密度：0 株/m²（对照 CK）、48 株/m²（低密度 SC）、96 株/m²（中密度 MC）和 144 株/m²（高密度 LC）。试验水箱体积约 500L（97cm×76cm×66cm），受试水体的初始浓度均设置为总氮浓度 10mg/L、总磷浓度 1mg/L，处理时间分别为 2 个月（春夏季）和 1 个月（秋冬季）。

在 2 期试验中，植物均生长良好，但各浮床系统生物量积累量有较大差异（表 5.2 - 7 和表 5.2 - 8）。浮床植物以中密度种植时，鲜重和干重积累量均显著高于其他密度处理组。

表 5.2-7　　　　　春夏季不同处理组中植物鲜重和干重积累量　　　　　单位：g/m²

处理组	初始鲜重	最终鲜重	鲜重积累量	初始干重	最终干重	干重积累量
SC	361.90±26.49	588.88±63.74	226.21±80.78b	42.93±3.02	99.28±11.41	56.35±12.75c
MC	723.81±52.99	5610.45±573.10	4886.99±575.16a	85.86±6.05	650.61±81.16	563.95±80.65a
LC	995.24±72.86	4504.13±474.13	3509.37±408.42a	118.05±8.32	321.35±28.21	202.18±26.90b

注　表中数值均为平均值±标准误差，同一列中不同小写字母表示不同处理组见有显著差异（$P<0.05$），下同。

表 5.2-8　　　　　秋冬季不同处理组中植物鲜重和干重积累量　　　　　单位：g/m²

处理组	初始鲜重	最终鲜重	鲜重积累量	初始干重	最终干重	干重积累量
SC	107.00±5.83	177.44±9.09	70.44±14.88a	15.91±0.87	26.48±1.37	10.57±2.23a
MC	214.00±11.66	680.64±76.25	466.64±65.07b	31.81±1.73	102.01±11.05	70.20±9.41b
LC	320.99±17.49	751.44±81.07	430.45±67.15b	47.72±2.60	112.67±11.87	64.95±9.89b

2 期试验中，中密度组的植物氮、磷存储量显著高于高密度和低密度处理组（图 5.2-8 和图 5.2-9）。

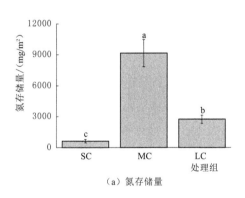
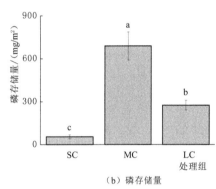

（a）氮存储量　　　　　　　　　　　　　（b）磷存储量

图 5.2-8　春夏季各处理组中植物氮、磷存储量

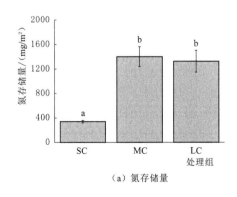
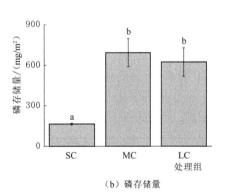

（a）氮存储量　　　　　　　　　　　　　（b）磷存储量

图 5.2-9　秋冬季各处理组中植物氮、磷存储量

随着处理时间的延长，各浮床系统水体中 TN、TP 含量均持续降低。其中，高密度和中密度组水体中 TN、TP 下降速度显著高于其他处理组（图 5.2－10）。

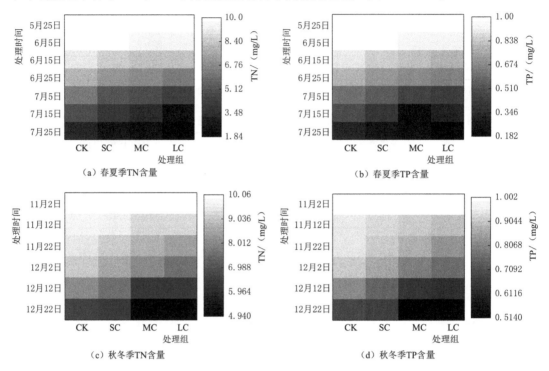

（a）春夏季TN含量　　　　　　　　　　（b）春夏季TP含量

（c）秋冬季TN含量　　　　　　　　　　（d）秋冬季TP含量

图 5.2－10　各处理组不同时期水体 TN、TP 含量的动态变化

比较各浮床系统对水体净化的贡献率，两期试验均表现为中密度组＞高密度组＞低密度组（表 5.2－9）。春、夏季中密度处理组对 TN 的去除贡献率高达 94.02％，对 TP 的去除贡献率达到 70.74％。秋、冬季中密度处理组对 TN 和 TP 的去除贡献率分别为 23.60％和 73.04％。

表 5.2－9　　　　　　　　　各处理组对水质 TN、TP 净化贡献率

季　节	处理组	TN 去除贡献率占比/％	TP 去除贡献率占比/％
春夏季	SC	6.96±0.06c	10.51±0.48b
	MC	94.02±3.46a	70.74±3.69a
	LC	62.16±4.19b	59.49±10.43a
秋冬季	SC	7.77±0.46a	24.43±0.96a
	MC	23.60±2.74b	73.04±10.94b
	LC	21.67±2.90b	64.29±10.84b

在 2 期试验中 4 种植物均生长良好，各浮床系统均具有一定的水体净化功能。浮床植物氮、磷存储量直观反映了植物净化富营养化水体的能力，中密度组整体表现优于低密度和高密度组。春夏季浮床系统对水体的净化效果高于秋冬季。

综上，以新型网式浮床为载体，以蕹菜与黄花水龙 2∶1 比例中密度种植（96 株/m²）

为主体构建的生态浮床系统，可用于春夏季三峡库区典型支流库湾富营养化水体氮磷削减；以新型网式浮床为载体，水芹菜与黑麦草 1∶1 比例中密度种植（96 株/m²）为主体构建的生态浮床系统，可用于秋冬季三峡库区典型支流库湾富营养化水体氮磷削减。两套浮床系统均选用了植株低矮、易于管理和维护的经济作物，氮磷去除效果明显，可有效净化富营养化水体，并具有一定的经济价值，整体表现出较好的生态效益、社会效益和一定的经济效益。

5.2.3 典型支流库湾营养盐削减技术原位试验研究

黄金河流域地处三峡库区腹心地带，河流发源于重庆市梁平县大观镇石垭子，流经石黄、金鸡、三汇、白石、黄金、忠州等乡镇，在忠州街道郑公社区甘井口汇入长江，属长江干流重庆段一级支流。黄金河全长 73km，库区境内长度 71.2km，入江口距大坝 361.0km，流域面积 922km²，天然落差达 543m。三峡水库蓄水以来，黄金河时有水华发生，支流库湾富营养化状况较为严重。黄金河流域为亚热带湿润性季风气候，流域多年平均气温为 18℃，多年平均降水量为 1200mm，多年平均流量为 15.4m³/s，流域水力资源蕴藏量为 1.94 万 kW。

以黄金河支流库湾回水区为试验区，将室内模拟研究中构建的两套生态浮床系统用于原位试验，以期达到改善水域水质、减轻水体富营养化程度和抑制藻类水华的目的，最终实现三峡库区典型支流库湾水体营养盐削减技术的推广与应用。

5.2.3.1 黄金河支流库湾营养盐削减技术原位试验研究

1. 试验区布设

试验区位于重庆市忠县黄金河流域佑溪村。试验水域选择在水体流速缓慢的回水区（N30°19′53″，E108°2′41″），该回水区受周边居民生活污水及农业灌溉退水影响，水体富营养化程度较为严重，为三峡库区典型的受污染水域。水上试验区由铁架搭建而成，试验区长 9m、宽 3m，在试验区外围共用 8 个体积约 500L 的浮桶提供浮力，整个试验区划分为 12 个独立的区域，各区域间使用钢管连接，每个区域安置一个体积为 2.7m³（1.5m×1.2m×1.5m）、用不透水帆布制成的围隔，防止内外水体交换，便于试验指标检测，每个围隔装有约 1400L 河水（图 5.2-11）。在每个围隔内部放置一个由 PVC 管制作而成的尺寸为 1.0m×0.9m 的网式浮床。

将前期模拟研究中构建的两套生态浮床系统用于试验区，分两个阶段开展原位研究，为示范推广奠定基础。每阶段设计 5 个处理组，其中围隔内设置 4 个处理组，围隔外的自然水体设置 1 个处理组（表 5.2-10）。对浮床植物生长、氮磷积累、水体中浮游植物浓度及水体质量等指标进行连续监测和分析。

表 5.2-10　　　　　　　　　植 物 种 植 方 式

浮床系统	春　夏　季					秋　冬　季				
	I	L	C1	CK1	WCK1	S	H	C2	CK2	WCK2
浮床植物	蕹菜	黄花水龙	蕹菜：黄花水龙（2∶1）	空白对照	自然水体	水芹菜	黑麦草	水芹菜：黑麦草（1∶1）	空白对照	自然水体
种植密度	96 株/m²									

注　L、I、C1 分别代表春夏季单独种植黄花水龙、单独种植蕹菜和混种的浮床系统；H、S、C2 分别代表秋冬季单独种植黄花水龙、单独种植蕹菜和混种的浮床系统；CK1、WCK1 分别代表春夏季的空白对照（有浮床，浮床上无植物）、自然水体；CK2、WCK2 分别代表秋冬季的空白对照、自然水体；下同。

（a）试验区外部构架

（b）试验区整体结构

（c）试验区固定

（d）试验区水质检测

图 5.2-11　黄金河支流库湾原位试验布设及测试

2. 浮床植物生长和氮磷积累

两个阶段的试验结果均显示：混种条件下浮床植物生物状况显著好于单种模式（表 5.2-11）。尤其是黑麦草单种浮床系统，受到江水波浪冲击植株大量死亡，而在混种模式下水芹菜大大削弱了波浪对黑麦草的冲击力度，提高了系统的稳定性，植株生长良好。原位试验结果证明混种模式下的生态浮床系统具有更高的稳定性和净化能力，本研究构建的两套浮床系统具有较好的应用价值。

表 5.2-11　各浮床系统中植物鲜重和干重积累量　　　　单位：g/m²

浮床系统	初始鲜重	最终鲜重	鲜重积累量	初始干重	最终干重	干重积累量
L	1193.47±104.78	1456.80±138.27	263.33±61.83	168.09±14.76	213.79±21.15	45.70±9.60
I	641.66±35.62	2679.17±334.14	2037.50±345.00	90.37±5.02	393.12±48.54	302.75±50.13
C1	825.60±35.69	3090.78±296.70	2265.18±283.74a	116.28±5.03	426.24±46.37	309.96±45.08
H	192.79±18.04	—	—	28.73±2.73	—	—
S	344.46±83.16	2937.79±219.71	2593.33±193.82	50.82±12.75	441.93±21.14	391.10±12.14
C2	268.63±43.38	1494.78±302.83	1226.16±325.03	39.77±7.46	229.85±46.67	190.08±52.82

注　表中同一列的不同小写字母表示各组存在显著差异，$P<0.05$。

对两个阶段浮床植物氮、磷存储量的分析结果显示，混种模式下的生态浮床系统对水体中氮、磷的吸收积累效果理想（图 5.2-12）。

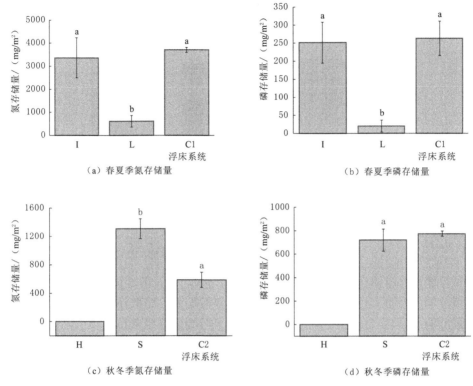

（a）春夏季氮存储量   （b）春夏季磷存储量

（c）秋冬季氮存储量   （d）秋冬季磷存储量

图 5.2-12 各浮床系统氮、磷存储量

3. 浮床系统对浮游藻类生长影响

第一阶段（春夏季浮床系统）的试验期间共检测出藻类 7 门 37 属 50 种（图 5.2-13），第二阶段（秋冬季浮床系统）的试验期间共检测出藻类 7 门 34 属 70 种（图 5.2-14），两期试验中均表现出水体中绿藻种类最多，其次是硅藻和蓝藻，其他藻类较少。随着处理时间的延长，试验水体中藻种类数逐渐减少。

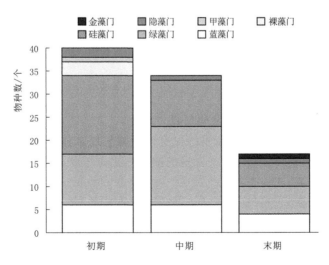

图 5.2-13 春夏季浮床系统试验水体中浮游植物物种组成

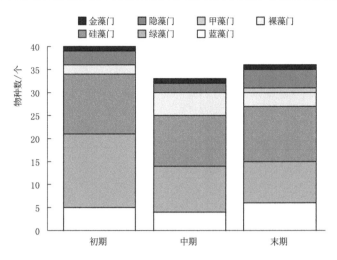

图 5.2 - 14 秋冬季浮床系统试验水体中浮游植物物种组成

对各浮床系统水体中的藻密度进行动态监测结果表明：随着试验的开展，水体中的藻密度逐渐降低（图 5.2 - 15）；到试验末期蕹菜与黄花水龙混植浮床系统中水体中的藻密度达到最低值（11.36×10^4 个/L），极显著地低于同时期围隔外部河流自然水体中藻密度（1.45×10^6 个/L）；试验末期水芹菜与黑麦草混植浮床系统中水体藻密度亦达到最低值（2.17×10^4 个/L），显著地低于同时期围隔外部河流自然水体中藻密度。说明本研究构建的两套生态浮床系统均可有效地抑制水体中藻类生长。

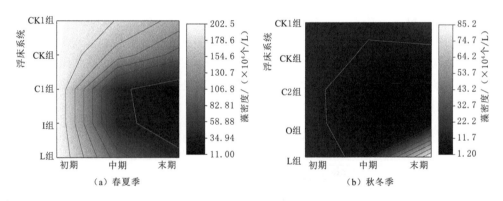

图 5.2 - 15 不同时期各浮床系统浮游植物的密度

4. 浮床系统对水体叶绿素 a 含量的削减

两期试验结果均显示，生态浮床系统可有效削减表层水体中叶绿素 a 含量（图 5.2 - 16）。春夏季生态浮床系统对叶绿素 a 含量的削减效果好于秋冬季浮床系统，这与试验期间气候条件等直接相关。

第一阶段（春夏季）：试验初期水体中叶绿素 a 的平均含量达到 32.6mg/m^3，随着试验的开展，水体中叶绿素 a 浓度逐渐下降。试验结束时 C1 组、I 组、L 组 3 个生态浮床系统处理组中叶绿素 a 平均含量仅为 6.40mg/m^3，低于富营养化水平，叶绿素 a 削减率为 80.4%。

第二阶段（秋冬季）：试验期间各处理组的表层水体叶绿素 a 含量为 8.94mg/m^3，除黑麦草浮床系统受到波浪冲击毁坏外，其余生态浮床处理组水体叶绿素 a 含量均随着试验进行逐渐降低，并显著低于两个对照处理组。与春夏季浮床系统相比，秋冬季浮床系统对叶绿素 a 的削减效果相对较弱。

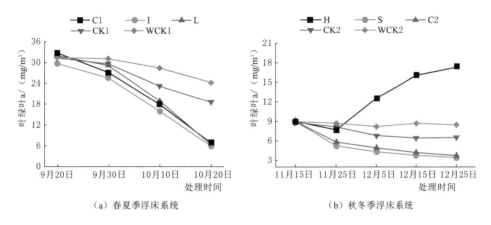

图 5.2-16　不同时期各浮床系统表层水体叶绿素 a 含量的动态变化

5. 浮床系统对水体营养盐削减的效果

两个试验阶段各浮床系统中不同时期表层水体中总氮、总磷、硝态氮和正磷酸盐的含量变化见图 5.2-17。在第一阶段（春夏季浮床系统）试验中，水体试验初期初始总氮含量为 3.06mg/L，试验末期混植浮床系统水体总氮含量最低（0.82mg/L），显著低于围隔外自然水体中总氮含量（1.80mg/L），浮床系统总氮去除率为 73.2%。随着处理时间延长，水体中硝态氮含量亦持续下降，生态浮床处理组均显著低于两个对照组。经生态浮床系统处理 30d 后，水体中总磷浓度从初始值 0.25mg/L 下降到 0.03mg/L，总磷去除率大于 80%。混植浮床系统可有效削减水体中正磷酸盐含量。

第二阶段（秋冬季浮床系统）试验中，试验初期水体中总氮含量为 2.01mg/L，经生态浮床系统处理后在试验末期降低至 0.66mg/L，显著低于围隔外自然水体中总氮含量（1.68mg/L），浮床系统 TN 去除率为 67.2%。随着处理时间的延长，混植生态浮床系统水体中硝态氮含量从 1.08mg/L 下降到 0.109mg/L，显著低于自然水体。经生态浮床系统处理 30d 后，水体中总磷浓度从初始值 0.19mg/L 下降到 0.06mg/L，总磷去除率达 68%。混植浮床系统可有效削减水体中正磷酸盐含量。

5.2.3.2 黄金河支流库湾植物营养竞争与鱼类调控技术相结合

1. 试验布设

在水体中营养盐削减技术原位试验研究成果的基础上，植物与鱼类调控措施相结合，原位试验设计 5 个处理组，其中围隔内设置 4 个处理组，围隔外的自然水体设置一个处理组（表 5.2-12）。以水芹菜＋黑麦草生态浮床为基础，构建复合系统，每个处理重复 3 次。其中，水芹菜与黑麦草以 1∶1 混植，种植密度为 96 株/m²；滤食性鱼类白鲢放养密度设置为 40g/m³（14～16 条/围隔）。试验时间为 2020 年 11 月 13 日至 2021 年 1 月 3 日，共计 50d。试验期间对浮床植物和鱼的生长状况、氮磷积累状况、水体中浮游植物状况及水体质量等指标进行监测和分析。

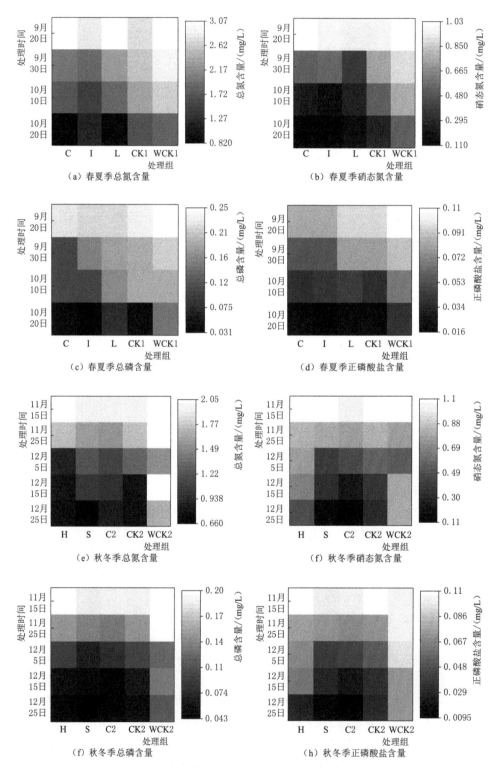

图 5.2-17　各浮床系统水体营养盐含量的动态变化

表 5.2-12		试　验　设　计		
鱼类	单一浮床系统	复合系统	CK2	WCK2
白鲢	水芹菜：黑麦草（1:1）	水芹菜：黑麦草（1:1）＋白鲢	空白水体	自然水体

2. 浮床植物生长及氮磷积累

经过 50d 的原位试验结果显示：与初始值相比，除黑麦草植株株高差异不显著外，单一生态浮床系统与复合系统中两种浮床植物的株高、根长均有显著或极显著增加（图 5.2-18）。白鲢＋生态浮床复合系统中两种浮床植物的生长状况好于单一生态浮床系统，生物积累量显著提升。其中，复合系统中植株鲜重净积累量可达 601.38g/m²，可作为新鲜食用蔬菜和牧草使用。滤食性鱼类与植物共存，促进了植株根系及地上部分的生长。

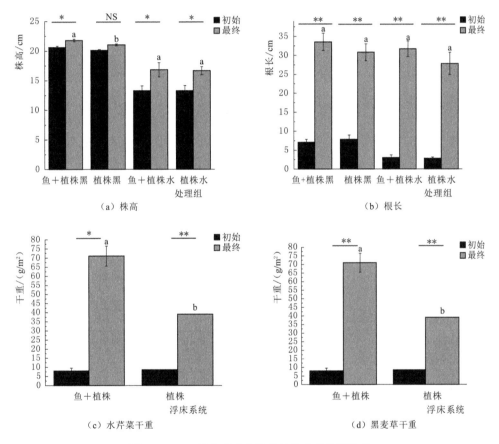

（a）株高　　　　　　　　　　　　（b）根长

（c）水芹菜干重　　　　　　　　　　（d）黑麦草干重

图 5.2-18　浮床系统中浮床植物生长状况比较

注　＊表示有显著差异性；＊＊表示有极显著差异性；NS 表示无差异性；下同。

对两个阶段浮床植物氮、磷存储量的分析结果显示，复合系统中植株氮平均积累量为 1240.24mg/m²，显著高于单一浮床系统中植物氮积累量 826.35mg/m²；复合系统中浮床植物磷积累量为 63.194mg/m²，显著高于单一浮床系统中浮床植物积累量 38.014mg/m²（图 5.2-19）。由此说明鱼类的共生明显促进了浮床植物对水体中氮、磷的吸收和积累，提升了浮床植物对水体氮、磷削减的贡献率。

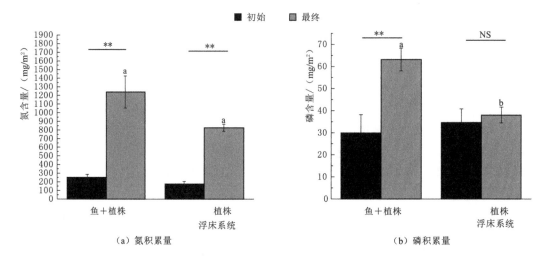

图 5.2-19　各浮床系统氮、磷积累量

3. 白鲢的生长与存活状况

表 5.2-13 为单鱼处理与复合系统中白鲢的生长与存活状况。由于试验时间为冬季，气温与水温偏低，白鲢平均重量增加不明显，但复合系统中白鲢的存活率明显高于单鱼处理，说明复合系统中浮床植物系统为鱼类生长和存活提供了有利生境。按白鲢每增重 1kg 可带走水体中 32g 氮、4.5g 磷计算，经过 50d 的试验，复合系统中白鲢积累的氮磷含量均显著高于单鱼系统（表 5.2-13）。

表 5.2-13　　　　　　　　　　试验期间白鲢体重及存活率比较

处理组	鱼重/(g/条)		存活率/%	氮积累量 /(mg/m³)	磷积累量 /(mg/m³)
	初始值	终值			
单鱼	1.90±0.10	1.90±0.08	68.6	7.34±0.14	1.03±0.02
复合生态浮床系统	1.94±0.10	1.96±0.10	74.9	12.14±0.40*	1.84±0.06*

注　＊表示有显著差异性。

4. 浮床系统对水体氮、磷营养元素及叶绿素 a 含量的削减

试验结果表明，与空白对照和自然水体对照相比，单鱼、单一生态浮床系统及复合生态浮床系统均可有效削减表层水体中的氮、磷等营养盐含量（图 5.2-20）。其中，白鲢＋生态浮床构成的复合系统效果最为理想。在试验末期，空白对照和自然水体对照中水体总氮含量分别为 1.51mg/L 和 1.50mg/L，和初始值差异不明显；复合系统中，水体总氮含量降低为 1.23mg/L，削减率为 18%。对照水体中总磷含量为 0.026mg/L，和初始值差异不明显；复合系统中水体总磷含量降低为 0.020mg/L，削减率为 23%。

图 5.2-21 为试验期间各处理表层水体叶绿素 a 含量的动态变化曲线。由图可知，与氮、磷营养盐变化规律类似，仍然是白鲢＋生态浮床构成的复合系统效果最为理想。复合系统中，水体 Chl-a 含量由试验初期的 2.42mg/m³ 降低到试验末期的 2.04mg/m³，与对

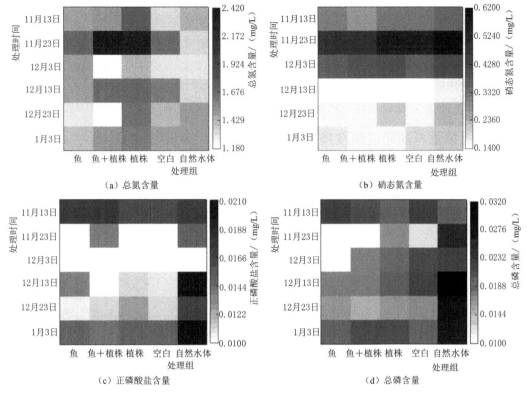

（a）总氮含量　　　　　　　　　　（b）硝态氮含量

（c）正磷酸盐含量　　　　　　　　（d）总磷含量

图 5.2-20　各处理表层水体氮、磷营养元素含量变化

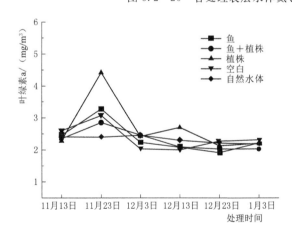

图 5.2-21　各处理表层水体叶绿素 a
含量的动态变化

照相比，削减率为 12%。

综上，黄金河支流库湾为期 2 年 3 期的原位试验结果表明，以生态浮床为核心，基于植物营养竞争构建的水体营养盐原位削减技术具有良好的生态效应，可显著削减水体中的氮、磷营养盐含量。该技术与基于食物网结构和功能优化的生物调控技术复合应用，更有利于浮床植物的生长和氮、磷吸收与积累，有利于鱼类的生长与存活，对富营养化水体中的氮、磷及叶绿素 a 的削减有更好的促进作用，表现出 1+1>2 的生态效益。

5.3　三峡水库典型支流库湾营养盐原位削减技术应用示范

黄金河为长江左岸的一级支流，发源于梁平县大观柏村，于忠县汇入长江。黄金河干流长 45km，流域面积 926.4km²，是忠县境内最大的一条河流。《长江三峡工程生态与环境监测公报》显示，2008—2015 年期间，有 6 个年份发生水华现象，支流库湾处于富营养化状态。根据 2019—2020 年在黄金河库湾开展的 3 期原位试验相关结果，2021 年 4 月在该流域开展应用示范研究，以黄金河流域回水区为示范点，将本研究构建的两套生态浮床系统用于开展应用示范，以期达到改善支流库湾水域水质、减轻水体富营养化程度和抑制水华暴发的目标，最终实现三峡库区典型支流库湾营养盐削减技术的推广与应用。

5.3.1　水体营养盐原位削减技术应用示范

1. 示范区布设

整个示范区面积约为 3500～6000m²，为生物调控技术应用示范水域（图 5.3-1）。示范区水域设置拦网（拦网长度为 172m，深度 35m），水域内放养以植食性和滤食性为主的鲢鳙及杂食性鱼类。在水域内布设面积约 40m² 的基于植物营养竞争的水体营养盐削减技术示范点（图 5.3-2）。

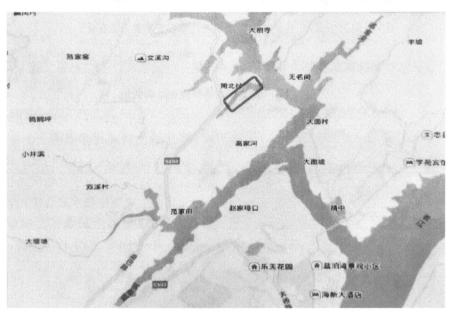

图 5.3-1　黄金河示范区示意图

以新型网式浮床为载体，蕹菜与黄花水龙为主体的生态浮床系统，两种植物以 2∶1 比例混植，密度为 96 株/m²。浮床下布设渔网，以避免植食性鱼类对植物根系的过度取食。顺水流方向，在浮床区域进、出水口定期取水样，进行氮、磷及叶绿素 a 含量测试。

每隔1月取植物样进行生长和氮、磷积累量测定。

2. 浮床植物生长及氮、磷积累

1个月的示范监测数据显示，蕹菜和黄花水龙生长状况良好，株高与根长有明显增加（表5.3-1）。其中，蕹菜的株高增长更为明显，整齐度更高。从生物量积累看，两种浮床植物鲜重显著增加（表5.3-1），整个浮床系统鲜重净积累量可达1556.75g/m²。其中，蕹菜可作为新鲜蔬菜提供食用，黄花水龙作为观赏植物也可提供其经济价值。

（a）生态浮床布设　　　　　（b）浮床一角　　　　　（c）浮床植物

图5.3-2　黄金河示范区生态浮床

表5.3-1　　　　　　　　　　　　浮床植物生长状况比较

浮床植物	株高/cm		根长/cm		鲜重/(g/m²)	
	初值	终值	初值	终值	初值	终值
蕹菜	15.00±0.10	57.80±034	0	17.93±1.49	167.33±8.80	1462.14±118.39
黄花水龙	15.00±0.10	46.57±4.70	0	19.00±1.80	58.71±4.24	307.61±38.75

浮床植物在生长过程中可吸收利用水体中的氮、磷等营养物质，并积累在植株体内。经过一个月的生长，蕹菜和黄花水龙积累的氮、磷含量显著提升，对削减水体中营养盐具有较好的贡献率。其中，蕹菜积累的氮、磷含量明显高于黄花水龙（图5.3-3）。与初始值相比，整个浮床系统积累的氮、磷含量净增值分别为4666.08mg/m²和224.12mg/m²。

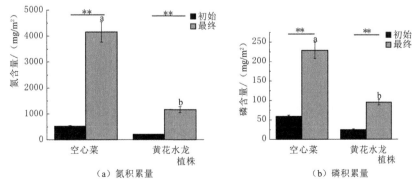

（a）氮积累量　　　　　　　　　（b）磷积累量

图5.3-3　浮床植物对氮、磷的积累状况

3. 浮床系统对水体中的营养盐和 Chl-a 含量削减效果

在浮床系统进水口和出水口分别采集表层水样，进行水体营养盐和 Chl-a 含量的测定。河流水体中氮、磷营养盐及 Chl-a 含量受上游来水及降水影响较大，不同时间的采样结果波动较大。但比较同一时间段浮床系统进水口与出水口指标，浮床系统表现出了对水体的净化效果。在浮床系统布设初期，进水口和出水口水样 TN、TP 和 Chl-a 含量没有明显差异；经过一个月的处理，出水口 TN、TP 和 Chl-a 含量明显低于进水口，3 个指标的削减率分别为 55.45％、26.92％和 8.57％（表 5.3-2）。

表 5.3-2　　　　　　　　　浮床系统对水体净化效果比较

水质指标	2021 年 5 月 13 日		2021 年 6 月 16 日		削减率/%
	进水口	出水口	进水口	出水口	
TN/(mg/L)	2.99±0.16	3.31±0.65	3.12±0.89	1.39±0.08	55.45
TP/(mg/L)	0.40±0.02	0.33±0.05	0.26±0.06	0.19±0.05	26.92
Chl-a/(mg/m³)	34.56±3.18	33.29±0.64	12.14±0.94	11.10±2.78	8.57

5.3.2　综合效益评价

1. 生态效益

从模拟试验、原位试验及示范应用效果看，基于植物营养竞争机制研发的水体营养盐原位削减技术适用于三峡库区典型支流库湾富营养化水体的综合治理。混植的浮床植物群落组成稳定，表现出较为理想的氮磷等营养盐吸收和积累水平，可达到削减水体中的氮磷等营养盐含量、抑制藻类生长、降低叶绿素a浓度水平的生态治理目标，同时良好的植物生长状况可有效提升水景观环境质量，并为鸟类等提供临时栖息场所。因此，基于植物营养竞争机制研发的水体营养盐原位削减技术可在三峡库区典型支流库湾进行推广应用，可发挥较好的生态效益。

根据浮床植物的生长周期，定植成功后收割频率分别设定为蕹菜 2 次/月、水芹菜 1 次/月、黄花水龙与黑麦草 1 次/2 月，季末全部收割。每年 4—9 月布设以蕹菜与黄花水龙为主体的春夏季浮床，单位面积浮床植物可通过吸收积累水体中的氮、磷量分别为 9.96g/m² 和 0.54g/m²；每年 10 月至次年 3 月布设以水芹菜和黑麦草为主体的秋冬季浮床，单位面积浮床植物可吸收积累的氮、磷量分别为 1.95g/m² 和 0.16g/m²；全年合计浮床植物可带走水体中氮、磷量分别为 11.91g/m² 和 0.70g/m²。

根据黄金河水位变动情况，库湾水域面积在 8000～13000 亩间波动（约 0.54～0.87km²），生态浮床面积以水域面积的 15％～20％布设。春夏季水域面积以低水位 0.54km² 计算，秋冬季水域面积以高水位 0.87km² 计算，通过定期收获浮床植物，两套生态浮床系统年累计吸收并带走水中氮负荷 10508.25～14011.00kg、磷负荷 640.32～853.76kg（表 5.3-3）。

以黄金河库湾平均水深 35m、4—9 月低水位期水体平均交换周期为 12.10d、10 月至次年 3 月高水位期水体平均交换周期为 14.14d 计算，春夏季浮床系统可削减水体中氮含

表 5.3 - 3　　　　　　　　　　　　浮床系统对水体氮、磷负荷的影响

时　　间		春夏季 (4—9月)		秋冬季 (10月至次年3月)		全　　年	
水域面积/m²		5336000		8671000			
浮床植物		蕹菜∶黄花水龙=1∶2		水芹菜∶黑麦草=1∶1			
浮床占水域面积比例/%		15	20	15	20	15	20
浮床面积/m²		800400	1067200	1300650	1734200		
浮床植物吸收 积累氮含量	g/m²	9.96		1.95		11.91	
	kg	7971.98	10629.31	2536.27	3381.69	10508.25	14011.00
浮床植物吸收 积累磷含量	g/m²	0.54		0.16		0.70	
	kg	433.22	576.29	208.10	277.47	640.32	853.76

量为 $2.82\sim3.76\text{mg/m}^3$，削减水体中磷含量为 $0.15\sim0.20\text{mg/m}^3$；秋冬季浮床系统可削减水体中氮含量为 $0.65\sim0.87\text{mg/m}^3$，削减水体中磷含量为 $0.05\sim0.07\text{mg/m}^3$；全年浮床系统平均可削减水体中氮含量为 $1.56\sim2.08\text{mg/m}^3$，削减水体中磷含量为 $0.10\sim0.13\text{mg/m}^3$。由此可见，基于植物营养竞争机制研发的水体营养盐原位削减技术可有效降低黄金河支流库湾水体中的氮、磷等营养物质浓度，具有较好的削减效果，对黄金河支流库湾水环境质量持续向好可起到较好的促进作用。

2. 经济效益

基于植物营养竞争机制研发的水体营养盐原位削减技术在实际应用中，可通过布设由浮筒和锚石支撑的水上钢架，再将浮床系统固定在钢架周边，以实现根据库区水位周期性涨落情况灵活移动。固定的建设成本包括水上钢架、浮床载体及植物定植篮等，合计费用约 400 元/m²。按该系统可重复使用 5 年计算，合计年均使用费用为 80 元/m² 左右。每年需购置蕹菜、黄花水龙、水芹菜、黑麦草等浮床植物材料，按市场价计约需 50 元/m²，即每年投入材料成本约为 130 元/m²。考虑到定期采摘、管理等人工费用，每年浮床系统投入成本约 150 元/m²。

该技术中使用的浮床植物均为经济植物，蕹菜和水芹菜是人们喜爱的蔬菜类植物，黑麦草可作为牧草供家畜食用，黄花水龙是理想的景观美化观赏植物，均具有较好的经济价值。根据植物的生长周期，定植成功后蕹菜、水芹菜、黄花水龙与黑麦草的收割频率分别为 2 次/月、1 次/月、1 次/2 月。根据两套浮床系统适用时段和浮床植物的市场销售价格，扣除投入成本后净收益约为 3000 元/亩，经济效益十分可观。

3. 社会效益

三峡库区地少人多，山高坡陡，属于中国 14 个集中连片特困地区之一。基于植物营养竞争机制研发的水体营养盐原位削减技术，在三峡库区支流典型库湾区内周边人群居住相对密集的区域推广应用，在一定程度上可缓解库区土地资源紧张的压力，为当地居民提供一定的就业岗位（1～2 人/1000m²），为当地百姓脱贫致富提供一条新路，具有一定的社会效益。

4. 应用条件

根据模拟试验研究、原位试验研究及应用示范结果，基于植物营养竞争机制研发的水

体营养盐原位削减技术可应用于三峡库区典型支流库湾富营养化水体的治理中。该技术的适用区域为：周边有较为集中的居民区，流速缓慢、富营养化较为严重但没有重金属及有机污染物污染的水域，建议由乡镇或国有企业统一管理。浮床系统可布设在库湾水流入口及库岸边，与水流方向垂直布设为佳，布设面积占水域面积的 15%～20%。

5.4　小结

（1）本研究以新型网式浮床为载体，研发了适宜于春夏季（4—9 月）的蕹菜＋黄花水龙 2∶1 混植生态浮床系统和适宜于秋冬季（10 月至次年 3 月）的水芹菜＋黑麦草 1∶1 混植生态浮床系统（混植密度以 96 株/m² 为佳）的水体营养盐原位削减技术。综合来看，两套浮床系统均能很好地适应三峡库区的气候条件、水文节律和水环境状况，适合在三峡库区典型支流库湾推广应用。

（2）在黄金河库湾水域的原位试验中，两套生态浮床系统表现出稳定的性能，且易于管理。新型网式浮床利于浮床植物的生长，浮床植物能够从水体中有效吸收、吸附营养元素（浮床系统积累的氮、磷含量年净增值分别为 11.91g/m² 和 0.70g/m²），按水域面积的 15%～20% 布设浮床系统，可达到明显削减水体中氮磷营养元素、降低水体叶绿素 a 含量、抑制藻类生长的生态治理目标。同时，该技术体系选择的 4 种浮床植物均为经济作物，通过定期收获浮床植物，还可以产生一定的经济效益（净收益约为 3000 元/亩），对于库区社会稳定、人民增收等带来一定的社会效益，适合在三峡库区支流库湾推广应用。

（3）针对支流库湾水华高风险区或藻类易富集区，采用布设水面面积占比为 15%～20% 的网式浮床，并种植具有较高食用价值的蕹菜、黄花水龙、水芹菜、黑麦草等，可使浮床临近水域表层水中的 TN、TP 负荷削减率超过 25%，且形成不利于藻类生长繁殖的局部环境（Chl-a 削减率也接近 10%），浮床植物可带走水体中氮、磷量分别为 11.91g/m² 和 0.70g/m²，全年浮床系统平均可削减水体中氮、磷含量为 1.56～2.08mg/m³、0.10～0.13mg/m³，每年可获得经济收益约 200 元/m²，同时可促进就业（1～2 人/1000m²），扣除固定设施投入、材料和采摘成本后净收益约为 3000 元/亩，经济效益十分可观。

第6章

三峡水库典型支流库湾生物调控技术与应用示范

6.1 水体富营养生物调控技术识别与筛选

水体富营养化是因氮、磷等无机营养物大量进入湖泊、海湾等相对封闭、水流缓慢的水体，引起藻类和其他高等水生植物大量繁殖，水体溶解氧下降、水质恶化的现象。水体富营养化治理，首先，需要减少外源性营养物质的持续输入，对于三峡库区而言，需要减少消落区耕地耕种和化肥使用，截留河流两岸生活污水进入，控制上游陆域污染源的持续输入；其次，开展综合措施净化现有水体中过量的营养物质，通过物理、化学和生物技术进行水体净化或水生态修复，尽可能减少水体中已有的营养负荷，达到削减水体营养物质的目的。

尽管物理和化学方法具有一定的效果，但其投资、运行、维护成本较高，不利于水生态系统的健康发展。富营养化水体的生物修复技术是一种利用特定的生物（微生物、植物或鱼类等）对水体中污染物及氮、磷等营养盐进行有效吸收、转化或降解的过程，从而使富营养化水体得到净化的生物措施。生物方法主要通过研究微生物净化技术、高等水生植物净化技术、人工湿地技术，以及鱼类等动物放养技术及生物组合净化技术等净化水体水质、修复水生态环境。这些技术的运行与维护费用较低、处理效果较好，因而得到了广泛的研究与快速发展。

1. 微生物净化技术

微生物净化技术是利用引入的有效微生物及其代谢过程或代谢产物消除或降解有害物的生物过程。微生物对富营养化水体修复能起到显著的效果，主要依靠于兴起的微生物固定化技术和微生物修复剂投加技术。近年来，对特殊功能的微生物尤其是多功能的复合菌种利用显得格外重视。美国还专门生产了含有促进微生物生长、解毒及污染物降解的有机酸、营养物质缓冲剂的水质净化液，用于黑臭水体净化。如李先会等（2009）以荇菜为实验载体，研究水体氮、磷等营养物质浓度和细菌数量变化，结果表明，无论在总磷或总氮浓度梯度中，浮游细菌、根际细菌总数的增量基本都与总氮去除率呈正相关性，而与总磷去除率的相关性不大明显；在植物＋微生物系统去除氮、磷过程中，对氮的去除以细菌为主，包括浮游细菌和根际细菌，对磷的去除则以植物吸收为主，根际磷细菌也起了一定的作用。胡菊香等（2008）用生物水净化剂对投加无机肥和有机肥的养殖水体进行试验研究，结果表明，无论是投加无机肥，还是有机肥的养殖水体，生物水净化剂对其水质都有较强的净化作用，透明度显著增加。在有机肥实验中，生物水净化剂对藻类有明显的抑制作用，浓度越高对藻类的抑制作用越明显。饵料生物方面，尽管生物水净化剂对大型浮游动物（轮虫和浮游甲壳动物）的直接影响不明显，但它对原生动物有明显的促进作用。因此，生物水净化剂在改善养殖水体水质方面有较高的应用价值。

与传统的修复技术相比，投菌技术更加环保，无二次污染风险，投资成本低，去污效率高，操作简单，工艺稳定。该技术需根据水质变化多次投加菌剂，需要多种微生物的协同配合才能完成污染物的降解和削减，单一种类微生物的降解效果并不明显。

2. 高等水生植物净化技术

高等水生植物净化技术在湖泊污染控制和水体修复中的利用也受到了很大的重视。它实际上就是利用植物根系或茎叶吸收、富集、降解或固定受污染土壤、水体和大气中重金属离子或其他污染物，以实现消除或降低污染现场的污染强度，达到恢复环境的目的。与此同时，植物的存在为微生物和水生动物提供了附着基质和栖息场所。

植物对富营养化水体具有良好的修复效果，诸多研究表明高等水生植物在吸收水体氮、磷方面具有非常大的潜力，从而达到净化水体的效果。戴莽等（1999），吴振斌等（2001，2003），童昌华等（2003）研究了苦草、狐尾藻、菹草、凤眼莲等高等水生植物围隔对总磷的吸收能力较好。李锋民和胡洪营（2004）研究了芦苇、莲、慈姑、香蒲植物的浸出液均对蛋白核小球藻产生抑制作用，并减少了稳定期的藻产量，其中芦苇对蛋白核小球藻的抑制作用最强。汪秀芳等（2013）指出常绿水生鸢尾、羊蹄、金钱蒲、灯心草混合种植对总氮的处理率较高。方焰星等（2010）研究指出金边石菖蒲和香菇草的去氮效果较好，金鱼藻、穗状狐尾藻和香菇草对磷的去除效果非常好，经过 7 周试验后，金边石菖蒲、香菇草、穗状狐尾藻、金鱼藻和眼子菜对总氮和总磷的去除率均较高。

高等水生植物对富营养化水体具有较好的净化效果，修复水体的植物来源广、易培养，修复期间具有较高的观赏价值和构景作用，后期收割后还能作为饲料等，能有效地避免二次污染；植物修复所需成本低、能耗低，却对水体具有高效的净化效果，因此，被常用于富营养化水体修复。但是植物修复仍存在一些弊端，如处理时间较长、占地面积大及植物生长受季节影响严重等，都在一定程度上限制了植物修复的广泛应用。

3. 人工湿地技术

人工湿地由自然湿地发展演变而来，利用物理、化学、生物三方面的协同作用，通过基质、专性与非专性吸附、离子交换、植物吸收和微生物分解等手段去除水中氮、磷等营养物质，抑制水中藻类生长繁殖，从而使水质得到净化。人工湿地的基质不但可以作为微生物和高等水生植物生长的载体，为其提供营养物质，还可以通过物理、化学作用直接对污染水体进行净化。同时，湿地植物可以直接吸附、吸收和富集氮、磷及重金属等物质，并将光合作用产生的氧气运至根部，形成利于硝化细菌生长及有机物分解的好氧环境，从而消除水体中的污染物质。与其他传统技术相比，人工湿地系统将污染水体修复和环境生态建设相结合，在治理污水的同时创造了生态景观，具有投资运营费用低、系统组合多样、操作简单等优势。但其占地面积过大、易受温度和植物影响、基质易淤积阻塞、生态服务功能单一、设计缺乏规范化，现阶段仍然在寻找相应的解决措施。

4. 鱼类放养技术

鱼类是淡水生态系统中的高级消费者，对生态系统的状况起着至关重要的影响。鱼类的天然饵料包括水中的动物、植物和微生物。作为鱼类饵料的浮游植物及高等水生植物是水体中的初级生产物，他们直接以水体中的无机物质借助太阳能制造有机产物。而以浮游植物或水生高等植物为食鱼类可称为初级消费者，是最有效和最经济地把水体中的有机物质和能量转化为可食的动物蛋白的种类。鱼类作为高级消费者，鱼类养殖活动势必影响淡水水域其他生物（尤其是饵料生物）的群落结构、水体营养物质状态和水平乃至系统的结构和功能等。国内外相关研究的重点是食鱼性、滤食性鱼类（鲢、鳙）的种群恢复和调控。如刘建康和谢平（2003）通过围隔试验和在东湖大量放养鲢、鳙控制藻类水华的实践，证明了在水体富营养化程度较高且蓝藻水华大量存在并影响景观的水体，投放食浮游生物的滤食性鲢、鳙鱼类来直接牧食蓝藻水华可取得较好的效果。此后，在云南滇池、安徽巢湖、浙江桥墩水库和河口水库等富营养型水体的治理中采用非经典生物操纵，均取得了一定成效。

受水库水位调度影响，三峡库区冬季水位为 $170.00 \sim 175.00\mathrm{m}$，夏季水位 $145.00 \sim 155.00\mathrm{m}$，从而形成最大落差为 30m 的周期性水位波动。前述的水体微生物净化技术、高等水生植物净化技术、人工湿地构建技术均因受困于长周期、大落差水域影响，实施难度大，效果不可控以及不显著，因而并不能大范围适用。鱼类调控技术因其具有对水位波动的良好适应性、生态环境效益和经济效益显著、可规模化推广应用和可持续化发展等优点，可作为三峡库区典型支流库湾水体富营养化削减的重要技术手段。

6.2　基于食物网结构和功能调整的生物调控系统技术研发

为高效削减三峡库区支流库湾富营养化水体中的叶绿素浓度，进行有针对性的生物调控系统技术研发。首先，通过现场调查，获取黄金河支流库湾内水质、水生生物及鱼类等各类群水生态现状，明晰三峡库区黄金河支流库湾的水生态基本特征；其次，采用稳定同位素技术开展各类功能群食物网结构与功能特征研究，获取食物网结构中冗余和缺乏的生态位环节；再次，通过生物调控原位试验，开展和优化不同鱼类种类等生物的试验研究，监测叶绿素 a 浓度的削减效果，获取优化后的技术参数；最后，在相关试验研究的基础上，依托试验水域开展技术示范，并对示范效果进行评估。总体技术路线见图 6.2-1。

6.2.1　黄金河水生态特征调查与监测分析

黄金河作为三峡库区的一级支流，受三峡工程调度运行和季节影响较大，水体富营养化程度高，常有藻类水华现象发生。研究工作开展以来，累计开展了春、夏、秋、冬四季水生态监测（表 6.2-1），涵盖了水体理化特性、水生生物、渔获物和食物网结构调查（图 6.2-2），分析了黄金河不同季度的水生态变化特征。

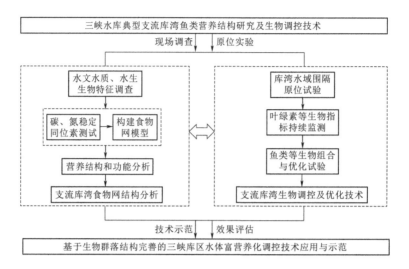

图 6.2-1 黄金河库湾生物调控技术路线图

表 6.2-1 黄金河水生态调查内容

调查时间	水生态调查内容			
	水体理化特征	水生生物	渔获物	食物网结构
2018 年 5—6 月	10 个断面的水体环境理化参数样本采集和测试分析，检测了氨氮、硝氮、亚硝氮、总氮、磷酸盐、总磷、高锰酸钾盐指数和叶绿素 a 等 8 项指标	10 个断面的浮游植物、浮游动物、附着藻类和底栖动物共计 1955 份样品的采集，开展各类群的密度和生物量分析	获取了黄金河拦网水域内外鱼类 854 尾，共计 281.9g，获取鱼类种类 26 种	获取了 10 个断面的水样、水生生物（浮游动植物、底栖、着生藻类）、鱼类等 δ^{13}C 和 δ^{15}N 同位素样品 902 份
2018 年 8—9 月				
2018 年 12 月				
2019 年 3—4 月				

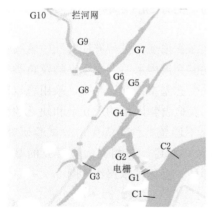

图 6.2-2 黄金河采样断面及调查现场

6.2.1.1 水体理化参数变动特征

基于 2018—2019 年期间 4 次分别贯穿了春季、夏季、秋季和冬季的水体理化监测数据，获取了黄金河支流库湾水体富营养特征理化参数。按照《地表水环境质量标准》（GB

3838—2002），黄金河支流库湾氨氮水平较高的季节主要是秋、冬季，而硝氮和亚硝氮水平较高的季节分别为冬季和夏季（图6.2-5）。

从总氮、总磷这两个指标看，黄金河全年的总氮浓度均处于较高水平（图6.2-6）。夏季监测（6月）显示有G3、G7、G8、G9和G10监测点的总氮浓度均超过2mg/L。在总磷方面，全年并未处于较高浓度，仅有G9和G10监测点在春、夏、秋三季的浓度均超过0.2mg/L（图6.2-7）。因此，黄金河在春夏季具备发生藻类水华的营养条件。根据现场采样发现G10断面已发生水华，由于上、下游的关系，水华很容易扩散到下游的G9断面，从而导致G9的水体理化参数均较高。

从叶绿素a指标看（图6.2-8），黄金河支流库湾春、夏季叶绿素a的平均浓度为78.84μg/L，而秋、冬季平均浓度仅为14.33μg/L，表明叶绿素a浓度峰值处于春夏季时段水位下降至最低水位期间。在叶绿素浓度最大的夏季，监测结果显示叶绿素a含量范围为47.55~126.07μg/L，平均值为74.47μg/L，由于高水位运行期后，伴随着气温、水温的快速下降和库湾内水面面积逐步扩大，叶绿素a含量快速下降，冬季低至5μg/L以下。在夏季（6月）的野外调查中发现采样点G10的左、右两岸发生了明显的水华现象（图6.2-3和图6.2-4），可能与夏季上游发洪水，携带大量营养物质造成了水体富营养化有关。同时，G9监测点的叶绿素a浓度也很高，主要是由于下游的发电站尾水将低水位下营养物质带出来影响所致。

图6.2-3　G10左采样点出现水华现场照片（夏季）

图6.2-4　G10右采样点出现水华现场照片（夏季）

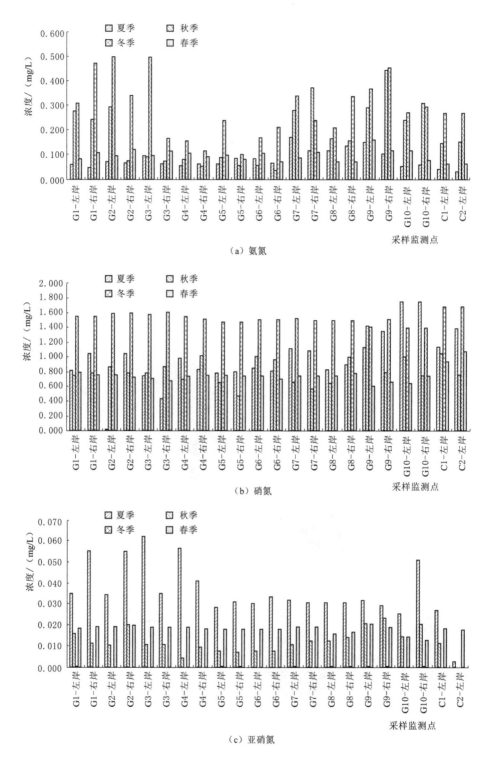

（a）氨氮

（b）硝氮

（c）亚硝氮

图 6.2－5　氨氮、硝氮和亚硝氮浓度对比图

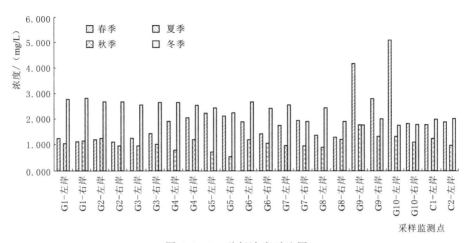

图 6.2-6　总氮浓度对比图

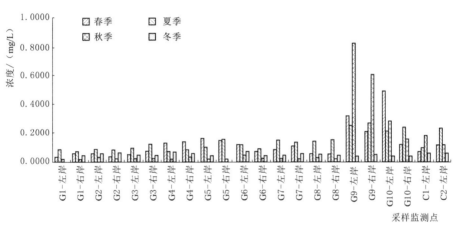

图 6.2-7　总磷浓度对比图

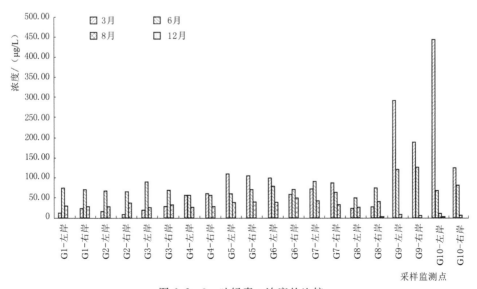

图 6.2-8　叶绿素 a 浓度的比较

6.2.1.2　浮游植物变动特征

1. 种类组成

2018—2019 年期间黄金河支流库湾 4 次调查共检出浮游植物 89 种，其中硅藻门 19 种，甲藻门 3 种，金藻门 2 种，蓝藻门 13 种，裸藻门 2 种，绿藻门 49 种，隐藻门 2 种。常见种（出现频次高于 50%）为隐藻（*Cryptomonas* spp.）、小环藻（*Cyclotella* sp.）、衣藻（*Chlamydomonas* sp.）、拟多甲藻（*Peridiniopsis* sp.）、双对栅藻（*Scenedesmus bijuga*）和蓝纤维藻（*Dactylococcopsis rhaphidioides*）。优势种（优势度 Y＞0.02）为隐藻、小环藻、泽丝藻和假鱼腥藻。就密度组成比例来看，蓝藻门占比最高，达 35.20%，其次是隐藻门，占比 23.79%，绿藻门占比 16.63%，硅藻门占比 17.46%，甲藻门占比 3.81%，裸藻门占比 2.29%，金藻门占比 0.82%（图 6.2 - 9）。

（1）春季种类组成情况。春季检出浮游植物 45 种，其中硅藻门 8 种，绿藻门 27 种，甲藻门 2 种，蓝藻门 5 种，金藻门 1 种，裸藻门 1 种，隐藻门 1 种。常见种（出现频次高于 50%）为小环藻（*Cyclotella* sp.）、衣藻（*Chlamydomonas* sp.）、隐藻（*Cryptomonas* spp.）、脆杆藻（*Fragilaria* sp.）、塔胞藻（*Pyramimonas Schmarda*）、拟多甲藻（*Peridiniopsis* sp.）、镰形纤维藻（*Ankistrodesmus falcatus*）、卷曲纤维藻（*Ankistrodesmus convolutus*）、小金色藻（*Chrysochromulina parva*）和蓝纤维藻（*Dactylococcopsis rhaphidioides*）。优势种（优势度 Y＞0.02）为隐藻、小环藻、拟多甲藻、脆

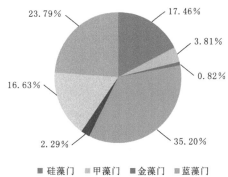

图 6.2 - 9　浮游植物不同门类密度组成比例

杆藻、塔胞藻和衣藻。就密度组成比例来看（图 6.2 - 10），隐藻门占比为 36.69%，硅藻门占比为 35.68%，绿藻门占比为 14.88%，甲藻门占比 7.16%，蓝藻门占比为 4.22%。总体来看，春季浮游植物绿藻门出现的物种数最多，其次是硅藻门，浮游植物种群组成以隐藻-硅藻为主，蓝藻所占比例很低。

（2）夏季种类组成情况。夏季检出浮游植物 63 种，其中硅藻门 12 种，绿藻门 33 种，甲藻门 2 种，蓝藻门 10 种，金藻门 2 种，裸藻门 2 种，隐藻门 2 种。常见种（出现频次高于 50%）为隐藻（*Cryptomonas* spp.）、裸藻（*Euglena* sp.）、双对栅藻（*Scenedesmus bijuga*）、小环藻（*Cyclotella* sp.）、蓝纤维藻（*Dactylococcopsis rhaphidioides*）、裸甲藻（*Gymnodinium uberrimum*）、拟多甲藻（*Peridiniopsis* sp.）、微囊藻（*Microcystis* sp.）、斜结隐藻（*Plagioselmis* sp.）、衣藻（*Chlamydomonas* sp.）、针形纤维藻（*Ankistrodesmus acicularis*）、直链藻（*Melosira* sp.）、假鱼腥藻（*Pseudanabaena* sp.）、卷曲纤维藻（*Ankistrodesmus convolutus*）和实球藻（*Pandorina morum*）。优势种（优势度 Y＞0.02）为隐藻、假鱼腥藻、斜结隐藻、裸藻、双对栅藻、微囊藻、小环藻、实球藻、拟多甲藻、衣藻和蓝纤维藻。就密度组成比例来看（图 6.2 - 11），蓝藻门占比 30.18%，隐藻门占比 27.84%，绿藻门占比 24.77%，硅藻门占比 6.21%，裸藻门占比 6.31%，甲

藻门占比 3.79%。总体来看，夏季浮游植物绿藻门出现的物种数最多，其次是硅藻门。浮游植物种群组成以蓝藻-隐藻-绿藻门为主，蓝藻门和绿藻门比例相较春季迅速增加，硅藻门比例下降迅速。

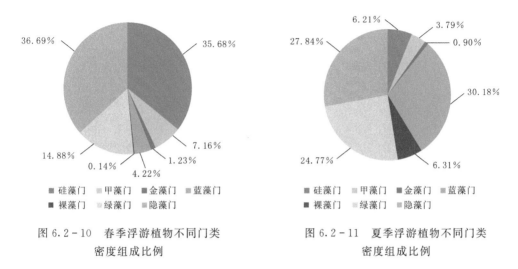

图 6.2-10　春季浮游植物不同门类　　　　图 6.2-11　夏季浮游植物不同门类
　　　　密度组成比例　　　　　　　　　　　密度组成比例

（3）秋季种类组成情况。秋季检出浮游植物 63 种，其中硅藻门 14 种，绿藻门 28 种，甲藻门 3 种，蓝藻门 8 种，金藻门 2 种，裸藻门 2 种，隐藻门 2 种。常见种（出现频次高于 50%）为隐藻（*Cryptomonas* spp.）、泽丝藻（*Limnothrix redekei*）、曲壳藻（*Achnanthes* sp.）、脆杆藻（*Fragilaria* sp.）、假鱼腥藻（*Pseudanabaena* sp.）、菱形藻（*Nitzschia* sp.）、尖头藻（*Raphidiopsis* sp.）、蓝纤维藻（*Dactylococcopsis rhaphidioides*）、裸藻（*Euglena* sp.）、小环藻（*Cyclotella* sp.）、小球藻（*Chlorella vulgaris*）、双对栅藻（*Scenedesmus bijuga*）和拟多甲藻（*Peridiniopsis* sp.）。优势种（优势度 $Y>0.02$）为泽丝藻、假鱼腥藻、隐藻、曲壳藻和尖头藻。就密度组成比例来看（图 6.2-12），蓝藻门占比 68.28%，绿藻门占比 10.75%，硅藻门占比 10.45%，隐藻门占比 8.68%。总体来看，秋季浮游植物绿藻门出现的种类最多，其次是硅藻门。浮游植物种群组成以蓝藻门为主，相较夏季，蓝藻比例上升迅速，其他类群比例迅速下降。

（4）冬季种类组成情况。冬季检出浮游植物 26 种，其中硅藻门 12 种，绿藻门 9 种，蓝藻门 3 种，裸藻门 1 种，隐藻门 1 种。常见种（出现频次高于 50%）为小环藻（*Cyclotella* sp.）、隐藻（*Cryptomonas* spp.）、菱形藻（*Nitzschia* sp.）和小球藻（*Chlorella vulgaris*）。优势种（优势度 $Y>0.02$）为小环藻、隐藻和菱形藻。就密度组成比例来看（图 6.2-13），硅藻门占比 74.12%，隐藻门占比 11.43%，绿藻门占比 11.11%，蓝藻门占比 3.21%。冬季硅藻门出现的物种数最多，其次是绿藻门。浮游植物种群以硅藻为主，其他类群所占比例较小。

2. 现存量

黄金河浮游植物丰度变动在（5.15～25.04）$\times 10^6$ cells/L 之间，均值为 1.51×10^7

cells/L，最大值出现在 G5 断面，最小值出现在 C2 断面；生物量变动在 4.26～13.25mg/L 之间，平均值为 8.68mg/L，最大值出现在 G5 断面，最小值出现在 G10 断面（表 6.2－2）。总体来看，黄金河浮游植物丰度处于较高水平，丰度均值达到 10^7 水平，有藻华发生风险。

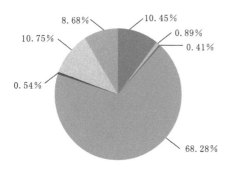

图 6.2－12 秋季浮游植物不同门类密度组成比例

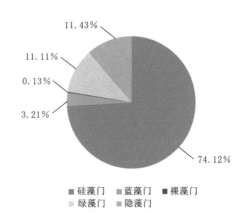

图 6.2－13 冬季浮游植物不同门类密度组成比例

表 6.2－2 不同断面浮游植物现存量

采样断面	丰度 /($\times 10^5$ cells/L)	生物量 /(mg/L)	采样断面	丰度 /($\times 10^5$ cells/L)	生物量 /(mg/L)
C1	235.89	9.4224	G6	113.06	5.7323
C2	51.51	5.8438	G7	144.51	8.9624
G1	148.69	8.1866	G8	139.25	11.2762
G2	192.51	9.3445	G9	150.87	8.5326
G3	150.97	10.1766	G10	76.20	4.2561
G4	160.89	9.1299	平均	151.23	8.6764
G5	250.35	13.2535			

（1）春季现存量。春季浮游植物丰度变动在 (1.05～4.30)$\times 10^7$cells/L 之间，均值为 1.90×10^7cells/L，最大值出现在 G9 断面，最小值出现在 G2 断面；生物量变动在 6.03～36.07mg/L 之间，平均 21.43mg/L，最大值出现在 G8 断面，最小值出现在 G10 断面。春季 G10 断面甲藻所占比例较高，G6 和 G9 断面隐藻所占比例较高，C1、G1、G2、G3 断面硅藻所占比例较高（图 6.2－14）。就不同门类生物量比例组成（图 6.2－15）来看，绝大部分断面硅藻对整体生物量贡献比例大，而 G10 断面甲藻对整体生物量贡献相对较高。

总体而言，春季浮游植物丰度均值达到 10^7 水平，大部分断面浮游植物种群以硅藻为主，而库湾末端以隐藻和甲藻为主。春季库湾有暴发硅藻水华风险，而库湾末端则有暴发隐藻和甲藻水华风险。

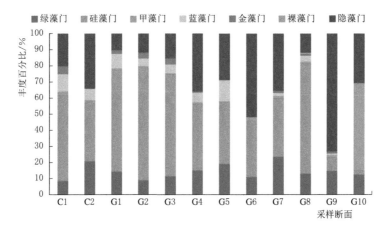

图 6.2-14 春季不同断面浮游植物不同门类丰度组成比例

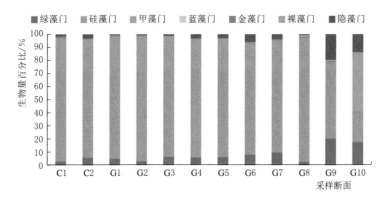

图 6.2-15 春季不同断面浮游植物不同门类生物量组成比例

(2) 夏季现存量。夏季浮游植物丰度变动在 $(0.5 \sim 349.09) \times 10^5$ cells/L 之间，均值为 1.93×10^7 cells/L，最大值出现在 G5 断面，最小值出现在 C2 断面；生物量变动在 $0.08 \sim 23.43$ mg/L 之间，平均 9.78 mg/L，最大值出现在 G5 断面，最小值出现在 C2 断面。夏季 G10 断面裸藻门丰度所占比例较高，C2 断面丰度硅藻门所占比例较高，C1、G3、G4、G6、G8 断面蓝藻门丰度所占比例较高（图 6.2-16）。就不同门类生物量比例组成来看（图 6.2-17），硅藻门生物量百分比在 C1、C2、G8 断面较高，绿藻门生物量百分比在 G3、G8 断面较高，裸藻门生物量百分比在 G7、G9、G10 断面较高。

总体而言，夏季浮游植物的丰度达到 10^7 水平，有暴发藻类水华的风险；大部分断面蓝藻丰度比例较高，有暴发蓝藻水华风险；库湾末端裸藻所占比例较高，有暴发裸藻水华风险；长江干流的藻类丰度相较其他断面处于较低水平。

(3) 秋季现存量。秋季浮游植物丰度变动在 $(6.34 \sim 509.67) \times 10^5$ cells/L 之间，均值为 2.17×10^7 cells/L，最大值出现在 C1 断面，最小值出现在 G9 断面；生物量变动在 $0.08 \sim 7.38$ mg/L 之间，平均 3.21 mg/L，最大值出现在 G1 断面，最小值出现在 C2 断面。秋季绝大部分断面蓝藻门丰度所占比例较高，G9 断面硅藻门和绿藻门丰度所占比例相当（图6.2-18）。就不同门类生物量比例组成来看（图6.2-19），C1、C2、G7、G9、G10断面硅藻门生物量所占比例较高，G1、G2、G3断面绿藻门生物量所占比例较高。

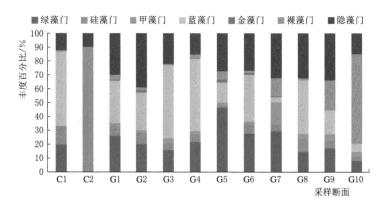

图6.2-16　夏季不同断面浮游植物不同门类丰度组成比例

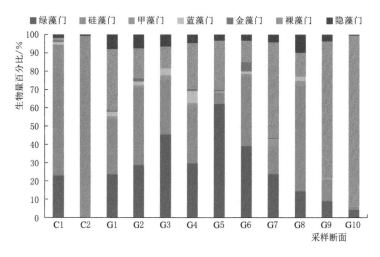

图6.2-17　夏季不同断面浮游植物不同门类生物量组成比例

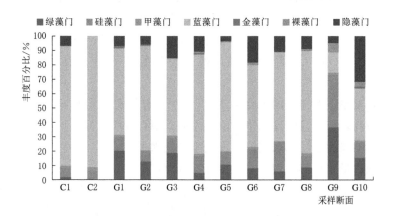

图6.2-18　秋季不同断面浮游植物不同门类丰度组成比例

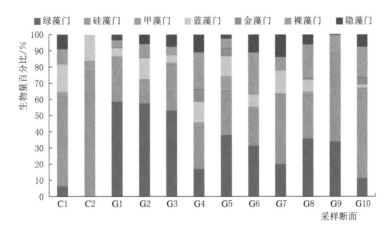

图 6.2-19　秋季不同断面浮游植物不同门类生物量组成比例

　　总体而言，秋季浮游植物丰度均值达到 10^7 水平，有藻类水华暴发风险；大部分断面蓝藻丰度所占比例很高，有暴发蓝藻水华风险；长江干流断面的藻类丰度值得关注，有暴发蓝藻水华风险。

　　（4）冬季现存量。冬季浮游植物丰度变动在 $(1.33\sim10.13)\times10^5$ cells/L 之间，均值为 3.84×10^5 cells/L，最大值出现在 G10 断面，最小值出现在 G3 断面；生物量变动在 $0.09\sim0.77$ mg/L 之间，平均 0.30mg/L，最大值出现在 G10 断面，最小值出现在 G3 断面。冬季所有断面硅藻门对整体丰度的贡献比均较高，其余门类丰度占比均很低（图 6.2-20）。就不同门类生物量比例组成来看（图 6.2-21），硅藻门对整体生物量的贡献比在所有断面均很高。总体而言，冬季浮游植物丰度降至 10^7 水平以下，无藻华暴发风险，大部分断面浮游植物以喜低温性的硅藻为主。

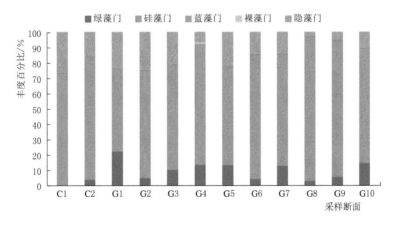

图 6.2-20　冬季不同断面浮游植物不同门类丰度组成比例

　　3. 多样性

　　（1）春季。浮游植物单站物种数均值为 13.4，变动区间为 $8\sim18$ 种；Shannon-Wiener 指数均值为 1.59（变动区间为 $0.94\sim2.07$）；Pielou 均匀度指数均值为 0.38，并在 $0.17\sim0.57$ 区间变动。

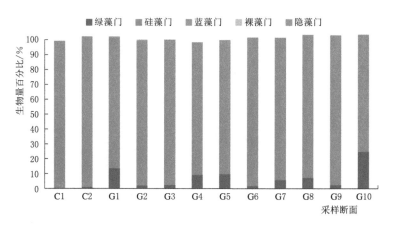

图 6.2 - 21　冬季不同断面浮游植物不同门类生物量组成比例

（2）夏季。浮游植物单站物种数均值为 19.9，变动区间为 7～24 种；Shannon - Wiener 指数均值为 2.24，并在 1.28～2.59 之间变动；Pielou 均匀度指数均值为 0.50，变动区间为 0.28～0.89。

（3）秋季。浮游植物单站物种数均值为 14.8，变动区间为 5～25 种；Shannon - Wiener 指数在 1.0～2.57 之间变动，平均值为 1.76；Pielou 均匀度指数在 0.22～0.77 之间变动，平均值为 0.43。

（4）冬季。浮游植物单站物种数在 2～9 种之间变动，均值为 5.2；Shannon - Wiener 指数在 0.39～1.72 之间变动，平均值为 1.09；Pielou 均匀度指数在 0.37～0.90 之间变动，平均值为 0.63。

综合 2018—2019 年度 4 个季度的调查结果，黄金河浮游植物物种数量年内季节分布情况为夏季＝秋季＞春季＞冬季，单站出现的物种数是夏季＞秋季＞春季＞冬季，Shannon - Wiener 指数为夏季＞秋季＞春季＞冬季，Pielou 均匀度指数为冬季＞夏季＞秋季＞春季（表 6.2 - 3）。从浮游植物优势种群年内季节性差异来看，春季以硅藻和隐藻为主，夏季以蓝藻、绿藻和隐藻为主，三者所占比例相当，秋季以蓝藻为主，冬季以硅藻为主（表 6.2 - 4）。浮游植物丰度秋季最高，春、夏季相当，冬季远低于其他季节。就生物量而言，春季＞夏季＞秋季＞冬季（图 6.2 - 22）。

综上所述，春季易发生硅藻或隐藻水华，夏季易发生蓝藻或裸藻水华，秋季易发生蓝藻水华，冬季无藻类水华暴发风险。

表 6.2 - 3　　　　　　　　　　浮游植物不同季节物种数和多样性

季　节	总物种数	单站物种数	Shannon - Wiener 指数	Pielou 均匀度指数
春季	45	13.4	1.59	0.38
夏季	63	19.9	2.24	0.50
秋季	63	14.8	1.76	0.43
冬季	26	5.2	1.09	0.63

表 6.2－4			浮游植物不同类群丰度组成比例		%
季　节	硅　藻	蓝　藻	绿　藻	甲　藻	隐　藻
春季	35.68	4.22	14.88	7.16	36.69
夏季	6.21	30.19	24.77	3.79	27.84
秋季	10.45	68.28	10.75	0.89	8.68
冬季	74.12	3.21	11.11	0	11.43

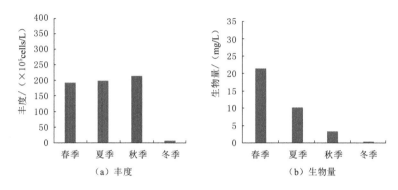

（a）丰度　　　　　　　　　　（b）生物量

图 6.2－22　浮游植物不同季节的丰度和生物量

6.2.1.3　浮游动物变动特征

1. 种类组成

2018—2019 年期间黄金河支流库湾 4 次调查共检出浮游动物 123 种，其中原生动物 38 种，轮虫 54 种，枝角类 18 种，桡足类 13 种。常见种（出现频次高于 50%）为侠盗虫属（*Strobilidium* sp.）、广布多肢轮虫（*Polyarthra vulgaris*）、疣毛轮属（*Synchaeta* sp.）、前节晶囊轮虫（*Asplanchna priodonta*）、钟虫属（*Vorticella* sp.）、纤毛虫未定种、暗小异尾轮虫（*Trichocerca pusilla*）和萼花臂尾轮虫（*Brachionus calyciflorus*）。优势种（优势度 $Y > 0.01$）为侠盗虫属、纤毛虫未定种、暗小异尾轮虫、广布多肢轮虫、钟虫属、小单环栉毛虫和疣毛轮属。就密度组成比例来看（图 6.2－23），原生动物占 71.59%，轮虫占 28.33%，枝角类占比小于 0.01%，桡足类占 0.08%。

（1）春季种类组成情况。春季检出浮游动物 56 种，原生动物 18 种，轮虫 22 种，枝角类 10 种，桡足类 6 种。常见种（出现频次高于 50%）为萼花臂尾轮虫（*Brachionus calyciflorus*）、侠盗虫（*Strobilidium* sp.）、小单环栉毛虫（*Didinium balbianii nanum*）、疣毛轮虫（*Synchaeta* sp.）、广布多肢轮虫（*Polyarthra vulgaris*）、纤毛虫未定种、长额象鼻溞（*Bosmina longirostris*）、角突臂尾轮虫（*Brachionus angularia*）、钟虫（*Vorticella* sp.）、裸口虫（*Holophrya* sp.）、螺形龟甲轮虫

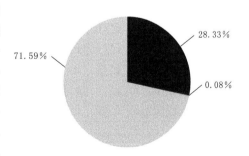

■ 轮虫　　▨ 桡足类　　□ 原生动物

图 6.2－23　浮游动物不同类群
密度组成比例

（*Keratella cochlearis*）、前节晶囊轮虫（*Asplanchna priodonta*）、汤匙华哲水蚤（*Sinocalanus dorii*）和圆形盘肠溞（*Chydorus sphaericus*）。优势种（优势度 Y＞0.01）为侠盗虫、纤毛虫未定种、小单环栉毛虫、裸口虫、钟虫和疣毛轮虫。就密度组成比例来看（图 6.2－24），原生动物占 96.33％，轮虫占 3.66％，枝角类和桡足类占比均小于 0.01％。

（2）夏季种类组成情况。夏季检出浮游动物 57 种，原生动物 22 种，轮虫 25 种，枝角类 5 种，桡足类 5 种。常见种（出现频次高于 50％）为暗小异尾轮虫（*Trichocerca pusilla*）、疣毛轮虫（*Synchaeta* sp.）、裂痕龟纹轮虫（*Anuraeopsis fissa*）、纤毛虫未定种、广布多肢轮虫（*Polyarthra vulgaris*）、侠盗虫（*Strobilidium* sp.）、裂足轮虫（*Schizocerca diversicornis*）、前节晶囊轮虫（*Asplanchna priodonta*）、王氏似铃壳虫（*Tintinnopsis wangi*）、小单环栉毛虫（*Didinium balbianii nanum*）、钟虫（*Vorticella* sp.）、顶生三肢轮虫（*Filinia terminalis*）、长吻虫（*Lacrymaria* sp.）、小三肢轮虫（*Filinia minuta*）和斜口虫（*Enchelys* sp.）。优势种（优势度 Y＞0.01）为暗小异尾轮虫、纤毛虫未定种、广布多肢轮虫、侠盗虫属、疣毛轮属、裂痕龟纹轮虫、钟虫属、王氏似铃壳虫、小单环栉毛虫和长吻虫属。就密度组成比例来看（图 6.2－25），原生动物占 40.46％，轮虫占 59.52％，枝角类占比不足 0.01％，桡足类占 0.02％。

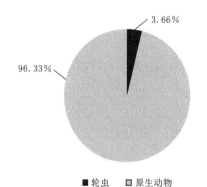

图 6.2－24　春季浮游动物不同类群
密度组成比例

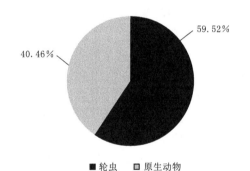

图 6.2－25　夏季浮游动物不同类群
密度组成比例

（3）秋季种类组成情况。秋季检出浮游动物 71 种，原生动物 19 种，轮虫 36 种，枝角类 9 种，桡足类 7 种。常见种（出现频次高于 50％）为广布多肢轮虫（*Polyarthra vulgaris*）、前节晶囊轮虫（*Asplanchna priodonta*）、钟虫（*Vorticella* sp.）、裂痕龟纹轮虫（*Anuraeopsis fissa*）、暗小异尾轮虫（*Trichocerca pusilla*）、前翼轮虫（*Proales* sp.）、萼花臂尾轮虫（*Brachionus calyciflorus*）、裂足轮虫（*Schizocerca diversicornis*）、侠盗虫（*Strobilidium* sp.）、跨立小剑水蚤（*Microcyclops varicans*）、短尾秀体溞（*Diaphanosoma brachyurum*）、轮虫（*Rotaria* sp.）、王氏似铃壳虫（*Tintinnopsis wangi*）、尾突臂尾轮虫（*Brachionus caudatus*）、顶生三肢轮虫（*Filinia terminalis*）、长颈虫（*Dileptus* sp.）和角突臂尾轮虫（*Brachionus angularia*）。优势种（优势度 Y＞0.01）为钟虫、纤毛虫、广布多肢轮虫、暗小异尾轮虫、裂痕龟纹轮虫、侠盗虫、前翼轮虫、王氏

似铃壳虫、尾突臂尾轮虫和长颈虫。就密度组成比例来看（图6.2－26），原生动物占53.54％，轮虫占45.81％，枝角类占0.04％，桡足类占0.61％。

　　（4）冬季种类组成情况。冬季检出浮游动物35种，原生动物10种，轮虫11种，枝角类7种，桡足类7种。常见种（出现频次高于50％）为长额象鼻溞和剑水蚤桡足幼体。优势种（优势度$Y>0.01$）为侠盗虫、纤毛虫未定种、拟聚花轮虫和无节幼体。就密度组成比例来看（图6.2－27），原生动物占61.48％，轮虫占29.40％，枝角类占9.06％，桡足类占0.05％。

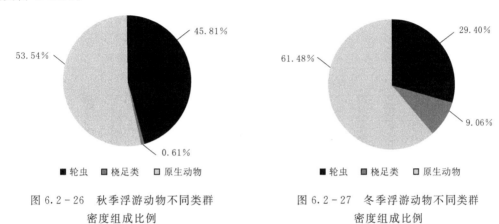

图6.2－26　秋季浮游动物不同类群　　　　图6.2－27　冬季浮游动物不同类群
　　　　　　密度组成比例　　　　　　　　　　　　　　密度组成比例

2. 现存量

　　浮游动物丰度变动区间为8110.03～32839.2ind./L，平均值为18737.95ind./L，最大值出现在G9断面，最小值出现在G11断面；生物量变动区间为1.42～13.62mg/L，平均6.94mg/L，最大值出现在G3断面，最小值出现在C1断面（表6.2－5）。

　　（1）春季现存量。春季浮游动物丰度变动区间为21533.61～101033.63ind./L，平均值为42651.39ind./L，最大值出现在G9断面，最小值出现在G2断面；生物量变动区间为2.08～8.16mg/L，平均值为3.91mg/L，最大值出现在G9断面，最小值出现在G2断面。春季原生动物对密度的贡献比例在所有断面均最高（图6.2－28），就生物量而言，枝角类和桡足类对生物量的贡献微不足道，所有断面的生物量几乎均由原生动物和轮虫贡献（图6.1－29）。

表6.2－5　　　　　　　　　　　不同断面浮游动物现存量

采样断面	丰度/(ind./L)	生物量/(mg/L)	采样断面	丰度/(ind./L)	生物量/(mg/L)
C1	11484.52	1.4160	G6	17558.57	8.6851
C2	20427.32	1.7223	G7	24609.80	10.8501
G1	16817.39	7.5943	G8	23584.86	11.0822
G2	11047.33	4.2443	G9	32839.20	5.8142
G3	26777.11	13.6161	G10	8491.02	2.6702
G4	20058.99	5.7069	G11	8110.03	3.5221
G5	21787.24	13.3203	平均	18737.95	6.9419

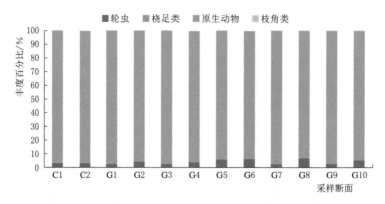

图 6.2-28 春季不同断面浮游动物不同类群丰度比例组成

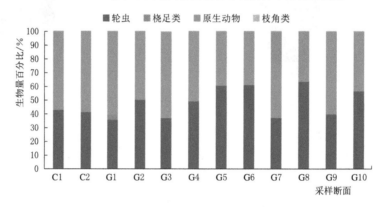

图 6.2-29 春季不同断面浮游动物不同类群生物量贡献比

（2）夏季现存量。夏季浮游动物丰度变动在 3670.1～48000.05ind./L 之间，平均值为 29499.15ind./L，最大值出现在 G5 断面，最小值出现在 G10 断面；生物量在0.50～43.24mg/L 之间变动，平均值为 21.68mg/L，最大值出现在 G3 断面，最小值出现在 G10 断面。夏季枝角类和桡足类对浮游总丰度和总生物量的贡献比例在所有断面均很低，丰度上轮虫在 G1、G3、G5、G6、G7、G8 断面贡献比例较高，而原生动物在 G4、G9、G10、G11 断面上贡献比最高（图 6.2-30）。生物量上所有断面浮游动物的生物量几乎均由轮虫贡献（图 6.2-31）。

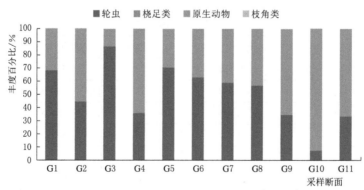

图 6.2-30 夏季不同断面浮游动物不同类群丰度比例组成

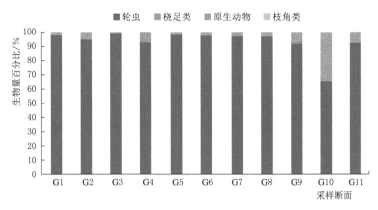

图 6.2-31　夏季不同断面浮游动物不同类群生物量贡献比

（3）秋季现存量。秋季浮游动物丰度变动在 80.1～13828.52ind./L 之间，平均值为 6655.38ind./L，最大值出现在 G8 断面，最小值出现在 C2 断面；生物量变动在0.01～8.27mg/L 之间，平均值为 5.05mg/L，最大值出现在 G4 断面，最小值出现在 C2 断面。秋季 C2 断面原生动物对丰度贡献比例最高，其余断面浮游动物丰度主要由原生动物和轮虫贡献（图 6.2-32）。就生物量而言，桡足类在 G9、G10 断面对生物量的贡献比较高，原生动物在 C2 断面对浮游动物的生物量贡献较高，而其余大部分断面浮游动物的生物量主要由轮虫贡献（图 6.2-33）。

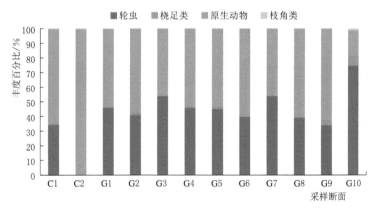

图 6.2-32　秋季不同断面浮游动物不同类群丰度比例组成

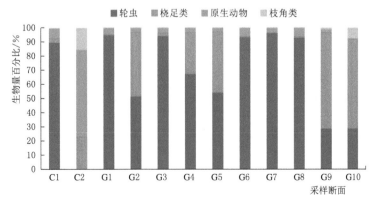

图 6.2-33　秋季不同断面浮游动物不同类群生物量贡献比

（4）冬季现存量。冬季浮游动物丰度变动在 45.33～607.6ind./L 之间，平均值为 163.31ind./L，最大值出现在 G5 断面，最小值出现在 G7 断面；生物量在 0.0025～ 0.57mg/L 之间变动，平均值为 0.11mg/L，最大值出现在 G5 断面，最小值出现在 G3 断面。轮虫对 C2 断面丰度贡献较大，其余断面浮游动物的丰度主要由原生动物贡献（图 6.2-34）。就生物量而言，枝角类对 C1 断面浮游动物生物量贡献较大，桡足类对 G5 断面浮游动物生物量贡献较大，原生动对 G3、G7、G10 断面浮游动物生物量贡献较大，其余断面浮游动物生物量主要由轮虫贡献（图 6.2-35）。

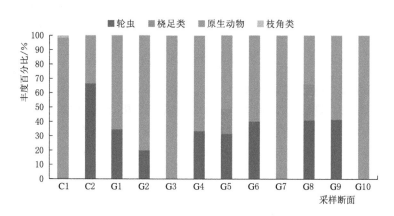

图 6.2-34　冬季不同断面浮游动物不同类群丰度比例组成

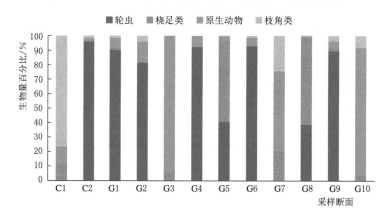

图 6.2-35　冬季不同断面浮游动物不同类群生物量贡献比

3. 多样性

（1）春季。浮游动物单站物种数变动区间为 11～26 种，均值为 18.7；Shannon - Wiener 指数变动区间为 0.93～1.84，均值为 1.31；Pielou 均匀度指数变动区间为 0.18～ 0.54，平均值为 0.35。

（2）夏季。浮游动物单站物种数变动区间为 7～21 种，均值为 17.2；Shannon - Wiener 指数变动区间为 0.61～2.39，平均值为 1.86；Pielou 均匀度指数变动区间为 0.28～ 0.71，平均值为 0.48。

（3）秋季。浮游动物单站物种数变动区间为 3～35 种，均值为 21.2；Shannon - Wiener 指数变动区间为 0.01～2.69，平均值为 2.05；Pielou 均匀度指数变动区间为 0.26～0.71，平均值为 0.46。

（4）冬季。浮游动物单站物种数变动区间为 2～11 种，均值为 5.2；Shannon - Wiener 指数变动区间为 0～1.67，平均值为 0.50；Pielou 均匀度指数变动区间为 0.23～1.0，平均值为 0.55。

综合 2018—2019 年 4 个季度的调查结果，黄金河浮游动物物种数量年内季节分布情况为秋季最多，春、夏季物种数相当，冬季最少。单站出现的物种数为秋季＞春季＞夏季＞冬季，Shannon - Wiener 指数为秋季＞夏季＞春季＞冬季，Pielou 均匀度指数为冬季＞夏季＞秋季＞春季（表 6.2 - 6）。

表 6.2 - 6　　　　　　　　　浮游动物不同季节物种数和多样性

季　节	总物种数	单站物种数	Shannon - Wiener 指数	Pielou 均匀度指数
春季	56	18.7	1.31	0.35
夏季	57	17.2	1.86	0.48
秋季	71	21.2	2.05	0.46
冬季	34	5.2	0.50	0.55

就浮游动物类群组成情况（表 6.2 - 7）来看，黄金河春季原生动物占据绝对优势地位，夏秋季原生动物和轮虫丰度占比相当，冬季原生动物占比略有上升，轮虫丰度占比急剧下降，桡足类占急剧上升。四大类群中原生动物和轮虫两者合计占比在四季中均高达 90% 以上。枝角类和桡足类由于密度水平较低，两者合计占比很低。就浮游动物丰度（图 6.2 - 36）而言，春季最高，夏季次之，冬季最低，就浮游动物生物量而言，夏季最高，秋季次之，冬季最低。

表 6.2 - 7　　　　　　　　　浮游动物不同类群丰度组成比例　　　　　　　　　　%

季　节	原生动物	轮　虫	枝角类	桡足类
春季	96.33	3.66	0	0.007
夏季	40.46	59.52	0	0.016
秋季	53.54	45.81	0.038	0.607
冬季	61.48	29.40	9.06	0.05

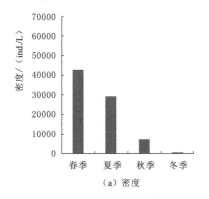
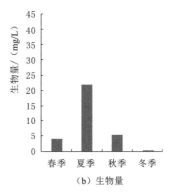

图 6.2 - 36　浮游动物不同季节密度与生物量

综上所述，冬季由于气温低，浮游动物生长受到抑制，现存量处于较低水平，春季由于气温回升，原生动物处于暴发式增长状态，夏秋季水温较高，比较有利于轮虫的生长繁殖，其丰度占比上升，并随着气温下降，轮虫丰度占比大幅下降。

6.2.1.4　附着藻类变动特征

1. 种类组成

2018—2019 年期间黄金河支流库湾 4 次调查共检出附着藻类 71 种，其中硅藻门 22 种，甲藻门 2 种，蓝藻门 13 种，裸藻门 1 种，绿藻门 32 种，隐藻门 1 种。常见种（出现频次高于 50%）为舟形藻（*Navicula* sp.）、菱形藻（*Nitzschia* sp.）、假鱼腥藻（*Pseudanabaena* sp.）、桥弯藻（*Cymbella* sp.）、脆杆藻（*Fragilaria* sp.）、颤藻（*Oscillatoria* sp.）、曲壳藻（*Achnanthes* sp.）和小环藻（*Cyclotella* sp.）。优势种（优势度 Y＞0.01）为曲壳藻、颤藻、舟形藻、鞘丝藻、色球藻、假鱼腥藻、菱形藻、变异直链藻和桥弯藻。就密度组成比例来看（图 6.2-37），硅藻门门占比最高，达 65.81%，其次是蓝藻门，占比 32.12%，绿藻门占比 2.05%，裸藻门与隐藻门占比约 0.02%。

（1）春季种类组成情况。春季检出浮游植物 48 种，其中硅藻门 20 种，绿藻门 15 种，甲藻门 2 种，蓝藻门 9 种，裸藻门 1 种，隐藻门 1 种。常见种（出现频次高于 50%）为小环藻（*Cyclotella* sp.）、舟形藻（*Navicula* sp.）、菱形藻（*Nitzschia* sp.）、脆杆藻（*Fragilaria* sp.）、变异直链藻（*Melosira varians*）、假鱼腥藻（*Pseudanabaena* sp.）、浮丝藻（*Planktothrix* sp.）、波缘藻（*Cymatopleura* sp.）、布纹藻（*Gyrosigma* sp.）和卵形藻（*Cocconeis* sp.）。优势种（优势度 Y＞0.01）为菱形藻、舟形藻、浮丝藻、小环藻、假鱼腥藻、变异直链藻、脆杆藻和色球藻。就密度组成比例来看（图 6.2-38），硅藻门门占比最高，达 62.38%；其次是蓝藻门，占比 31.94%，绿藻门占比 3.51%。

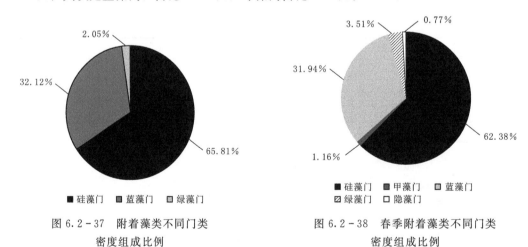

图 6.2-37　附着藻类不同门类　　　　图 6.2-38　春季附着藻类不同门类
　　　　密度组成比例　　　　　　　　　　　　密度组成比例

（2）夏季种类组成情况。夏季检出附着藻类 37 种，其中硅藻门 10 种，绿藻门 14 种，蓝藻门 12 种，裸藻门 1 种。常见种（出现频次高于 50%）为颤藻（*Oscillatoria* sp.）、泽丝藻（*Limnothrix redekei*）、舟形藻（*Navicula* sp.）、菱形藻（*Nitzschia* sp.）、桥弯藻（*Cymbella* sp.）、色球藻（*Chroococcus* spp.）、双对栅藻（*Scenedesmus bijuga*）、微囊藻（*Microcystis* sp.）、假鱼腥藻（*Pseudanabaena* sp.）和鱼腥藻（*Anabeana mucosa*）。优势种（优势度

$Y>0.01$）为颤藻、泽丝藻、色球藻假鱼腥藻、舟形藻、鱼腥藻、鞘丝藻、微囊藻、隐球藻、双对栅藻和桥弯藻。就密度组成比例来看（图 6.2-39），蓝藻门占比 86.14％，绿藻门占比 6.28％，硅藻门占比 7.50％，裸藻门占比 0.08％。

（3）秋季种类组成情况。秋季检出附着藻类 32 种，其中硅藻门 12 种，绿藻门 10 种，甲藻门 1 种，蓝藻门 8 种，裸藻门 1 种。常见种（出现频次高于 50％）为菱形藻（*Nitzschia* sp.）、泽丝藻（*Limnothrix redekei*）、舟形藻（*Navicula* sp.）、颤藻（*Oscillatoria* sp.）、浮鞘丝藻（*Planktolyngbya* sp.）、假鱼腥藻（*Pseudanabaena* sp.）、曲壳藻（*Achnanthes* sp.）、微囊藻（*Microcystis* sp.）和尾丝藻（*Uronema confervicolum*）。优势种（优势度 $Y>0.01$）为颤藻、泽丝藻、菱形藻、微囊藻、尾丝藻、假鱼腥藻、舟形藻、浮鞘丝藻、鞘丝藻和色球藻。就密度组成比例来看（图 6.2-40），蓝藻门占比 72.47％，硅藻门占比 20.45％，绿藻门占比 7.02％。

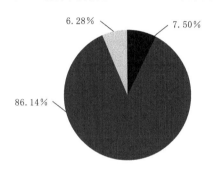

图 6.2-39　夏季附着藻类不同门类
密度组成比例

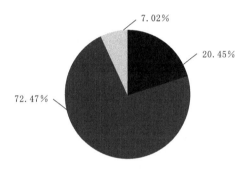

图 6.2-40　秋季附着藻类不同门类
密度组成比例

（4）冬季种类组成情况。冬季检出附着藻类 36 种，其中硅藻门 16 种，绿藻门 12 种，蓝藻门 8 种。常见种（出现频次高于 50％）为舟形藻（*Navicula* sp.）、桥弯藻（*Cymbella* sp.）、菱形藻（*Nitzschia* sp.）、曲壳藻（*Achnanthes* sp.）、颤藻（*Oscillatoria* sp.）、变异直链藻（*Melosira varians*）、异极藻（*Gomphonema* sp.）、脆杆藻（*Fragilaria* sp.）和假鱼腥藻（*Pseudanabaena* sp.）。优势种（优势度 $Y>0.01$）为曲壳藻、颤藻、舟形藻、鞘丝藻、假鱼腥藻、变异直链藻、桥弯藻、菱形藻和异极藻。就密度组成比例来看（图 6.2-41），硅藻门占比 66.23％，蓝藻门占比 31.78％，绿藻门 1.99％。

2. 现存量

附着藻类密度变动在（1.23～18.81）×10⁹ cells/m² 之间，平均值为 3.11×10^{10} cells/m²，最大值出现在 G3 断面，最小值出现在 G8 断面；生物量变动在 2218.69～52738.17mg/m²

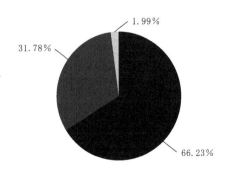

图 6.2-41　冬季附着藻类不同门类
密度组成比例

之间，平均为 14939.48mg/m²，最大值出现在 G3 断面，最小值出现在 G8 断面（表 6.2-8）。

表 6.2-8 不同断面附着藻类现存量

采样断面	密度 /(×10⁵cells/m²)	生物量 /(mg/m²)	采样断面	密度 /(×10⁵cells/m²)	生物量 /(mg/m²)
C1	174378.82	21686.1895	G6	159718.72	5683.1113
C2	523541.25	8640.3199	G7	254880.54	37374.0889
G1	83058.47	2472.6368	G8	12268.43	2218.6858
G2	70278.10	17196.3998	G9	322103.04	8585.6684
G3	1880745.02	52738.1654	G10	112211.33	9899.3616
G4	60369.95	5364.4801	平均	311399.58	14939.4828
G5	83241.25	7414.6864			

（1）春季现存量。春季附着藻类密度变动在（5.68~25.81）×10⁸cells/m²之间，平均值为 1.34×10⁹cells/m²，最大值出现在 G1 断面，最小值出现在 G10 断面；生物量变动在 254.86~4347.94mg/m²之间，平均值为 1586.18mg/m²，最大值出现在 G8 断面，最小值出现在 G2 断面。春季除 G10 断面的附着藻类丰度主要由甲藻门、蓝藻门和硅藻门组成外，其余断面附着藻类丰度主要由硅藻门和蓝藻门贡献，其中 G2、G3 断面的附着藻类丰度主要由蓝藻门贡献，C1、C2、G1、G4、G5、G6、G8、G9 断面附着藻类丰度主要由硅藻门贡献（图 6.1-42）。就生物量而言（图 6.2-43），硅藻门对所有断面的附着藻类生物量贡献比例均最高。

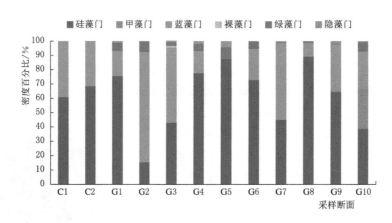

图 6.2-42 春季附着藻类不同门类密度百分比组成

（2）夏季现存量。夏季附着藻类密度变动在（2.46~15.25）×10⁸cells/m²之间，平均值为 8.07×10⁸cells/m²，最大值出现在 G1 断面，最小值出现在 G4 断面；生物量变动在 33.92~2128.14mg/m²之间，平均值为 564.62mg/m²，最大值出现在 G5 断面，最小值出现在 G4 断面。夏季蓝藻门对所有断面附着藻类的密度贡献比例均最高，绿藻门和硅藻门的贡献比例较低（图 6.2-44）。就生物量而言，蓝藻门对生物量贡献比例较高的断面有 G1、G4、G7，绿藻门对 G2、G5 的附着藻类生物量贡献比较高（图 6.2-45）。

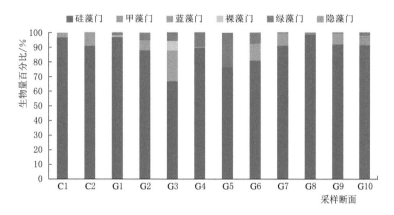

图 6.2-43　春季附着藻类不同门类生物量百分比组成

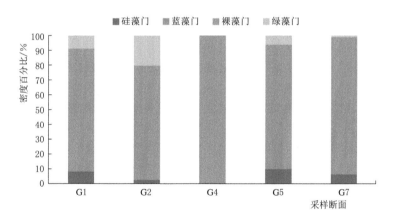

图 6.2-44　夏季附着藻类不同门类密度百分比组成

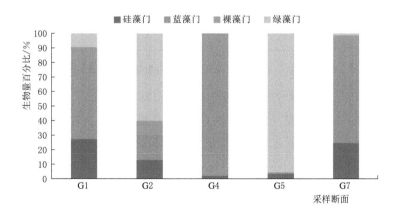

图 6.2-45　夏季附着藻类不同门类生物量百分比组成

（3）秋季现存量。秋季附着藻类密度变动在（1.86~145.30）×10^7cells/m^2 之间，平均值为 4.59×10^8cells/m^2，最大值出现在 G10 断面，最小值出现在 C2 断面；生物量变动在 1.55~802.08mg/m^2 之间，平均值为 157.27mg/m^2，最大值出现在 G10 断面，最小值出现在 C2 断面。秋季绝大部分断面附着藻类的密度主要由蓝藻门贡献，硅藻门贡献的比例在 G1、G7、G8 相对其他门类较高（图 6.2-46）。就生物量而言，蓝藻门对 C1、C2 断面的附着藻类生物量贡献较大，硅藻门对 G1、G3、G6、G7、G8、G10 断面的附着藻类生物量贡献较大。绿藻门对 G2、G5 断面的附着藻类生物量贡献较大（图 6.2-47）。

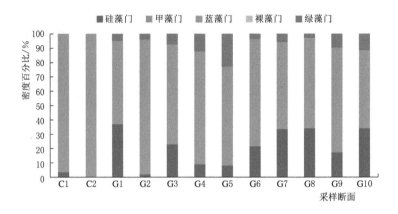

图 6.2-46　秋季附着藻类不同门类密度百分比组成

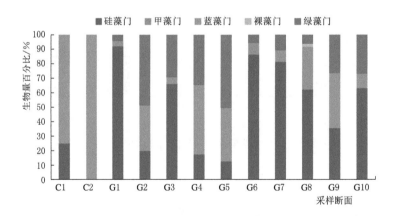

图 6.2-47　秋季附着藻类不同门类生物量百分比组成

（4）冬季现存量。冬季附着藻类密度变动在（1.73~56.20）×10^{10}cells/m^2 之间，平均值为 1.05×10^{11}cells/m^2，最大值出现在 G3 断面，最小值出现在 G4 断面；生物量变动在 8023.26~156840.48mg/m^2 之间，平均值为 51445.00mg/m^2，最大值出现在 G3 断面，最小值出现在 G1 断面。冬季 G1、G2、G3、G5、G7、G10 断面硅藻门密度所占比例相对较高，断面 C2、G4、G6、G9 蓝藻门密度百分比相对较高（图 6.2-48）。就生物量而言，硅藻门对断面 C2、G1、G2、G3、G5、G6、G7、G10 附着藻类生物量贡献相对较大，绿藻门对 C1 断面附着藻类生物量贡献相对较大（图 6.2-49）。

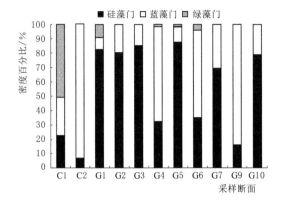

图 6.2-48　冬季附着藻类不同门类
密度百分比组成

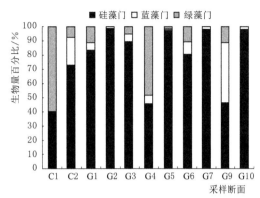

图 6.2-49　冬季附着藻类不同门类
生物量百分比组成

3. 多样性

（1）春季。附着藻类单站物种数在 10～26 种之间变动，均值为 14.4；Shannon-Wiener 指数在 1.39～2.74 之间变动，平均值为 1.96；Pielou 均匀度指数在 0.36～0.68 之间变动，平均值为 0.52。

（2）夏季。附着藻类单站物种数在 6～24 种之间变动，均值为 14.3；Shannon-Wiener 指数在 1.19～2.34 之间变动，平均值为 1.79；Pielou 均匀度指数在 0.28～0.61 之间变动，平均值为 0.47。

（3）秋季。附着藻类单站物种数在 2～15 种之间变动，均值为 9.4；Shannon-Wiener 指数在 0.68～2.15 之间变动，平均值为 1.68；Pielou 均匀度指数在 0.34～0.99 之间变动，平均值为 0.65。

（4）冬季。附着藻类单站物种数在 6～15 种之间变动，均值为 10.4；Shannon-Wiener 指数在 0.62～2.10 之间变动，平均值为 1.46；Pielou 均匀度指数在 0.15～0.65 之间变动，平均值为 0.46。

综合 2018—2019 年期间 4 个季度的调查结果，黄金河春季检出的附着藻类种类数最多，其余季节检查的物种数差异不大。就单站出现的物种数而言，春夏两季相当，秋季最低。就 Shannon-Wiener 指数而言，春季＞夏季＞秋季＞冬季，Pielou 均匀度指数则是秋季＞春季＞夏季＞冬季（表 6.2-9）。就附着藻类门类密度组成情况来看，附着藻类春季以硅藻和蓝藻为主，夏季以蓝藻和隐藻为主，秋冬季以硅藻和蓝藻为主（表 6.2-10）。就附着藻类现存量而言，冬季＞春季＞夏季＞秋季（图 6.2-50）。

表 6.2-9　　　　　　　　　　　附着藻类不同季节物种数和多样性

季　节	总物种数	单站物种数	Shannon-Wiener 指数	Pielou 均匀度指数
春季	48	14.4	1.96	0.52
夏季	37	14.3	1.79	0.47
秋季	32	9.4	1.68	0.65
冬季	36	10.4	1.46	0.46

表 6.2 - 10　　　　　　　　附着藻类不同类群丰度组成比例　　　　　　　　　%

季　节	硅藻门	蓝藻门	绿藻门	甲藻门	隐藻门
春季	62.38	31.94	3.51	1.16	0.77
夏季	7.50	86.14	6.28	0	27.84
秋季	20.45	71.47	7.02	0.05	0
冬季	66.23	31.78	1.99	0	0

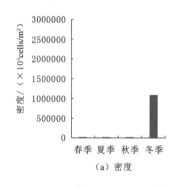
（a）密度

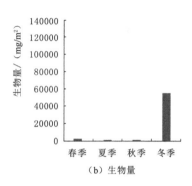
（b）生物量

图 6.2 - 50　附着藻类不同季节密度和生物量

综上所述，冬季比较有利于附着藻类的生长繁殖，气温较低的冬、春季，硅藻密度占比高达 60% 以上；而气温较高的夏秋两季，则比较有利于蓝藻的生长繁殖，其密度占比高达 70% 以上。

6.2.1.5　底栖动物变动特征

1. 种类组成

2018—2019 年期间黄金河支流库湾 4 次调查共记录底栖动物 37 种，隶属于 3 门 5 纲 10 科，其中寡毛类 19 种，水生昆虫 13 种，软体动物 2 种，甲壳动物 2 种，其他类群 1 种。水生昆虫中摇蚊类占据绝统治地位，出现 12 种。常见种（出现频次大于 20%）和优势种（优势度 $Y > 0.02$）均为霍甫水丝蚓、水丝蚓、前突摇蚊和多足摇蚊。就不同类群数量百分比而言，寡毛类占据绝对优势地位，数量百分比高达 66.77%，其次是水生昆虫，占 31.63%，甲壳类、寡毛类数量占比很低（图 6.2 - 51）。

（1）春季种类组成情况。春季（2019 年 3 月）检出底栖动物 19 种，寡毛类 10 种，水生昆虫 8 种，甲壳动物 1 种。其中水生昆虫均是摇蚊类。常见种（频次大于 20%）为前突摇蚊（*Procladius* sp.）和多足摇蚊（*Polypedilum* sp.）。优势种（优势度 $Y > 0.01$）为前突摇蚊、多足摇蚊、摇蚊属（*Chironomus* sp.）和水丝蚓（*Limnodrilus* sp.）。就数量百分比而言（图 6.2 - 52），水生昆虫占比 68.66%；其次是寡毛类，占比 29.85%，甲壳类占比只有 1.49%。

（2）夏季种类组成情况。夏季（2018 年 6 月）检出底栖动物 15 种，其中寡毛类 9 种，水生昆虫（摇蚊类）4 种，软体动物 1 种，其他类群 1 种。常见种（频次大于 20%）和优势种（优势度 $Y > 0.01$）均为霍甫水丝蚓、水丝蚓、多足摇蚊、前突摇蚊、费氏拟仙女虫和管水蚓。就数量百分比而言（图 6.2 - 53），寡毛类占比 69.70%，其次是水生昆虫，占比28.28%，软体动物和其他类群占比各有1.01%。

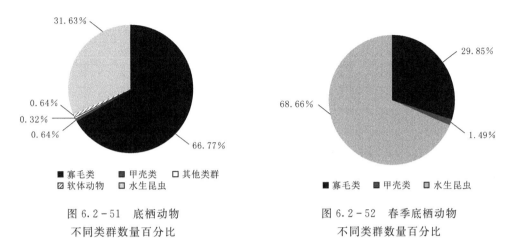

图 6.2-51 底栖动物
不同类群数量百分比

图 6.2-52 春季底栖动物
不同类群数量百分比

（3）秋季种类组成情况。秋季（2018年8月）检出底栖动物21种，其中寡毛类12种，水生昆虫（摇蚊类）8种，甲壳类1种。常见种（频次高于20%）和优势种（优势度Y>0.01）均为霍甫水丝蚓、水丝蚓和多毛管水蚓。就数量百分比而言（图6.2-54），寡毛类占比最高，为82.93%，其次是水生昆虫，占比16.26%，甲壳类占比只有0.81%。

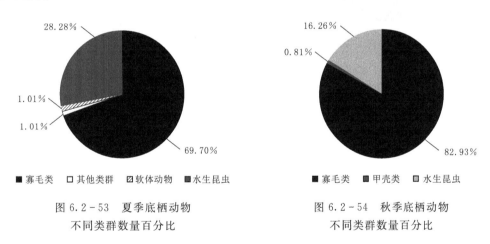

图 6.2-53 夏季底栖动物
不同类群数量百分比

图 6.2-54 秋季底栖动物
不同类群数量百分比

（4）冬季种类组成情况。冬季（2018年12月）检出底栖动物11种，其中寡毛类6种，水生昆虫（摇蚊类）4种，软体动物1种。常见种（频次高于20%）和优势种（优势度Y>0.01）均为水丝蚓、霍甫水丝蚓和隐摇蚊。就数量百分比而言（图6.2-55），寡毛类占比75%；其次是水生昆虫，占比20.83%，软体动物占比只有4.17%。

2. 现存量

就断面情况而言，底栖动物密度在16.00~96.00ind./m² 之间变动，均值为72.58ind./m²；生物量在0.014~0.10g/m² 之间变动，均值为0.09g/m²。就密度而言，G5断面密度最高，C2断面密度最低；就生物量而言，G4断面最高，C2断面最低（表6.2-11）。

表 6.2-11   不同断面底栖动物现存量

断 面	密度/(ind. /m²)	生物量/(g/m²)	断 面	密度/(ind. /m²)	生物量/(g/m²)
C1	26.67	0.8603	G6	59.43	0.0665
C2	16.00	0.0144	G7	67.20	0.0490
G1	74.67	0.0320	G8	64.00	0.0507
G2	70.86	0.0633	G9	68.57	0.0523
G3	75.43	0.0318	G10	93.33	0.0339
G4	88.00	0.1000	平均	72.58	0.0926
G5	96.00	0.0999			

（1）春季现存量。就不同断面而言，春季底栖动物密度在 16～104ind. /m² 之间变动，平均值为 51.05ind. /m²，最大值出现在 G7 断面；生物量在 0.01～0.11g/m² 之间变动，平均值为 0.06g/m²，最大值出现在 G6 断面，最小值出现在 C2 断面。就不同断面而言，大部分断面底栖动物由寡毛类和水生昆虫组成，其中 G3 左、G4 左、G5 右、G5 左、G6 右、G6 左、G7 右以及 G8 左出现的底栖动物全部为水生昆虫，而 G9 右、G9 左和 G10 右出现的底栖动物全部为寡毛类（图 6.2-56）；密度最高的断面为 G7 左，为 144ind. /m²（图 5.2-1），生物量最高的断面为 G6 右，为 0.12g/m²，生物量最低的站位为 G3 右，为 0.003g/m²（图 6.2-57）。

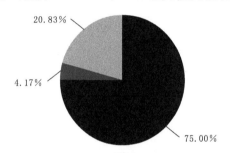

图 6.2-55 冬季底栖动物不同类群数量百分比

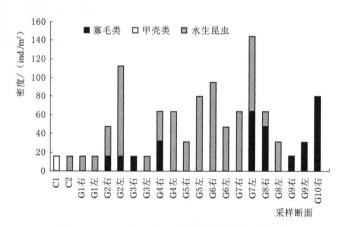

图 6.2-56 春季不同站位底栖动物密度组成

（2）夏季现存量。就不同断面而言，夏季底栖动物密度在 40～144ind. /m² 之间变动，平均值为 88，最大值出现在 G3 和 G10 断面；生物量在 0.01～2.53g/m² 之间变动，平均值为 0.17g/m²，最大值出现在 C1 断面，最小值出现在 G4 断面。就不同断面而言，绝大部分断面底栖动物由寡毛类和水生昆虫组成，少部分断面出现软体动物和其他类群（图6.2-58）；密度最高的断面为 G3 左和 G10 右，为 256ind./m^2，生物量最高的断面为 C1，为 2.53g/m^2，生物量最低的站位为 G5 左，为 0.003g/m^2（图 6.2-59）。相比春季而言，寡毛类对底栖动物的密度和生物量的贡献比例上升。

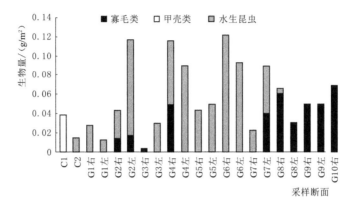

图 6.2-57 春季不同站位底栖动物生物量组成

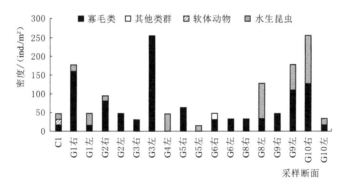

图 6.2-58 夏季不同站位底栖动物密度组成

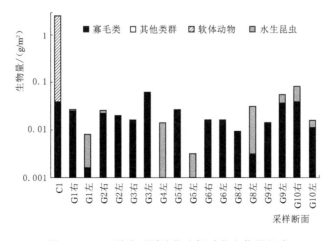

图 6.2-59 夏季不同站位底栖动物生物量组成

（3）秋季现存量。就不同断面而言，秋季底栖动物密度在 48～232ind./m² 之间变动，平均值为 98.4ind./m²，最大值出现在 G5 断面；生物量在 0.01～0.27g/m² 之间变动，平均值为 0.09g/m²，最大值出现在 G5 断面，最小值出现在 G10 断面。就不同断面而言，绝大部分断面底栖动物由寡毛类和水生昆虫组成，只有一个断面出现甲壳类，为 G5 右（图 6.2-60），密度最高的断面为 G5 右，为 352ind./m²（图 6.2-61），生物量最高的站位为 G5 右，为 0.504g/m²，甲壳类贡献对生物量的贡献比很大，生物量最低的站位为 G9 右，为 0.008g/m²（图 6.2-61），寡毛类对底栖动物的密度贡献比很高。

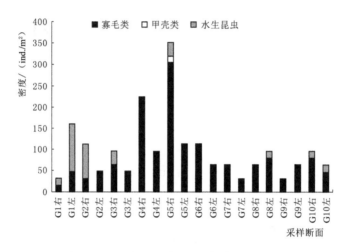

图 6.2-60　秋季不同站位底栖动物密度组成

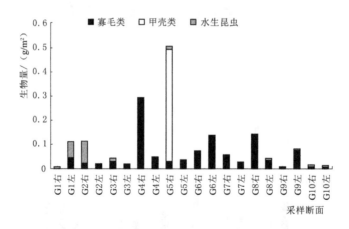

图 6.2-61　秋季不同站位底栖动物生物量组成

（4）冬季现存量。就不同断面而言，冬季底栖动物密度在 16～112ind./m² 之间变动，平均值为 38.4ind./m²，最大值出现在 G9 断面；生物量在 0.003～0.11g/m² 之间变动，平均值为 0.04g/m²，最大值出现在 G9 断面，最小值出现在 G6 断面。就不同站位而言，绝大部分断面底栖动物由寡毛类和水生昆虫组成，只有一个断面出现甲壳类，为 C2 左（图 6.2-62），密度最高的断面为 G9 左，为 112ind./m²，生物量最高的断面为 G9 左，为 0.11g/m²，生物量最低的断面为 G6 左，为 0.0032g/m²（图 6.2-63）。寡毛类对底栖动物的密度和生物量的贡献比很高。

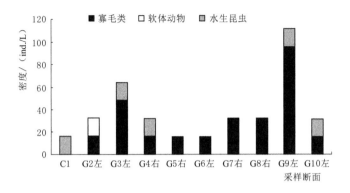

图 6.2-62 秋季不同站位底栖动物密度组成

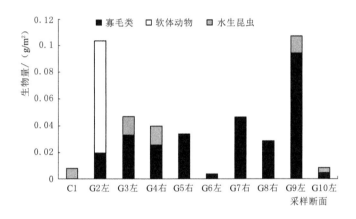

图 6.2-63 冬季不同站位底栖动物生物量组成

3. 多样性

（1）春季。底栖动物单站物种数在 1～5 种之间变动，平均值为 2.1；Shannon - Wiener 指数在 0～1.43 之间变动，平均值为 0.55；Margalef 指数在 0～2.16 之间变动，平均值为 0.77；Pielou 均匀度指数在 0.79～1 之间变动，平均值为 0.96。

（2）夏季。底栖动物单站物种数在 1～6 种之间变动，平均值为 2.7；Shannon - Wiener 指数在 0～1.70 之间变动，平均值为 0.80；Margalef 指数在 0～1.82 之间变动，平均值为 1.08；Pielou 均匀度指数在 0.80～1 之间变动，平均值为 0.94。

（3）秋季。底栖动物单站物种数在 1～5 种之间变动，平均值为 2.5；Shannon - Wiener 指数在 0～1.55 之间变动，平均值为 0.70；Margalef 指数在 0～2.06 之间变动，平均值为 0.91；Pielou 均匀度指数在 0.43～1 之间变动，平均值为 0.92。

（4）冬季。底栖动物单站物种数在 1～4 种之间变动，平均值为 1.7；Shannon - Wiener 指数在 0～1.28 之间变动，平均值为 0.39；Margalef 指数在 0～1.54 之间变动，平均值为 0.66；Pielou 均匀度指数在 0.88～1 之间变动，平均值为 0.98。

综合 2018—2019 年期间 4 个季度的调查结果（表 6.2-12），黄金河秋季检出的底栖动物种类数最多，冬季最少。就单站出现的物种数而言，夏季＞秋季＞春季＞冬季。就 Shannon-Wiener 指数而言，夏季＞秋季＞春季＞冬季。就底栖动物类群组成情况来看，春、秋两季水生昆虫丰度占比较高，而夏、冬季则是寡毛类丰度占比较高，整体而言，底栖动物主要由水生昆虫和寡毛类组成，软体动物、甲壳类和其他类群占比很低（表 6.2-13）。就底栖动物密度而言，秋季＞夏季＞春季＞冬季；就底栖动物生物量而言，夏季＞秋季＞春季＞冬季（图 6.2-64）。

表 6.2-12　　　　　　　　　底栖动物不同季节物种数和多样性

季节	总物种数	单站物种数	Shannon-Wiener 指数	Margalef 指数	Pielou 均匀度指数
春季	19	2.1	0.55	0.77	0.96
夏季	15	2.7	0.80	1.08	0.94
秋季	21	2.5	0.70	0.91	0.92
冬季	11	1.7	0.39	0.66	0.98

表 6.2-13　　　　　　　　　底栖动物不同类群丰度组成比例　　　　　　　　　　%

季节	寡毛类	水生昆虫	甲壳动物	软体动物	其他类群
春季	29.85	69.66	1.49	0	0
夏季	69.70	28.28	0	1.01	1.01
秋季	29.85	68.66	1.49	0	0
冬季	75	20.83	0	4.17	0

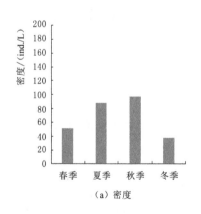
（a）密度

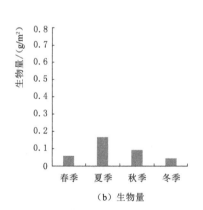
（b）生物量

图 6.2-64　底栖动物不同季节密度与生物量

综上所述，冬季由于气温低不利于底栖动物的生长繁殖，气温较高的夏秋季，底栖动物的现存量处于相对较高的水平。对水生昆虫而言，春季和秋季是其比较重要的繁殖季节，故丰度占比处于相对较高水平。对寡毛类而言，气温较高的夏季由于水体底部缺氧状态的加剧反而利于其生长繁殖，气温较低的冬季，水体底部的溶氧水平处于较低状态，也比较有利于其生长繁殖。综合 4 个季度的情况来看，研究区域底栖动物的生物多样性水平较低，现存量也处于较低的水平，夏秋季的现存量要高于春冬季。

6.2.1.6 渔获物组成特征

综合分析 2018 年 8 月、12 月和 2019 年 4 月开展的渔获物调查（图 6.2－65），共采集了 854 尾鱼类样品，重量为 281.92kg（表 6.2－14）。渔获物统计显示，黄金河的渔获物种类为 29 种，种类数量排名前 10 位的有鳙、鲫、鲢、赤眼鳟、短颌鲚、青梢红鲌、鲂、拟尖头鲌、草鱼、达氏鲌等种类，该 10 个种类的数量占总数量 76.23%。在重量排名前 10 位的有鳙、鲢、赤眼鳟、草鱼、达氏鲌、拟尖头鲌、翘嘴鲌、鲂、鲫、青梢红鲌，该 10 个种类的重量占总量 91.87%，其中鲢和鳙的重量占比高达 58.1%。

黄金河拦网内的渔获物以鲢、鳙为主要种类，在重量和数量上均占据优势，鲢、鳙个体均为较大个体，其次为肉食性的鲌类和杂食性鱼类，还有少量草食性鱼类。总体来看，黄金河水域的鱼类种类数量相对其他支流的种类数较少，与实施拦网养殖，放养大量鲢、鳙进行生态养殖关系密切。

图 6.2－65　代表性渔获物及现场工作照

表 6.2－14　　　　　　　　　黄 金 河 渔 获 物 组 成

编号	种类	数量/尾	数量比例/%	重量/g	重量比例/%	体长范围/mm	体重范围/g
1	鳙	113	13.23	102665.4	36.42	170～585	97.4～3106.0
2	鲢	69	8.08	61111.5	21.68	160～612	64.6～4604.7
3	赤眼鳟	57	6.67	23163.7	8.22	110～413	21.0～1139.8
4	草鱼	50	5.85	17068.9	6.05	125～404	38.7～1223.2
5	达氏鲌	50	5.85	11204.5	3.97	199～342	107.5～560.6
6	拟尖头鲌	52	6.09	10467.9	3.71	176～346	13.9～541.7
7	翘嘴鲌	31	3.63	9033.9	3.20	199～402	96.2～582.3
8	鲂	53	6.21	8821.8	3.13	120～292	37.3～460.2
9	鲫	95	11.12	7906.3	2.80	54～293	5.8～255.5
10	青梢红鲌	55	6.44	7572.1	2.69	100～320	10～527.4
11	鳊	31	3.63	4293.1	1.52	147～335	52.9～615.2
12	鳜	18	2.11	3737.3	1.33	170～302	107.3～574.2
13	鲤	22	2.58	3424.3	1.21	143～281	78.9～448.6
14	贝氏䱗	36	4.22	2539.2	0.90	81～129	5.8～2023.0

编号	种类	数量/尾	数量比例/%	重量/g	重量比例/%	体长范围/mm	体重范围/g
15	大鳞鲃	7	0.82	1419.0	0.50	252～295	175.3～243
16	中华倒刺鲃	5	0.59	1349.0	0.48	164～282	102.8～448.3
17	黄尾鲴	3	0.35	1331.7	0.47	210～367	173.2～949.7
18	短颌鲚	57	6.67	1207.4	0.43	140～287	9.5～81
19	瓦氏黄颡鱼	9	1.05	967.8	0.34	135～298	24.8～312.4
20	胭脂鱼	4	0.47	849.3	0.30	157～253	103～330.9
21	银鲴	3	0.35	495.8	0.18	207～222	148.1～176.3
22	细鳞鲴	5	0.59	326.6	0.12	132～160	32.8～94.3
23	光泽黄颡鱼	19	2.22	280.1	0.10	80～194	4.9～61.1
24	斑鳜	1	0.12	192.2	0.07	213	192.2
25	红鳍鲌	1	0.12	169.0	0.06	246	169
26	蛇鮈	6	0.70	97.3	0.03	83～145	5.8～34.4
27	鲇	1	0.12	82.4	0.03	265	82.4
28	黄颡鱼	1	0.12	80.9	0.03	175	80.9
29	银飘鱼	1	0.12	62.4	0.02	202	62.4

通过对黄金河周年持续性的监测调查，基本摸清了黄金河支流库湾水生态的基本状况。黄金河支流库湾中的总氮、总磷及叶绿素 a 含量峰值和主要水生生物类群浮游植物、浮游动物、底栖动物的生物量峰值，都出现在春、夏季水位下降至最低水位时期。黄金河渔获物组成与库区其他支流的鱼类种类特征不同，黄金河的主要鱼类种类为鲢、鳙，在重量和数量上占据优势（占比接近 60%），这是由实施拦网养殖，放养大量鲢、鳙进行生态养殖所致。

6.2.2 黄金河基于食物网结构与功能调整的生物调控技术研发

6.2.2.1 样品采集与鉴定

工作开展以来分别于 2018 年 6 月、8 月、12 月以及 2019 年 4 月分 4 次在黄金河流域开展了采样调查，监测断面共 10 个，断面覆盖现有电栅栏网区内外，在各断面进行水质、水生生物、着生藻类、水草以及鱼类的稳定同位素样品采集。鱼类样品主要是通过在样点附近设置网具获得，取其背部肌肉，去除骨刺，然后放入离心管密封冷冻保存，带回实验室后 60℃烘干至恒重，利用珠磨式组织研磨器研磨粉碎，干燥保存。在样点采集上、中、下层水混合后，用预烧的 GF/C 滤膜过滤水样获得颗粒有机物 POM（Particulate Organic Matter）样品，冷冻保存，使用 1mol/L 盐酸酸化去除碳酸盐影响，后用去离子水冲洗烘干，充分磨碎。取活体水草的叶片或整株，将其表面附着藻刮洗后，用去离子水反复冲洗 3 次。水生维管束植物样品直接烘干至恒重（60℃，48h）或冷冻干燥。用彼德森采泥器采集沉积物样品和底栖动物样品，底栖动物种类鉴定后被放置于蒸馏水中过夜，让其排空消化道内残留物。为了获得足够的样品分析质量，同一物种的底栖动物被混合在一起，烘干磨碎后干燥保存。用于 $\delta^{15}N$ 分析的沉积物样品使用 1mol/L 盐酸酸化去除碳酸盐的影响。使用 13 号和 25 号浮游生物网收集浮游生物，并将浮游生物样品过滤至预烧的 GF/C 滤膜，烘干磨碎。着生藻类用牙刷刷下经过蒸馏水清洗后过滤至预烧的 GF/C 滤膜，烘干磨碎。所有样品利用稳定同位素比质谱仪测得其碳、氮稳定同位素比值 $\delta^{13}C$ 和 $\delta^{15}N$。分析碳（$\delta^{13}C$）、氮（$\delta^{15}N$）同位素的参照物质分别是 VPDB 和空气中 N_2，标准物质分别是国际上通用的 IAEA – USGS24 和 IAEA – USGS26。

6.2.2.2　稳定性同位素与营养富集特性

营养富集因子（Trophic Enrichment Factor，TEF）由消化与代谢过程中同位素分馏引起，其定义为 $\Delta = \delta_{tissue} - \delta_{diet}$，是消费者组织间与营养来源间的同位素的差异，这是构建贝叶斯混合模型的一个重要前提条件。不同物种间、同一物种不同组织间以及不同营养来源间的 TEF 均有所差异，应用 TEF 后，消费者稳定同位素数据落入由营养来源确定的同位素混合空间中，因此，TEF 的选择以及源矫正，对于稳定同位素质量平衡混合模型的结果分析十分重要。

将捕获的各种鱼类作为黄金河支流库湾区域食物网的核心组分，使用 $\Delta\delta^{15}N = 3.4 \pm 0.50‰$ 和 $\Delta\delta^{13}C = 0.80 \pm 1.20‰$ 对营养来源的稳定碳氮同位素进行矫正。根据各种鱼类的食性，将其食物来源进行整合，形成着生藻类（A）、浮游植物（P）、水草（M）、陆源碎屑（Dt）、内源碎屑（Da）、浮游动物（ZP）、底栖动物（ZB）七类营养来源用于模型构建。TEF 的不确定性（标准误差），通过统计平方公差法（Root – Sum – Squares Error，$RSSE = \sqrt{\sum_{i=1}^{n} \sigma_i^2}$），整合到食物来源同位素的误差中，用来反映数据误差的整体特征。通过同位素比率信息来确定可能的食物资源对混合物（消费者）的贡献范围（表 6.2 – 15）。

表 6.2 – 15　　　　　　　　　食物来源对复合物的缩写代号

外　文　名	中文名	缩写	外　文　名	中文名	缩写
Phytoplankton	浮游植物	P	Hemiculter leucisculus	鳘	HELE
Attached algae	附着藻类	A	Luciobarbus capito	大鳞鲃	LUCI
Aquatic detritus	内源碎屑	Da	Clarias fuscus	鲇	CLFU
Terrestrial detritus	陆源碎屑	Dt	Cyprinus carpio	鲤	CYCA
Zooplankton	浮游动物	ZP	Carassius auratus	鲫	GAAU
Zoobenthos	底栖动物	ZB	Myxocyprinus asiaticus	胭脂鱼	MYAS
Aquatic macrophyte	水草	M	Pelteobagrus vachelli	瓦氏黄颡鱼	PEVA
Ctenopharyngodon idellus	草鱼	CTID	Pelteobagrus fulvidraco	黄颡鱼	PEFU
Parabramis pekinensis	鳊	PAPE	Spinibarbus sinensis	中华倒刺鲃	SPSI
Megalobrama skolkovii	鲂	MESK	Siniperca chuatsi	鳜	SICH
Squaliobarbus curriculus	赤眼鳟	SQCU	Culter alburnus	翘嘴鲌	CUAL
Xenocypris argentea	银鲴	XEAR	Erythroculter dabryi	青梢红鲌	ERDA
Hypophthalmichthys molitrix	鲢	HYMO	Erythroculter oxycephaloides	拟尖头红鲌	EROX
Hypophthalmichthys nobilis	鳙	HYNO	Saurogobio dabryi	蛇鉤	SADA
Coilia ectenes taihuensis	短颌鲚	COEC	Culter dabryi	达氏鲌	CUDA
Xenocypris microlepis	细鳞鲴	XEMI	Culter oxycephaloides	尖头鲌	CUOX
Pelteobaggrus nitidus	光泽黄颡鱼	PENI	Distoechodon tumirostris	圆吻鲴	DITU

　　分析结果显示，各种鱼类的稳定同位素数据落在 7 种食物来源确定的同位素混合空间中，且共线性特征不显著（图 6.2 - 66 和图 6.2 - 67），适合进一步分析消费者的食物来源。

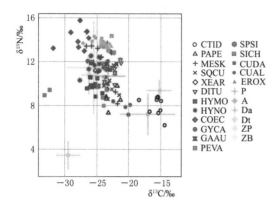

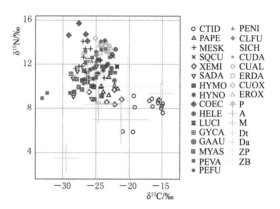

图 6.2 - 66　营养富集因子矫正后的
稳定同位素混合空间（高水位运行期）

图 6.2 - 67　营养富集因子矫正后的
稳定同位素混合空间（低水位运行期）

6.2.2.3　贝叶斯同位素混合模型构建

　　为了能够更客观地反应黄金河支流库湾的食物网结构与特征，结合测量的实际样品同位素值，采用贝叶斯同位素混合模型（Bayesian Isotope Mixing Model，BIMM）进行全河段捕食者的食性预测分析与食物网构建，将基于理论食性数据构建的食物网与基于同位素混合模型预测的食物网进行分析对比。贝叶斯同位素混合模型结构为：一般情况下，一个目标食物网的消费者 i 利用 M_i 资源，元素 j 的稳定同位素比率 N 的测量值取自每个消费者和每个食物来源。

　　X_{ij} ＝观测的消费者 i 的元素 j 的同位素比率值，服从均值为 s_{ij} 和方差为 σ_{ij}^2 的正态分布；

　　s_{ij} ＝消费者 i 的元素 j 的同位素比率值均值；

　　σ_{ij}^2 ＝消费者 i 的元素 j 的同位素比率值残差；

　　$c_{jk_i[m]}$ ＝从食物来源 $k_i[m]$ 到消费者 i（$k_i[m]$ 时消费者 i 的第 m 个资源）的营养链中的元素 j 的营养富集因子；

　　$p_{ik_i[m]}$ ＝消费者 i 的食物来源 $k_i[m]$ 的食性比例；

　　$Q_{jk_i[m]}$ ＝食物来源 $k_i[m]$ 的元素 j 的观测浓度。

　　贝叶斯同位素混合模型公式为

$$X_{ij} \sim N(s_{ij}, \sigma_{ij}^2) \tag{6.2-1}$$

$$s_{ij} = \frac{\sum_{m=1}^{M_i} p_{ik_i[m]} Q_{jk_i[m]} (s_{jk_i[m]} + c_{jk_i[m]})}{\sum_{m=1}^{M_i} p_{ik_i[m]} Q_{jk_i[m]}} \tag{6.2-2}$$

$$c_{jk_i[m]} \sim N(\Lambda_j, \tau_{jk_i[m]}^2) \tag{6.2-3}$$

$$p_{ik_i[1]}, \cdots, p_{ik_i[M_i]} \sim \text{Dirichlet}(\alpha_{i1}, \cdots, \alpha_{iM_i}) \tag{6.2-4}$$

式中：$\alpha_{i1}, \cdots, \alpha_{iM_i}$ 为 Dirichlet 先验参数；Λ_j 和 $\tau_{jk_i[m]}^2$ 为食物网中各营养链中元素 j 营养富

集因子先验分布的均值和方差，营养富集因子在营养链和食物网中有很大差异，但近似地遵循正态分布。模型的准确性则通过比对初始食物网样品的同位素值与模型预测值之间的差异来判断。BIMM 模型拟合使用 R2WinBUGS 包，结合 Mantel 检验分析理论食性数据构建的食性矩阵与基于 BIMM 模型预测的食性矩阵之间的相关性。

模拟结果显示，模型的碳、氮同位素预测值与实际样品的测量值差异很小，数据重合度高，说明模型的预测效果较好（图 6.2-68 和图 6.2-69）。

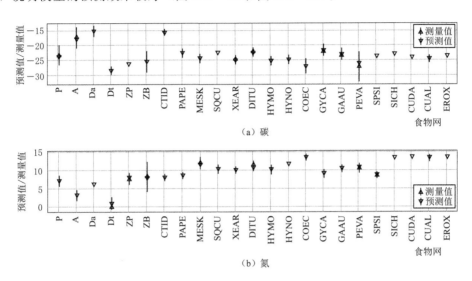

图 6.2-68　贝叶斯同位素混合模型碳、氮同位素预测值与测量值分布（高水位运行期）

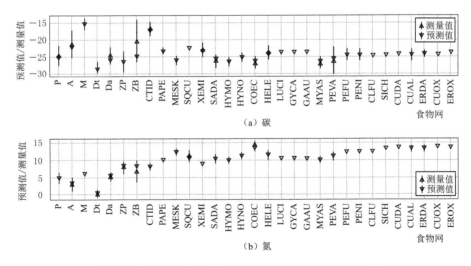

图 6.2-69　贝叶斯同位素混合模型碳、氮同位素预测值与测量值分布（低水位运行期）

6.2.2.4　黄金河食物网能流矩阵与能流依赖解析

基于三峡库区黄金河支流库湾的鱼类食性数据，研究并构建了黄金河区域食物网理论食性矩阵与依赖性矩阵（图 6.2-70 和图 6.2-71）。受三峡水库大幅度、周期性水位调度影响，三峡库区黄金河支流库湾的食物网受水位调度影响较大，因此将其划分为高水位运行期（9月至次年3月）和低水位运行期（每年的4—8月）进行分析。

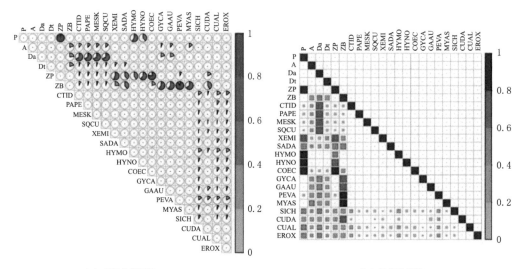

（a）理论食性矩阵　　　　　　　　　　　　　（b）依赖性矩阵

图6.2-70　高水位运行期食物网理论食性矩阵与依赖性矩阵

注　色阶颜色越深，表示食性依赖性越强，下同。

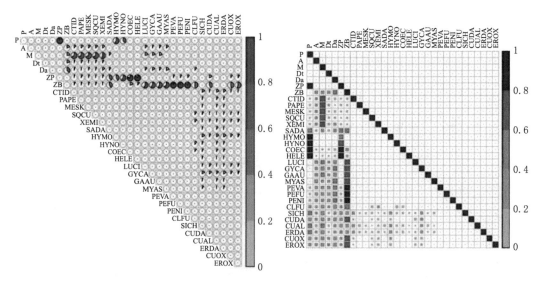

（a）理论食性矩阵　　　　　　　　　　　　　（b）依赖性矩阵

图6.2-71　低水位运行期食物网理论食性矩阵与依赖性矩阵

从高水位运行期间的食性矩阵［图6.2-70（a）］可以看出：内源碎屑、浮游动物、底栖动物、着生藻类是黄金河区域食物网中鱼类的主要食物来源。在低水位运行期间着生藻类、水草、内源碎屑、浮游动物、底栖动物是黄金河区域食物网中鱼类的主要食物来源［图6.2-71（a）］。从食物依赖性矩阵中也可以看出，高水位运行期间黄金河区域食物网中鲢、鳙、短颌鲚对于浮游植物的依赖程度较高，达到90%以上；草鱼、鳊、鲂、赤眼鳟等对内源碎屑的依赖程度较高，达到80%；鲤、鲫、瓦氏黄颡鱼、胭脂鱼、达氏鲌对底栖动物的依赖性最高，达到85%～95%，陆源碎屑、着生藻类的被依赖性相对较低。相对而言，低水位运行期间黄金河区域食物网中鲢、鳙、铜鱼、鳌对浮游植物的依赖程度极高，达到95%以上；草鱼、鳊、鲂、赤眼鳟、细鳞斜颌鲴对内源碎屑的依赖程度较高，达到80%；鲤、鲫、瓦氏黄颡鱼、胭脂鱼、达氏鲌等对底栖动物的依赖性最高，达到85%～95%，陆源碎屑、着生藻类的被依赖性相对较低。

在理论食性矩阵的基础上，构建了基于食性矩阵的黄金河区域的食物网（图6.2-72和图6.2-73）。在构建的食物网络关系中，重点关注的主要指标为食物网组分之间链接的紧密程度，链接的线路越粗即组分之间的紧密程度越高。

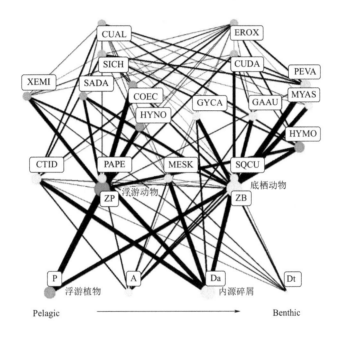

图6.2-72　基于理论食性矩阵的食物网（高水位运行期）

注　线条的粗细和圆点的大小代表种类间营养联系的紧密程度，线条越粗和圆点越大均表示物种间营养联系的紧密度更高，下同。

高水位运行期间，浮游植物、浮游动物、内源碎屑与底栖动物是黄金河支流库湾内食物网的核心组分，有效地链接了生产者与消费者，在整个食物网中的重要性与影响力相对较大；着生藻类、陆源碎屑与其他组分链接程度较低，说明这两种食物源占消费者的食性比例较少，而且在整个网络中的重要性也不高。而鲢、鳙、短颌鲚、鲤、鲫、蛇鮈在食物网中处于次重要地位，与核心组分间的链接程度较高，表明在黄金河支流库湾内食物网中路径间的媒介能力较强。因此，结合图6.2-72的食物网结构图可以发现，黄金河区域食物网主要由2条营养传递途径组成，即由浮游植物、浮游动物到鲢、鳙等初级消费者的浮游食物链与内源碎屑、底栖动物到杂食性鱼类的底栖食物链，浮游食物链相对较强。

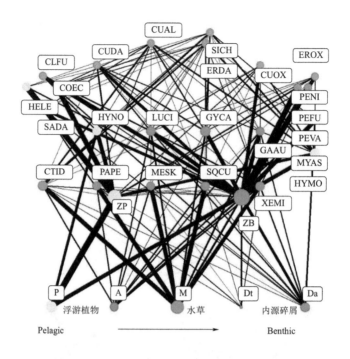

图 6.2-73　基于理论食性矩阵的食物网（低水位运行期）

低水位运行期间，浮游植物、浮游动物、底栖动物、水草是食物网的核心组分，有效地链接了初级生产者与初级消费者，在整个食物网中的重要性与影响力相对较大，着生藻类、陆源碎屑与其他组分链接程度较低，说明这两种食物源占消费者的食性比例较少，而且在整个网络中的重要性也不高。而草鱼、鲂、细鳞斜颌鲴、鲫在食物网中处于次重要地位，与核心组分间的链接程度较高，表明在黄金河支流库湾内食物网中路径间的媒介能力较强。因此，结合图 6.2-73 的食物网结构图可以发现，黄金河区域食物网主要由 3 条营养传递途径组成，即一是浮游食物链，由浮游植物、浮游动物到鳌、短颌鲚、鲌；二是草食牧食链，由水草到草鱼、鲂、鳊；三是底栖食物链，由内源碎屑、底栖动物到杂食性鱼类（黄颡鱼、鲤、鲫），浮游食物链相对较强。

6.2.2.5　基于 BIMM 模型的食性网络预测

将原始测量的样品同位素实测值带到贝叶斯同位素混合模型（BIMM）中进行食物网内各组分的食性分析预测，从而构建了如图 6.2-74 和图 6.2-75 所示的高、低水位运行期间黄金河支流库湾的食性矩阵与食物网。

首先分析理论食性矩阵与基于贝叶斯同位素混合模型预测的食性矩阵间的相关性，结果表明：两个食性矩阵具有显著相关性（$P<0.001$，图 6.2-76 和图 6.2-77），由此说明贝叶斯同位素混合模型预测的食物网中各消费者的食性与理论食性具有较高的一致性。其次，BIMM 模型预测的食性矩阵表明：浮游动物与底栖动物是黄金河区域食物网中鱼类的主要食物来源，然后是水草与内源碎屑等，这与理论食性矩阵一致。最后，从 BIMM 模型预测的食物网结构可以看出，高水位运行期间，从浮游动物、浮游植物到杂食性鱼类的浮游食物链在整个食物网中具有主导性，而从内源碎屑、底栖动物最后到杂食性鱼类的底栖食物链相对

重要性较低，鲢、鳙、浮游动物在浮游食物网中有较高的链接度，表明基于食性数据的理论食物网与 BIMM 模型预测的食物网总体吻合度很高。低水位运行阶段，浮游食物链相对较强，从浮游植物、浮游动物到杂食性鱼类的浮游链在整个食物网中具有主导性，而从内源碎屑、底栖动物最后到杂食性鱼类的底栖食物链相对重要性较低，水草到草鱼、鲂等草食性鱼类的草食牧食链相对重要性也较低，草鱼、浮游动物、底栖动物在食物网中有较高的链接度，表明基于食性数据的理论食物网与 BIMM 模型预测的食物网总体吻合度很高。

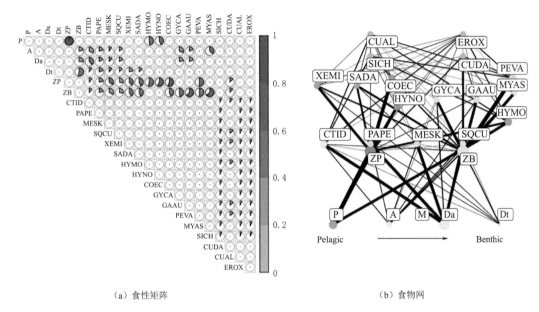

（a）食性矩阵　　　　　　　　　　　　（b）食物网

图 6.2-74　基于贝叶斯同位素混合模型预测的食性矩阵和食物网（高水位运行期）

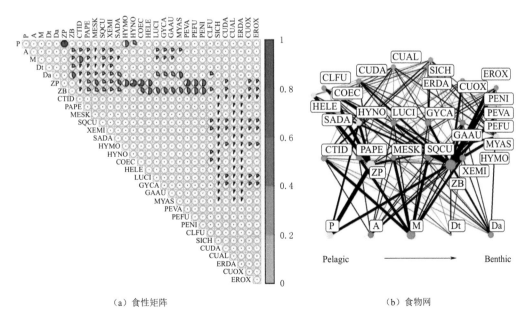

（a）食性矩阵　　　　　　　　　　　　（b）食物网

图 6.2-75　基于贝叶斯同位素混合模型预测的食性矩阵和食物网（低水位运行期）

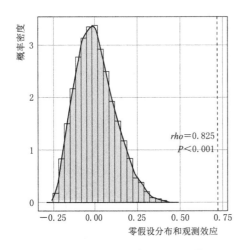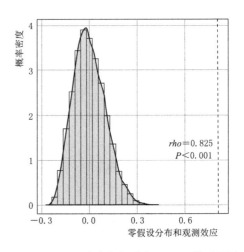

图 6.2 - 76 理论食性矩阵与 BIMM 模型预测 的食性矩阵相关性分析（高水位运行期）　　图 6.2 - 77 理论食性矩阵与 BIMM 模型预测 的食性矩阵相关性分析（低水位运行期）

6.2.2.6 黄金河食物网结构与功能总体特征

营养级是生态系统营养动力学研究的核心概念，是揭示生态系统结构与功能的基础；同时营养级是一个连续性变量，蕴含了种群的动态变化和捕食关系，为研究营养级之间的相互关系以及生态系统能量传递和传递效率提供重要构架。

由于初级生产力的变化以及外源物质输入和消费者的迁移活动，湖泊、河流中鱼类种群之间的营养关系也会受到季节性水位波动的影响，三峡库区黄金河支流库湾的鱼类在高水位运行期的营养级要大于低水位运行期，主要是由于低水位运行期的动物性饵料增多的缘故。低水位运行期间库湾内的鱼类活动范围受到约束，种群密度增大，捕食等相互作用的活动加强，致使肉食性鱼类增加，因而导致捕食者的营养级增大。在黄金河中，低水位运行期鱼类的生物量主要依赖浮游植物、浮游动物、底栖动物、水草等内源性碳源。

虽然高水位运行期鱼类种类数以及多样性指数大于低水位运行期，但因为水域面积加大使得鱼类活动范围更加分散，被捕食的风险降低，捕食等相互作用减弱。随着水位升高，鱼类活动范围变大，食物来源更加丰富，内源碎屑的贡献比例增大，陆源碎屑对鱼类的贡献率减小，更偏向摄食水体内部的食物源。

6.2.3　黄金河食物网结构与功能优化调整需求

近年来稳定同位素技术在水域生态系统研究中应用广泛，自然界的同位素作为天然的化学示踪物，其分馏效应能指示生物体的物质循环和能量流动信息。食物网营养结构是生态系统营养动力学研究的基础，是水域生态系统中评估和监测生态系统动态、生物多样性变化和渔业可持续性发展的重要指标。运用稳定同位素技术开展水域食物网结构研究在国内外发展迅速，是目前研究生态系统结构和功能的重要手段之一，其研究重点在于确定食物网的基础碳源、营养级以及生物间的营养关系等，亮点在于食物网能流矩阵和能流依赖等。通常来说，良好的水生态系统需要稳定的食物网结构，形成的食物链功能可以最大限度地发挥食物链功能，最终形成良好的水体自我净化效果。因此，复杂多样的食物网，长度较长的食物链并形成较大种群规模的生物类群，不发生缺失并尽量减少冗余现象，将会充分发挥食物网功能，有利于形成稳定的水生态系统。

基于 BIMM 模型的食物网诊断发现，高水位运行期间内源碎屑、浮游动物、底栖动物、着生藻类是黄金河区域食物网中鱼类的主要食物来源，低水位运行期间水草、内源碎屑、浮游动物、底栖动物、着生藻类是黄金河区域食物网中鱼类的主要食物来源。高、低运行水位期间的食性矩阵均显示，内源碎屑、浮游动物和底栖动物在食物来源中占了较高比例，其中内源碎屑主要是随水体带入，为水域鱼类的食物来源提供了丰富营养。浮游动物以原生动物和轮虫为主，枝角类和桡足类均被鱼类作为食物来源给消耗掉了。底栖动物无论在低水位还是高水位运行期间均为鱼类的主要食物来源，均处于较高的捕食压力下。结合底栖动物水生态调查结果显示，底栖动物的生物量和密度均比较单一，受到的捕食压力较大。相比浮游动物（指原生动物和轮虫）和底栖动物较大的捕食压力，浮游植物在食物网的食性依赖相对较低，因此，黄金河支流库湾食物网路径的主要问题是捕食浮游植物、内源碎屑和小型浮游动物（指原生动物和轮虫）的鱼类种类和数量不足，需要增加捕食这些营养物质的鱼类种类数量。

针对黄金河支流库湾食物网存在的主要问题，鱼类生物调控技术主要从以下三个方向进行（图 6.2 - 78）。

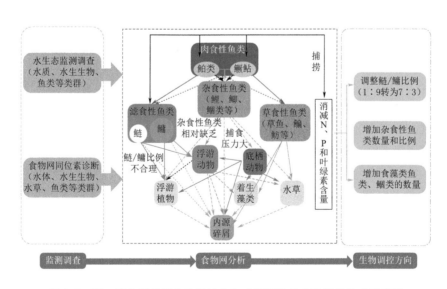

图 6.2 - 78　黄金河基于食物网结构和功能调整的生物调控技术示意图

（1）调整鲢/鳙比例，增加滤食性鱼类鲢的种群数量，这对应食物网诊断中发现的食浮游植物种类不足问题。鲢的主要食性为浮游植物，增加鲢群体的数量将有利于削减库湾水体中的浮游植物含量，改善水体富营养化水平。黄金河 2016—2020 年放养鱼类中，鲢占比不足 10％，渔获物监测数据也表明鲢种群数量不高，在食物网中的生态位作用并未充分发挥，可能造成水体富营养化水平的吸收和削减力度不够。根据大量鲢、鳙对藻类水体浮游植物的吸收研究成果，多数研究认为鲢、鳙比例为 7∶3 时较为适宜，可较好地发挥鲢、鳙对浮游生物的吸收转化作用。

（2）增加杂食性鱼类鲤和鲫的比例，这对应于食浮游植物、内源碎屑和小型浮游动物（原生动物和轮虫）的鱼类数量不足问题。鲤、鲫鱼的食性比较广泛，可以削减浮游植物、浮游动物和内源碎屑中的营养物质。

（3）增加摄食藻类的鲷类种群数量，这对应于食物网中着生藻类是库湾中的主要食物来源，增加鲷类种群数量，可以吸收黄金河支流库湾水体中的着生藻类，削减水体富营养化水平，还可以提高水体透明度。

6.3　黄金河库湾水体富营养生物调控技术野外试验研究

6.3.1　野外原位试验围隔设置

生物调控试验位于重庆市忠县佑溪村黄金河流域。试验水域选择在水体流速缓慢的回水区（N30°19′53″，E108°02′41″），该回水区受周边居民生活污水及农业灌溉退水的影响，

水体富营养化较严重，为三峡库区典型的受污染水域。生物调控试验水上试验区由铁架搭建而成，试验区长 12m、宽 5m，在试验区外围共用 10 个体积约 500L 的浮桶提供浮力，整个试验区划分为 10 个独立的区域，各区域间使用钢管和木板连接，每个区域安置一个体积为 8m³（2m×2m×2m）的围隔，围隔用不透水型帆布和透水型拦网制成的围隔组成（图 6.3−1）。围隔设立 3 个处理组，分别为 A 组、B 组和 C 组，以及对照组 CK，每组设立 3 个围隔，

图 6.3−1　生物调控原位试验围隔

1 个共同的空白对照，围隔 0 位于对照组，1～3 号围隔位于 A 组，4～6 号围隔位于 B 组，7～9 号围隔位于 C 组。A 组代表不透水型帆布围格，B 组代表大网眼透水型围格，C 组代表小网眼透水型围格。

在试验鱼类选择上，因黄金河底栖动物的生物量和密度相对于浮游植物、浮游动物和着生藻类均相差至少一个数量级，其释放到水体中的生物量相对稀少，且底栖动物多存活于水深较浅水域，因此，底栖动物对水体富营养化影响处于非常次要的水平，本研究暂不予以考虑。围隔中以滤食性鲢、鳙鱼类为主，配以不同的密度和配比，以杂食性和碎屑食性鱼类为辅，试验围隔设置见表 6.3−1，试验鱼类均采用 PIT 标记逐尾记录和区分，记录其重量（图 6.3−2）。试验周期从 2019 年 11 月至 2020 年 1 月，以及 2020 年 5—11 月。鱼类死亡或者逃逸后，后续及时补充进来，并对围隔内鱼类生长情况、水体中的叶绿素 a 浓度及浮游动植物等指标进行持续跟踪监测与分析。

表 6.3-1 　　　　　　　　　　　　　　试 验 围 隔 设 置

围隔编号	生物量/g			密度/(g/m³)	围隔类型
	鲢	鳙	鲤/鲫/鲴类		
1	335	144	51	60	不透水型帆布
2	447	191	68	80	
3	560	239	85	100	
4	338	145	50	60	透水型拦网（大网眼）
5	449	193	67	80	
6	562	241	83	100	
7	340	146	48	60	透水型拦网（小网眼）
8	452	194	64	80	
9	565	243	80	100	
0	—	—	—	—	空白对照

（a）试验鱼（鳙）

（b）PIT标记植入

（c）PIT标记的检测

（d）PIT标记植入现场

图 6.3-2　试验围隔的鱼及其 PIT 标记植入现场

6.3.2　围隔内原位试验鱼类生长状况

　　基于对围隔中试验鱼类的生长状况的持续性监测成果，A 组（不透水型，1～3 号围隔）中的生物试验显示，4 种试验鱼类生长均出现了先增长后显著下降的趋势（图 6.3-3），其中，鲢、鳙的生长情况显示在前期的 20d 内呈现显著增长，后期迅速下降，直到大部分个体死亡；鲤、鲫鱼的生长情况，前期仅显示了缓慢增长，后期迅速下降，直到大部分个体死亡。由于该围隔均为帆布型不透水围隔，围隔中的水体不流动，故前期鱼类生长迅速，后期因水温较高

（通常超过 28℃）和水质恶化后，超过了试验鱼类的承受能力，导致了集体死亡。

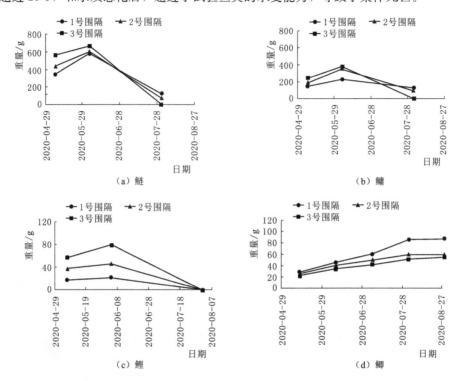

图 6.3-3　试验围隔（1～3 号）的鱼类生长趋势图

　　B 组（大网眼透水型，4～6 号围隔）中的生物试验显示，4 种试验鱼类生长均出现了先增长后趋为平稳的走势（图 6.3-4）。鲢、鳙的生长过程显示在 5—9 月期间均呈现显著增长，后期 9—11 月期间生长下降至渐趋平稳；而鲤和鲫的生长，总体上呈现了缓慢增长到达平稳期。鲢和鳙相比而言，鲢的增长率显著高于鳙，鲢增长率为 116.64％～582.96％，鳙增长率为 99.79％～320.43％。同时，鲢生长的增长率在 4 号、5 号和 6 号围隔分别为 582.96％、321.47％和 116.64％，鳙生长的增长率在 4 号、5 号和 6 号围隔分别为 320.43％、122.55％和 99.79％，均表现为鲢、鳙生长的增长率随鱼类密度增加逐步下降，受密度影响显著。杂食性鱼类鲤先期增长较快，后期趋于平稳；鲫先期呈现下降趋势，后期开始增长，最后逐步趋于平稳的总体趋势。不同密度的围隔对比显示，鲤和鲫的增长率随投放鱼苗密度增加而下降。

　　C 组（小网眼透水型，7～9 号围隔）中的生物试验显示，4 种试验鱼类生长均出现了先增长后趋为平稳的态势（图 6.3-5）。鲢、鳙的生长显示在 5—9 月期间均呈现显著增长，9—11 月生长出现下降并渐趋平稳；而鲤和鲫的生长，总体上仅显示了缓慢增长。鲢和鳙相比而言，鲢的增长率显著高于鳙，鲢增长率为 176.55％～372.07％，鳙增长率为 101.19％～113.30％。同时鲢、鳙生长的增长率在 7 号、8 号和 9 号围隔分别为 372.07％、268.01％和 176.55％，113.30％、93.90％和 83.07％，并显示鲢、鳙生长的增长率随鱼类密度增加逐步下降。杂食性鱼类鲤先期增长较快，后期趋于平稳；鲫先期呈现小幅下降、后期开始增长并逐步趋于平稳的总体走势。不同密度的围隔对比显示，鲤和鲫的增长率随种群密度增加而下降。

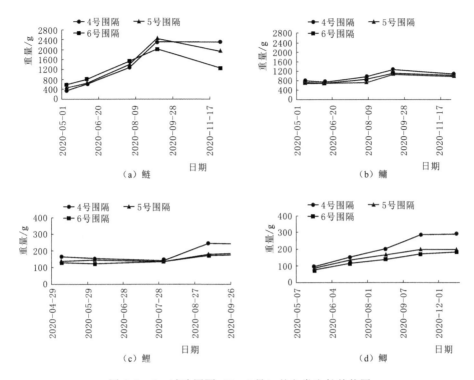

图 6.3-4　试验围隔（4～6 号）的鱼类生长趋势图

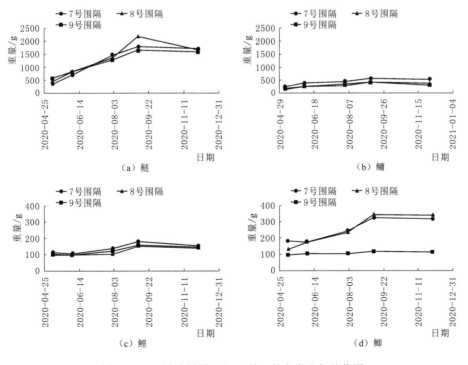

图 6.3-5　试验围隔（7～9 号）的鱼类生长趋势图

围隔中鱼类生长对比显示了帆布型围隔中的试验鱼类在 5—7 月期间，受水质和水温影响较大，造成了前期生长迅猛，后期死亡量大且自身无法生长，也无法净化水质。而透水型围隔中的试验鱼类因水流交换，致使鱼类生长较快，死亡率低，但是种群密度增加后，鱼体生长速度将受到抑制。鲢、鳙生长对比显示鲢增长速度高于鳙，密度对比分析显示 $60g/m^3$ 和 $80g/m^3$ 对其生长均较好，并不存在显著差异，而 $100g/m^3$ 的密度过高，鱼类的生长将受到较大抑制。

6.3.3　围隔中鱼类对浮游生物的影响

对围隔中的浮游植物来说，5 月、8 月和 9 月分别检出浮游植物 51 种、69 种和 47 种，其中 A 组浮游植物以蓝藻门为主，其百分比在 5 月、8 月和 9 月分别为 66.31%、91.48% 和 74.96%；B 组浮游植物以隐藻门为主，其百分比在 5 月、8 月和 9 月分别为 58.88%、56.29% 和 74.29%；C 组浮游植物在 5 月以隐藻门为主，8 月和 9 月以蓝藻门为主，对照组 CK 组在 5 月以隐藻门为主，8 月和 9 月以蓝藻门为主。就浮游植物各门类的丰度比例组成随时间的变化情况来看，A 组浮游植物优势门类由蓝藻转换为绿藻，B 组、C 组和 CK 组由隐藻门转换为蓝藻门（图 6.3-6）。

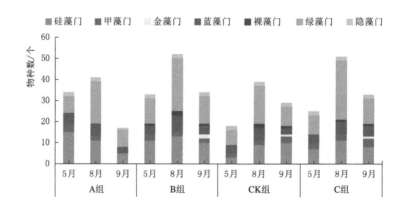

图 6.3-6　浮游植物各类群物种组成

综合 5 月、8 月和 9 月的围隔监测结果来看，发现 A 组浮游植物丰度在 5 月处于最低水平，8 月呈现暴发式增长，达到 107，9 月又急剧减少；生物量上则是 5 月处于极低水平，8 月急剧增长，9 月又急剧减少。B 组浮游植物丰度在 8 月和 9 月成 2~3 倍增长，生物量上 5 月和 8 月较为接近，但 9 月急剧下降。C 组浮游植物丰度和生物量变化趋势与 B 组较为接近，丰度在 8 月和 9 月成 2~4 倍增长，生物量上 5 月和 8 月较为接近，但 9 月急剧下降。CK 组浮游植物丰度在 8 月和 9 月成 3~4 倍增长，生物量上 5 月和 8 月较为接近，但 9 月急剧下降。总之，A 组浮游植物丰度在 8 月短暂呈级数暴发式增长后又急剧下降，B 组、C 组、CK 组浮游植物丰度在 8 月成倍数增长后，进入 9 月急剧下降，且丰度水平在几个月份中均较为接近。生物量上 A 组在 5 月处于最低水平，进入 8 月远高于其他各组，9 月又急剧下降到各组最低，其他各组生物量8月相较9月增长不多，但进入9月后也急剧下降，且各组生物量水平较为接近（图6.3-7）。

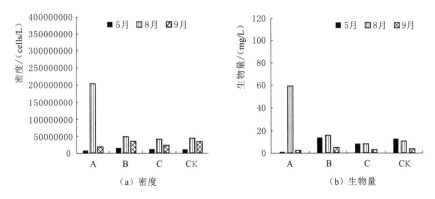

图6.3-7 浮游植物现存量随时间的变化趋势

对于围隔中的浮游动物而言，将原生动物、轮虫、枝角类、桡足类和无节幼体作为一个整体考虑，发现A组浮游动物密度在5月处于最低水平，8月密度暴发式增长，这与原生动物和轮虫种群数量急剧增长有关，9月又急剧减少。生物量上则是5月处于极低水平，8月急剧增长，9月相较8月虽然密度有所下降但生物量仍稳步增长，这与枝角类、桡足类以及无节幼体种群急剧增长有关。其他各组如B组、C组、CK组浮游动物的密度和生物量则随时间稳步下降（图6.3-8）。

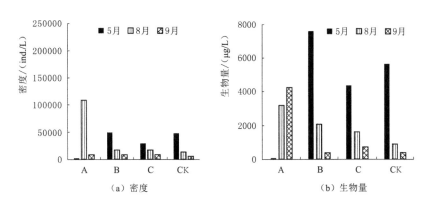

图6.3-8 各组群浮游动物现存量随时间的变化趋势

通过3个月的持续观测，发现A组藻类在5月以蓝藻为主，8月和9月转变为以绿藻为主，丰度和生物量在8月达到高峰，9月又急剧下降，与此同时，浮游动物丰度在8月与浮游植物同步急剧增长，9月也急剧下降。B组、C组和CK组在5月藻相较好，以隐藻为主，丰度不高，但进入8月和9月后转变为以蓝藻为主，虽然丰度和生物量低于A组，但也达到10^7水平，有暴发藻类水华的风险。与之形成对比的是A组浮游植物丰度在8月达到10^8水平，形成绿藻水华，但9月迅速下降到10^7水平，且浮游动物转变为以大个体的枝角类和桡足类等浮游甲壳动物为主，表明浮游动物有效地控制住了浮游植物现存量的增长。B 组、C 组和 CK 组的浮游动物丰度和生物量则随时间呈下降趋势，其对浮游植物的控制作用减弱，从长远趋势来看，B 组、C 组和 CK 组暴发蓝藻水华的风险较高（图 6.3 - 9）。

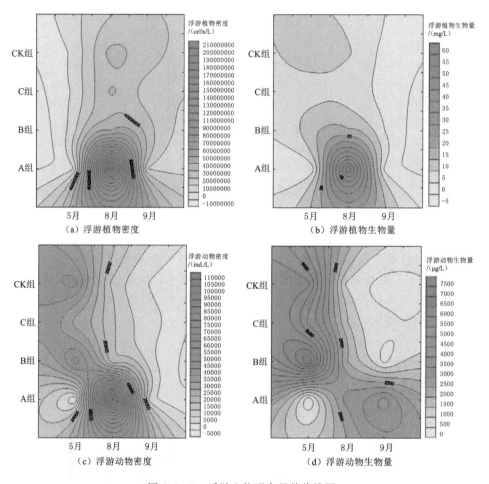

（a）浮游植物密度　　　　　　　　　　　　（b）浮游植物生物量

（c）浮游动物密度　　　　　　　　　　　　（d）浮游动物生物量

图 6.3 - 9　浮游生物现存量等值线图

6.3.4　围隔中鱼类对水体叶绿素 a 含量的削减

围隔试验的监测结果显示，A 组（1～3 号围隔）生物组合对叶绿素 a 的削减率比较高，均在 90% 以上。但是，A 组因围隔不透水，水流无法交换，导致后期围隔内的水质恶化，富营养化水平显著上升（图 6.3 - 10）。由此可见，不透水型围隔对叶绿素 a 削减率的维持时间较短（约 60d）。

B 组（4～6 号围隔）大网眼透水型围隔对叶绿素 a 的平均削减率为 7.07% ～ 15.57%，其中，4 号围隔（密度为 60g/m³）对叶绿素 a 的削减率为 9.95%～10.05%，5 号围隔（密度为 80g/m³）对叶绿素 a 的削减率为 12.83%～24.16%，6 号围隔（密度为 100g/m³）对叶绿素 a 的削减率为 6.79%～46.30%（图 6.3 - 10）。

C组（7～9号围隔）小网眼透水型围隔对叶绿素 a 的平均削减率为 3.97％～35.07％，其中，7 号围隔（密度为 60g/m³）对叶绿素 a 的削减率为 5.69％～67.35％，8 号围隔（密度为 80g/m³）对叶绿素 a 的削减率为 13.51％～59.14％，9 号围隔（密度为 100g/m³）对叶绿素 a 的削减率为－5.10％～42.86％（图 6.3－10）。

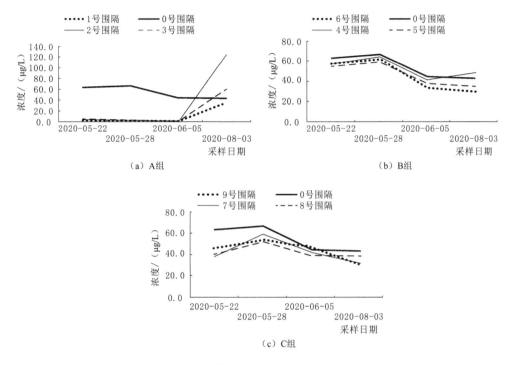

图 6.3－10　各围隔试验的叶绿素 a 含量的动态变化

原位试验分析显示，A 组不透水型围隔叶绿素 a 削减效果最好，但持续周期相对较短，在三峡库区大规模的推广并不具有可行性。B 组和 C 组的透水型围隔对叶绿素 a 削减效果总体上均出现先升高后下降的走势，个别围格出现了比对照组还高的现象，可能与围隔透水造成短期内水流流动有关。从密度来看，B 组和 C 组的透水型围隔中，叶绿素 a 的削减效果不完全一致，有波动现象，但是密度为 80g/m³ 的 5 号和 7 号围隔中，其叶绿素 a 的削减率相对稳定，均高于 10％，说明该密度的鲢、鳙配比效果相对较好，可作为后续示范的主要参考。

6.3.5　生物调控原位试验主要效果

综上，以黄金河支流库湾围隔原位试验为平台，开展了鱼类种类、比例和密度的生物原位试验，综合鱼类生长、对浮游生物影响及对叶绿素 a 的削减效率来看，以鲢鳙为主（比例为 7∶3）、密度为 80g/m³ 的组合取得的效果相对较好，比较适合黄金河库湾的生物调控技术示范及应用。生物调控因其鱼类种类可获得性强、富营养化削减效果较好、可采用拦网形式进行大规模推广应用，具有较高的经济价值，总体上呈现出较好的生态效益、较大的经济效益和社会效益。

6.4 黄金河库湾水体富营养生物调控技术应用示范

2018—2020 年期间在黄金河支流库湾开展的水环境、水生生物、渔获物调查和食物网结构分析结果表明：黄金河枯水期水质现状较差，水体富营养化水平较高，鱼类食物网结构不合理。因此，黄金河支流库湾水体富营养化指数削减和营养水平调控，应在控制外源性营养物质的持续输入，减少消落区耕地耕种和化肥使用，截留河流两岸生活污水进入黄金河水体的基础上，开展综合措施净化现有水体中过量的营养物质，通过实施鱼类群落结构调控的试验与研究，借助鱼类生长和食物链的吸收转化，尽可能减少水体已有的营养负荷，达到削减水体营养物质的目的。根据前期黄金河支流库湾水生态监测与特征分析，以及开展的生物调控原位试验结果，示范区将主要开展以鲢鳙为主，辅以杂食性鲤鲫鱼类等，以及食藻性鲴类的生物调控技术示范。

6.4.1 黄金河生物调控技术示范区建设

根据三峡库区黄金河年内水位变化、前期监测情况，结合示范区管理巡护需要，选择黄金河支流库湾戚家沟水域开展示范区建设工作，可确保在三峡水库水位变动影响下，满足示范区建设需求。拦网设置按照《水库拦库湾养鱼技术规程》（SL/T 178—1996）进行，示范区水域拟实施小拦网，拦网长度为 172m、深度为 35m（拦网深度以水域到底为准）（图 5.3-1）。选用聚乙烯网片制成双层拦网，内网采用 18 股线，外网用 24 股线。根据鱼类规格，内网目尺寸为 2cm×2cm，外网为 3cm×2cm。拦网的上纲用浮球固定、底纲用石龙沉底，确保无鱼类逃逸。

经过初步测算，低水位 145.00m 期间拦网示范区面积约为 3500m²；高水位 175.00m 期间拦网示范区面积约为 6000m²。

6.4.2 黄金河生物调控鱼类优化配置与投放

1. 鱼类调控优化配置方案

根据生物调控原位试验中鲢、鳙三个密度（60g/m³、80g/m³ 和 100g/m³）试验的效果，并综合考虑示范区低水位期的养殖容量，拟定示范区鲢、鳙以 80g/m³ 为基数；同时为了进一步提高鱼类对水体中浮游植物的吸收利用能力，将鲢、鳙的试验比例从 7∶3 调整为 6∶2，辅以碎屑食性鲴类、少量杂食性鱼类等种类。按照核心示范区 3000m² 面积、低水位运行期平均水深 5m 计算，按照鲢、鳙、杂食性鱼类（鲤、鲫、鲴类）以6∶2∶2 进行配比，鲢、鳙规格为 500g 左右，共需投放鲢、鳙 1200kg（鲢 900kg，鳙 300kg）左右，其他杂食性鱼类规格为 100~250g，共需投放 240kg 左右。

2. 鱼类投放配比及其数量

示范区所需的鱼类由重庆市三峡生态渔业有限公司提供，鲢、鳙鱼种质量按照《鲢鱼鱼苗、鱼种质量标准》（GB/T 11777—1989）和《鳙鱼鱼苗、鱼种质量标准》（GB/T 11778—1998），其他鱼种质量参照相关标准。共计投放了 1466.2kg，其中鲢 914.0kg，鳙 307.5kg，鲤 52.0kg，鲫 50.2kg 和鲴类 142.5kg（表 6.4-1）。投放鱼类首先采用鱼罐车运输至黄金河岸边，再将鱼种转运到运输船，转运的鱼种通过船只运送到示范区位置，最后由船只自带的投放孔投放至指定水域（图6.4-2）。投放后经过持续的观察，发现投放鱼种处于较好的适应状态，未发生鱼种死亡现象（图6.4-3）。

表6.4-1 鱼类投放规格和数量

编号	种类	规格/g	重量/kg	备 注
1	鲢	350～750	914.0	
2	鳙	350～750	307.5	
3	鲤	100～200	52.0	
4	鲫	100～250	50.2	
5	鲴	100～150	142.5	与黄金河现存的细鳞鲴、黄尾鲴、银鲴等种类相一致
总计			1466.2	

图6.4-1 黄金河放流鱼种转运和投放

图6.4-2 黄金河生物调控技术示范区放流鱼种的适应性

6.4.3 黄金河生物调控技术示范效果监测与效益评估

1. 生物调控技术示范效果持续监测

鱼类投放后将实施持续监测。由于示范区投放时间为2020年12月，该时间段投放的鱼类活动基本处于冬眠状态，待水温回暖后鱼类摄食和生长才会快速启动，吸收水体中的氮、磷等营养物质和浮游动植物等，降低水体的富营养化水平。3—5 月示范区生物调控技术的监测结果表明，拦网区域鱼类吸收水体营养快速，生长呈现倍速增加；生物调控在示范区内外对水体富营养削减效果较好，相比示范区源头，示范区内叶绿素 a 的削减率为 7.16%～38.8%，平均削减率为 16.20%（图 6.4-4），覆盖面积超过 3000m^2，可有效削减水体中营养盐浓度，有利于水质净化。

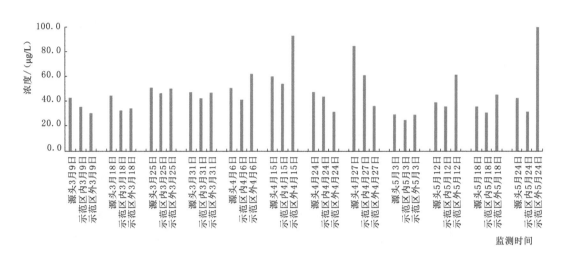

图 6.4-3　黄金河库湾示范区水体叶绿素 a 含量变动监测

2. 氮磷负荷削减效果估算

鱼类通过摄食浮游动植物、着生藻类等，将水体中的氮、磷等营养盐富集到体内，渔业活动通过捕捞带出这些营养盐物质，可有效减少水体中的营养盐负荷。研究表明，每捕捞出库鱼 1kg，能够带走水中氮 25～35g、磷 3～9g。统计黄金河支流库湾 2017—2020 年生态养殖捕捞出库的鲢（104466kg）、鳙（1093440.5kg）削减情况（表 6.4-2 和表 6.4-3），累计吸收并带走水中的氮负荷 29947.7～41926.7kg、磷负荷 3593.7～10781.2kg，平均每年带走水中的氮负荷 8984.3kg、磷负荷 1796.9kg。根据黄金河支流库湾高低水位变动面积为 8000～13000 亩、平均水深为 35m 计，库湾水体平均交换周期为 13.12d，年削减水体中的总氮浓度为 3.55～8.08mg/m^3，平均值为 5.59mg/m^3；年削减水体中的总磷浓度为 0.47～2.08mg/m^3，平均值为 1.15mg/m^3。因此，捕捞鲢鳙等主要渔获物可适当降低黄金河库湾的营养物质水平，取得了较好的削减效果，对黄金河支流库湾水环境质量持续向好起到了较好的促进作用。

3. 生物调控技术示范的经济效益评价

黄金河支流库湾水域以放养长江鲢、鳙等滤食性鱼类为主，严格做到不投饲料、肥料、渔药的"三不投"原则，鱼类生长过程完全依赖天然饵料，按照国家标准《有机产品》（GB/T 19630）建立的有机产品管理体系实施管理。通过滤食性鱼类的食物链，转移水体中氮、磷、碳等富营养物质，达到"以水养鱼、以鱼净水"的目的。

表 6.4－2　　　　2017—2020 年黄金河捕捞出库的鲢鱼携带的氮磷负荷量估算　　　　单位：kg

年　份	捕捞 鲢	氮含量			磷含量			备　注
		最小值	最大值	平均值	最小值	最大值	平均值	
2017	36007	900.18	1260.25	1080.21	108.02	324.06	216.04	
2018	17519.5	437.99	613.18	525.59	52.56	157.68	105.12	
2019	45175	1129.38	1581.13	1355.25	135.53	406.58	271.05	
2020	5764.5	144.11	201.76	172.94	17.29	51.88	34.59	受疫情影响捕捞量较少
总计	104466	2611.66	3656.32	3134	313.4	940.2	626.8	

表 6.4－3　　　　2017—2020 年黄金河捕捞出库的鳙鱼携带的氮磷负荷量估算　　　　单位：kg

年　份	捕捞 鲢	氮含量			磷含量			备　注
		最小值	最大值	平均值	最小值	最大值	平均值	
2017	213208.5	5330.21	7462.3	6396.26	639.63	1918.88	1279.25	
2018	210078	5251.95	7352.73	6302.34	630.23	1890.7	1260.47	
2019	463509	11587.73	16222.82	13905.27	1390.53	4171.58	2781.05	
2020	206645	5166.13	7232.58	6199.35	619.94	1859.81	1239.87	受疫情影响捕捞量较少
总计	1093440.5	27336.02	38270.43	32803.22	3280.33	9840.97	6560.64	

　　生态养殖的鲢鳙属绿色、生态的有机水产品，因其品质鲜美、有机健康，深受广大市民青睐，其出品的"三峡鱼"牌鲢鳙鱼连续 9 年获得有机产品认证及质量管理体系认证。产品销售和品牌影响覆盖重庆、北京、上海、广东、江苏等 10 省（直辖市）。"三峡鱼"获得"重庆名牌农产品"称号，成为"重庆市著名商标""中国农垦"背书品牌，获得第十六届中国国际农产品交易会金奖，在北京、苏州等地多次上榜大众点评必吃榜及其他重要美食排行榜榜首，成为大众的网红美食品牌。该"三峡鱼"已经产生了巨大的经济效益。黄金河水域牧场年直接渔业产值较高，以黄金河 2017—2020 年生态养殖捕捞出库的鲢 104466.0kg、鳙 1093440.5kg 为例，累积渔业产值达 5780 万元，年均经济效益超过 1400 万元。同时，还带动配套苗种生产、流通运输、餐饮制售及服务、零售等环节，年产值超过 7000 万元，投入产出比为 1/1.17。带动大量人员就业，以忠县基地为例，已雇佣 23 个工人，带动配套苗种生产人员 7 名，流通运输人员 10 名，零售、主题餐饮制售及服务人员超过 300 人，共计新增就业岗位超过 340 人。

6.4.4　生物调控技术推广应用方案

　　生物调控技术是通过浮游植物、浮游动物、鱼类、底栖动物等水生动物对藻类的摄食行为来控制藻类过度生长的一种技术，其调控水体富营养化程度（以叶绿素 a 为计量指标）也相对有限，水华大规模暴发期，生物调控将无法发挥决定性作用。综合以往浅水湖泊的相关研究文献，并结合本次研究周期内藻类水华暴发时监测到的叶绿素 a 最高浓度，初步定为叶绿素 a 浓度上限为 $150\mu g/L$。以此为上限，以县域梅溪河支流库湾富营养化程度较高的库尾区域（图 6.4 - 5）进行方案设计。该技术主要包括以下几部分内容。

1. 水生态现状调查

通过文献调研，结合现场监测结果，获取梅溪河支流库湾水体水生生物及鱼类等各类群水生态现状，明晰其水生态基本特征（表 6.4 - 4），摸清支流库湾内水体的理化参数、叶绿素 a 含量峰值、主要水生生物类群及浮游植物、浮游动物和底栖动物的生物量峰值周期性特征；获取渔获物种类组成特征、渔获物比例和优势种类，重点分析滤食性鱼类种群比例和数量特征。

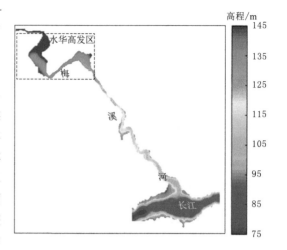

图 6.4 - 4 梅溪河支流库湾藻类水华敏感区分布示意图

表 6.4 - 4　　　　　　梅溪河支流库湾水生态调查的主要内容

水体理化特性调查	水生生物调查	渔获物调查	食物网结构调查
开展不同季节、多断面的水体环境理化参数样本采集和测试分析，检测了氨氮、硝氮、亚硝氮、总氮（TN）、磷酸盐、总磷（TP）、高锰酸钾盐指数和叶绿素 a 等 8 项指标	开展不同季节、多断面的浮游植物、浮游动物、底栖动物和着生藻类样品的采集，开展各类群的密度和生物量分析	开展不同季节、多断面的渔获物调查，获取鱼类种类组成、渔获物比例，以及优势种类等数据	开展不同季节、多断面的水样、水生生物（浮游动植物、底栖、着生藻类）、鱼类等同位素样品的广泛收集，测试 $\delta^{13}C$ 和 $\delta^{15}N$ 值，为分析食物网提供数据

2. 食物网结构功能诊断与生物调控方向确定

基于贝叶斯同位素混合模型（BIMM），采用稳定同位素技术，开展各类功能群食物网结构与功能特征研究，分析高水位运行期（9 月至次年 3 月）和低水位运行期（4—8 月）的食物网结构特征，获取食物网结构中冗余和缺乏的生态位环节。结合水生态监测结果进行综合分析，发现食物网结构的冗余和问题，确定生物调控方向。

3. 生物调控技术示范效果评估

根据梅溪河食物网结构功能诊断及其生物调控方向确定，结合黄金河生物调控技术示范效果经验，对梅溪河支流库湾水华高发区（图 6.4 - 4）进行规划建设拦网，根据支流宽度、深度设置拦网，辅以可调节深度、长度的岸边固定方式对水面进行隔离。拦网材料选用聚乙烯网片制成，拦网的上纲用浮球固定、底纲用石龙沉底，确保无鱼类逃逸。拦网水域中构建以鲢与鳙为主，杂食性鱼类为辅，密度适宜的组合调控方案，鲢、鳙及杂食性鱼类比例控制在 6：2：2 为宜，辅以周期性捕捞出库的管理措施，从而有利于通过鱼体吸收和带出氮磷等营养物质。

示范区所需鱼类种类为鲢和鳙，辅以梅溪河固有的杂食性鱼类，并适时添加其他利于水体净化的种类（如土著种类鲴类等），比例为 6：2：2 为宜。鲢鳙鱼种的规格为 250～500g/尾，其密度以 3kg/亩为宜，其他种类规格以无法逃逸拦网规格即可。

根据示范区开展的持续监测，评估鱼类生长状况和富营养化参数削减率。根据生长进度，适度生长 3～6 个月后，再对施行划片后的区域轮流捕捞；实时捕捞后，带出氮磷等营养物质，同时获得较高的收益，以期获得较好的生态效益和经济效益。

4. 推广应用价值评估

生物调控技术具有鱼类种类可获得性强，对三峡库区水位大幅度涨落具有良好适应性，运行管理简易，以及富营养化削减效果较好等特点，具有显著的经济效益。初步折算生物调控技术的经济产出平均可达 0.175 万元/亩，如若出库产品申报品牌，其收益还将进一步扩大，毛利润率在 50% 以上，同时可以促进就业（5～6 人/1000 亩），带动库区农民或渔民增收。其主要投入体现在拦网、船只巡护、鱼种、捕捞船只和一定量的技术工、农民工雇佣等，成本相对较低，建议推广方式为国有或集体有资质的公司来运行，利于在三峡库区典型支流的整体推广和品牌打造。基于以上推广应用的基本参数评估，生物调控技术可在三峡库区典型支流库湾开展大规模推广应用，总体上呈现出较好的生态效益和较大的经济社会效益。

6.5　小结

（1）以滤食性鱼类的生物调控为主要对象，构建了水质、水生生物类群和食物网结构与功能诊断的综合技术体系，分析了黄金河下游拦网水域的食物网存在的主要问题，提出了生物调控种类比例和密度的原位试验技术方案。通过生物调控的原位试验，构建了以鲢鳙为主、杂食性鱼类为辅、密度适宜的组合调控方案，并建设了 3500～6500m² （低水位期-高水位期）的生物调控技术示范区。同时，结合黄金河 2017—2020 年拦网捕捞出库数据，估算平均每年生态养殖捕捞出库移除水体的氮、磷负荷分别超过 8.9t 和 1.7t，有效削减了支流库湾水体中的氮、磷等营养元素，可使水体中叶绿素 a 浓度降低 16.20%，藻类生长抑制效果明显，并在黄金河支流库湾开展了工程示范，验证了生物调控技术参数的可靠性和生态环境效益的有效性。

（2）以奉节县梅溪河支流库湾水华敏感区为对象初步设计了生物调控推广技术方案，明确了实施内容、实施步骤和主要参数，评估了推广应用价值。结果显示拦网型的生物调控不仅可较为高效地吸收和带走水体富营养化物质，还可创造一定的就业岗位，达到了既净水又增收，又有生态效益和经济社会效益的双赢格局。生物调控技术，因其鱼类种类可获得性强、富营养化削减效果较好、可采用库湾或支流拦网形式在库区支流库湾开展大规模推广应用，并呈现出生态效益较好、经济效益大和社会效益显著的多赢格局。

第 7 章

三峡水库典型支流库湾水质
目标适应性管理方案

7.1 三峡水库陆域营养盐削减与水体富营养调控对策

三峡水库水体富营养化治理，作为推动长江经济带高质量发展的有机组成部分，应坚持"生态优先、绿色发展"理念，遵循"源头控制-过程阻断-末端拦截-水体原位削减-水生态系统修复"的系统治理思路，充分发挥科技对保障水资源质量的支撑作用，把流域农业农村面源污染治理与控制放在更加突出的位置，并结合包括支流库湾水陆交错带末端拦截、库湾水体营养盐原位削减和基于食物网结构与功能优化的生物调控措施在内的水生态修复措施，逐步解决三峡水库支流库湾水体富营养化问题，为长江经济带高质量发展提供安全的水资源条件。

7.1.1 三峡水库陆域营养盐削减与防治

三峡库区污染物来源除长江上游及嘉陵江来水携带的大量污染物入库外，还主要包括两部分：一部分是库区 663km 江段沿江两岸的工业与城镇生活点源，另一部分是以库区流域农业耕、园、林地随降雨径流排放的农田面源污染、畜禽养殖污染和农村分散式的生活源。近年来，长江经济带 9 省 2 市将修复长江生态环境作为压倒性任务，治理污染、修复生态，上、中、下游协同发力，"共抓大保护、不搞大开发"不断取得新进展、新成效。随着源头治理的不断深入，三峡水库主要污染源也从 21 世纪初期的工业与城镇生活点源逐步转变为农业农村面污染源，三峡水库氮、磷污染及水体富营养化问题也日渐凸显出来。

7.1.1.1 城镇生活点源污染治理与减排

三峡库区工业点源污染随着国家环保力度的加大，逐渐呈现减少趋势，但点源的隐蔽性和不确定性越发突出。特别是随着对城市环境保护执法力度的加强和 2021 年 3 月 1 日《长江保护法》的实施，点源污染已有向广大农村扩散的趋势。

三峡库区农村人口众多且分布散落，乡村生活污水氮、磷污染等问题不容小觑。对于城镇生活点源来说，首先，要完善污水管网入户收集与输送转运系统，尽可能提高城镇污水管网覆盖率和污水收集处理率；其次，针对城镇污水氮、磷浓度较高等问题，可以有针对性地提出解决方案，如重庆市开州区临江污水处理厂通过向反应器中投加厌氧氨氧化菌、反硝化聚磷菌等高效微生物等，使得出水氨氮、总氮降解率分别提高12％和5％；最后，对各城镇污水处理厂进行提标改造，根据各种技术的优缺点（表7.1-1）进行比选，选择最优技术。

表7.1-1　　　　　　　　　　　污水处理厂提标改造工艺比较

工　艺	优　点	缺　点
A$_2$/O（厌氧-缺氧-好氧生物脱氮除磷）	可脱氮除磷、出水水质好、工作稳定、有较成熟的设计、施工及运行管理经验，污泥脱水性能较好等	需设置污泥回流泵房和二次沉淀池，占地面积较大
SBR（序批式反应器）法	曝气池兼具二沉池功能，节省占地、自动运行、管理简单	不设初沉池，易产生浮渣
人工湿地	生态效益好、净化效果好、不需要动力、无运行费用	占地面积大、水头损失大、不连续出水导致后续处理工艺设置困难等
微絮凝-纤维素过滤	投资少、占地少、运行成本少、出水能达到一级A标准	

7.1.1.2　三峡库区农业农村面源污染治理与减排

根据生态环境部发布的《三峡水库生态安全调查与评估专题报告》，农业面源污染是三峡库区水体营养物质的主要来源，占入库污染负荷总量的71％，已成为三峡库区水环境质量与水体富营养化演变的首要威胁。三峡库区地势起伏较大，东北部高，西南部低，既有河谷、台地，又有山地和丘陵，山多坡陡，是集农村、山区、移民区为一体的典型生态脆弱区，水土流失问题突出，农业面源污染较为严重。

针对农业面源污染治理，构建库区小流域农村面源污染立体防控技术体系及其"农-桑"生态保育模式，并针对农田种植污染、集中养殖污染、分散养殖污染及村落生活污染治理需求，分别形成种植业污染控制技术、规模化畜禽养殖污染控制技术、分散畜禽养殖污染控制技术、农村生活污染控制技术，从而为三峡库区农业农村面源污染治理与科学防控提供技术支撑。

1. 小流域农村面源污染立体防控技术

针对三峡库区小流域地形地貌特点、土地利用方式以及典型种植模式，系统将农村居民点（分散型）-旱坡地和柑橘园-水田-消落带多重拦截与消纳农业面源污染物耦合应用，构建高效农业面源污染防控模式，该技术体系在重庆市涪陵区南沱镇和珍溪镇王家沟小流域进行了全面应用与示范，农村面源污染防控效果显著。

2. 农田种植面源污染控制技术

农田径流污染的主要影响因素包括农药化肥的施用量和吸收量、水土保持情况、耕作废物的处置情况等。在处理农田污染时，应全面考虑各类污染因素。目前三峡库区常推荐采用的农田种植污染控制技术主要包括测土配方施肥技术、保护性耕作技术、坡耕地改造技术、植物篱＋植物缓冲带＋生态拦截沟技术等。

（1）测土配方施肥技术。小江流域从2007年就开始推广测土配方施肥技术，在减少施肥量和增加肥料的吸收率方面取得了很好的效果，因此在科学施肥方面继续推广测土配方施肥技术，并配备相应的土壤监测机构和科学施肥指导监测机构。

（2）保护性耕作技术。推广以密植、间作、套种和秸秆覆盖留茬、还田、免耕少耕等为主要内容的保护性耕作方式，提高农作物空间覆盖度，增加土壤中的根系，蓄水保墒、培肥地力，防治农田水土流失。

（3）坡耕地改造技术。梯田工程和坡耕地改造是低山丘陵区农业生产中最重要的水土保持设施，主要用于控制径流和肥分流失，其中坡耕地改造技术不用对现有农田耕作情况进行大的改动，对农户种植活动影响最小，选择其作为水土保持设施的主要技术。对于丘陵和山区耕地，实施梯田工程进行改造；具体措施为对 10°～15°的坡耕地进行"大横坡＋小顺坡"耕作模式，对于 15°～25°的坡耕地进行坡改梯，对大于 25°的坡耕地退耕还林还草。

1）"大横坡＋小顺坡"耕作模式。"大横坡＋小顺坡"耕作模式是长江上游广大农民长期实践经验的总结，具有减少细沟侵蚀、排水通畅、防止滑塌、耕作方便及节省劳力的优点。通过在忠县的坡耕地人工降雨试验，明晰了不同坡面特征下细沟发生的临界坡长，采用横坡截留沟在临界坡长处截断坡面，划分小地块，形成小顺坡，最终提出适合三峡库区的"大横坡＋小顺坡"坡耕地有限顺坡耕作技术模式。针对 10°～15°的坡耕地，选择"大横坡＋小顺坡"耕作模式可有效减少缓坡耕地的水土流失，减少农田营养养分流失与面源污染输出（图 7.1-1）。

2）坡耕地改造技术。梯田工程是农业生产中对坡耕地科学利用的最重要的水土保持设施，对 15°～25°的坡耕地进行梯田改造，将大幅度减少陡坡耕地的水土流失，减少面源污染负荷输出（图 7.1-2）。

图 7.1-1　湖北省秭归县兰陵溪流域　　　　图 7.1-2　重庆市奉节县梅溪河流域
　　　　坡耕地横向耕作模式　　　　　　　　　　坡耕地梯田耕作模式

3）退耕还林还草，优化土地利用格局。对坡度大于 25°的坡耕地实施退耕还林工程使得流域土地利用结构发生改变，通过优化土地利用结构可以有效控制面源污染。湖北省秭归县兰陵溪小流域氮、磷控制效应研究表明，小流域土地利用结构调整应优先增加林地，适当控制园地发展，且将住宅用地面积比例控制在 5％以下，并通过林茶、林果间作等方式改变小流域部分园地单一类型片状分布格局。在忠县石盘丘流域和涪陵王家沟小流域研究发现，稻田可为面源氮、磷提供沉淀区，合理增加稻田数量、优化稻田空间格局是控制三峡库区面源污染的有效措施（图7.1-3）。

图7.1-3　湖北省秭归县兰陵溪小流域退耕还林实施效果

（4）植物篱＋植物缓冲带＋生态拦截沟技术。

1）植物篱技术。将植物篱技术应用于坡耕地的治理，可起到减缓坡面、改变氮磷等面源污染物在坡面的分布状态以及降低其含量的作用，从而控制水土流失与面源污染，并且具有投资小、施工简单、操作方便等优点。湖北省秭归县的经验表明，"植物篱＋经济林"模式具有增加地表覆盖、减缓地表径流、增加土壤肥力和防止坡面水土流失的功能，与纯坡地经济林相比总纯收入增长11％，实现了生态效益与经济效益的有效结合。

2）植物缓冲带技术。缓冲带可通过植物吸收、物理沉积、土壤微生物转化等多种途径减少面源污染物进入水体。谢慧等利用SWAT模型模拟三峡库区流域面源污染，筛选出库区流域范围内的面源污染关键区域，并进行情景分析，结果表明添加田边缓冲带情景时，泥沙、总氮、总磷及综合污染负荷比无任何管理措施的基准情景分别减少了29％、23％、28％、29％。

3）生态拦截沟技术。生态拦截沟能有效净化农田径流，减少表土径流及氮磷污染物的流失，并构建良好的生态环境，选择其作为农田径流污染治理的主要工程措施。

3. 畜禽养殖污染控制技术

（1）规模化畜禽养殖污染控制技术。根据养殖规模、畜禽种类和地域特性等特点，可以分为畜禽粪污厌氧消化技术、畜禽粪污堆肥处理技术和畜禽粪污发酵床污染防治技术3类。对于采用干清粪和堆肥处理的养殖场，尤其是鸡、牛养殖场，采用畜禽粪污堆肥处理技术组合；对于大型及以下的养殖场，均可采用以发酵床养殖工艺为核心的污染防治技术；对于中型及以上且周边具有土地利用条件的畜禽养殖场或畜禽养殖密集区可采用厌氧消化处理技术对畜禽粪污进行处理。

（2）分散畜禽养殖污染控制技术。对于划定的禁养区，将畜禽养殖点搬迁至乡镇内允许养殖的区域；对于滨湖禁建区、滨湖限建区和优化开发区的养殖户，搬迁至丘陵发展区和山地保护区，并建立养殖小区，将分散养殖集中化；对于新建养殖小区饲养最高限制指标（按常年存栏计）为：牛2000头/个，猪20000头/个，羊2000头/个，禽类100000只/个，兔 50000 只/个。对集中养殖小区的养殖废物进行处理后排放，其污染控制方式参照规模化畜禽养殖进行治理与控制。

4.农村生活污染控制技术

对于集中居住人口大于 1000 人，且有足够空地修建湿地的农村，选择三格化粪池＋厌氧滤池＋人工湿地技术，进行村镇集中式污水处理。

对于集中居住人口大于 1000 人，没有足够空地修建湿地的农村，选择三格化粪池＋厌氧滤池＋生物接触氧化技术，进行村镇集中式污水处理。

对于居住相对集中、有分散养殖的农村片区，可选择几户合建生活污水净化沼气池。居住较为分散的，以户为单位进行"一池三改"。

对于分散居住，没有养殖的农户，可选择三格化粪池＋厌氧滤池的处理方式，处理后的污水可达到排放标准。

7.1.2　三峡水库支流库湾水体富营养化调控途径

三峡水库支流库湾水体富营养化防控，需遵循"源头控制-过程阻断-末端拦截-水体原位削减-水生态系统修复"的系统治理思路，支流库湾流域农业农村面源污染治理与控制是关键，包括水陆交错带末端拦截、水体营养盐原位削减和生物调控措施在内的水生态修复技术是有益补充，对支流库湾藻类水华防治具有十分重要的作用。

7.1.2.1　基于水质目标需求与水体营养状态削减的总量控制

尽管富营养化是缓流型水体自然演化的一种现象，但伴随着人类活动产生的大量污染物输入将严重打破缓流型水体自然演替过程中有机物合成与微生物呼吸消耗这一生态平衡，极大程度地加快缓流型水体的富营养化演替进程，严重时将出现藻类水华等水景观问题，因此，控制并逐步减少库区以农业农村面源污染为主的营养盐输入是当前三峡水库支流库湾水体富营养化削减与控制的关键。

三峡库区农业农村面源污染削减控制，应以水质目标和水体富营养状态削减为导向，分阶段逐步推进并落实陆域营养盐削减的总量控制。首先，应以基于支流库湾水环境容量为总量控制需求，因地制宜地选取三峡库区农业农村面源污染防控技术，从源头控制、过程阻断、末端拦截等多途径多角度削减面源负荷的产生量与入河量，并达到水环境容量控制要求；其次，以削减水华敏感期水体富营养状态指数为目标，深入调查研究农业农村面源污染防控的短板，实现支流库湾水体富营养状态全年中营养水平；最后，以消除水体富营养化及藻类水华为目标，强化流域点源升级治理，深入挖掘农业农村面源污染防控潜力，实现支流库湾水体贫-中营养水平，基本不发生藻类水华现象。

7.1.2.2　湖滨带末端拦截与消落带生态修复

三峡水库年内水位变幅 30m，并形成 632km² 的消落带，其中近 70% 的消落带面积原为耕地。三峡水库蓄水前，消落带耕地高强度的化肥（氮肥占绝对主导）施用造成硝酸盐的大量蓄积，在三峡水库蓄水后易浸泡溶出或随坡面径流进入库区水体，影响库区水质。通过一定技术手段对径流中的氮素进行阻控，可有助于削减随坡面径流输入三峡水库的氮素负荷，目前常用的湖滨带氮素阻控技术有人工湿地、基塘工程等。重庆市开州区在汉丰湖实施消落带景观基塘工程建设（图 7.1-4），一方面基塘收纳城市地表径流，通过拦截、沉积、吸附、吸收等削减坡面径流污染物，有效降低入河湖水体污染负荷；另一方面，通过植物的科学搭配可形成良好的水景观效果，为城区居民提供休闲好去处。

图 7.1-4　开州区汉丰湖湖滨湿地照片（2019 年 11 月）

地表径流中的氮污染物主要包括 $NH_4^+ - N$ 和 $NO_3^- - N$ 等形式，完全脱氮的产物是将 NO_3^- 还原为 N_2。人工湿地深处氧气水平较低，对 $NO_3^- - N$ 的还原有一定作用，但反硝化过程需要碳源作为电子供体，由于人工湿地中缺乏持续的碳源供应，无法保证长效的脱氮效果，需要进一步进行研究，探寻一种可以长期对径流中氮素进行拦截阻控的技术。

7.1.2.3　富营养化水体营养盐原位削减

水体原位削减技术旨在遵循自然规律，强化水体本身的自净能力，恢复水体中生态系统平衡，具有运行维护成本低并具有一定的经济实用价值等优点。国内工程应用较广泛的原位修复技术包括生态水草、生物填料、水面推流、曝气增氧、生态浮床等技术。针对三峡库区独特的地理特征、水文节律以及人多地少的环境现状，生态浮床技术因其能在水位波动大的水库使用，同时能创造生物的生息空间、不占用陆地面积及营造良好的水景观等优点，适宜用于三峡库区支流库湾敏感水域的水体富营养化治理。

近年来诸多国内学者针对三峡库区典型支流库湾水体富营养问题，采用室内模拟试验与野外原位试验相结合的技术手段，利用生态浮床技术取得了较好的水质净化效果，如卜发平等（2011）以临江河回水河段为对象，采用人工浮床技术对回水河段的富营养化进行防治，结果表明使用美人蕉浮床、风车草浮床对富营养化的防治效果良好，抑藻效果良好，对 COD、TN 及 TP 等主要污染物的平均去除率达 20% 以上，可削减 50% 以上的叶绿素 a。葛铜岗等（2008）以临江河回水区污染水体为对象，结果显示菖蒲能够在动态的污染河水中正常生长，其中泡沫板浮床中栽培的菖蒲较陶粒型浮床栽培的菖蒲生长状况更好；植物浮床对 COD、TN、TP 等主要的污染物有较强的去除效果。肖华和韩金奎等（2009）则采用人工浮床方式种植菖蒲、风车草、香根草三种植物，通过监测各项库区支流水质的指标来研究与评估其水质净化效果，结果表明，不同人工浮床植物对 TN 吸收总量为混种植物＝菖蒲＞香根草，TP 吸收总量为混种植物＞菖蒲＞香根草，混种浮床植物在氮、磷吸收方面效果更好。

综合来看，生态浮床技术可作为一种有效的原位削减技术应用于三峡水库水体富营养化治理，可以在后期研究中针对其不同支流水华特点及浮床削减效果进行进一步的研究与创新。

7.1.2.4　生物操纵技术

生物操纵技术是通过浮游动物、鱼类、底栖动物等水生动物对有害藻类的摄食行为来控制有害藻华生长的一种技术，包括经典生物操纵技术和非经典生物操纵技术两种。目前国内以非经典生物操纵为代表，侧重于滤食性鱼类的种群恢复和调控。刘建康等（2003）在武汉东湖围隔实验中应用非经典生物操纵技术控制水华取得了显著效果；郎宇鹏等（2006）通过野外模拟试验也发现投放密度为 $50g/m^3$ 的鲢鱼，对蓝藻有明显的抑制效果。刘其根（2005）也认为，在点源污染得到有效控制的水体中，利用鲢、鳙控制富营养化水体的藻类过度增长是可行的。在淀山湖围隔试验中，发现鲢、鳙对水质恢复起到了积极作用，鲢、鳙 $80g/m^3$ 密度时对亚硝态氮、总氮浓度的降低以及水体透明度提高最有效，且蓝藻数量明显降低。此外，太湖梅梁湾鲢、鳙控藻试验也表明，鲢、鳙的放养能潜在地降低水体中蓝藻的生物量，并对总营养盐有削减作用，在合适的放养密度下，鱼的生长使水体中的磷向鱼的营养库里转移，从而进一步抑制藻类生长。此外，滇池、阳澄西湖等湖泊中也进行了相关的鲢、鳙控藻试验或放流调控，均取得了较为明显的控制蓝藻等大型藻类的效果。杨姣姣等（2019）在洱海红山湾开展原位围栏鲢、鳙控藻试验，结果表明：围栏内鲢、鳙呈现匀速生长，在 7 月围栏内鲢、鳙对 Chl-a 浓度的削减率为 28%，9 月为 40%，但围栏内外微囊藻生物量差异明显，鲢具有更高的控藻能力，尤其对于微囊藻水华的控制。

鲢、鳙是我国长江中下游湖泊中最具有特色的优势鱼类群，通过对三峡水库及其支流库湾水生态系统修复需求的正确认识，并从水生态系统食物网结构与功能优化的角度对其进行科学调控，适当加大碎屑型食物链和食藻型鱼类的配比，可在一定程度上抑制富营养化水体中藻类的生长，并降低藻类水华发生的风险。

7.1.2.5　三峡水库生态调度

三峡水库蓄水后形成的缓流态水动力条件是各支流库湾藻类水华暴发的直接诱因，因此，利用水库生态调度方法进行水力调控，即通过三峡水库蓄、泄水过程改变支流库湾水动力及生境条件进而抑制支流水华，从理论上是可以实现的。

生态调度研究主要分为两个阶段。第一阶段主要考虑通过增加支流库湾流速和加大干支流水体交换量角度来破坏支流库湾藻类生长环境进而控制水华，袁超等（2011）提出考虑在一定时段内降低坝前蓄水位，加大泄水，缓和对于库湾水位顶托压力；周建军等（2013）提出在水库非汛期水位调节过程中，加大库区水位波动和干支流水体交换量从而抑制藻类生长。第二阶段则从水华形成机理出发，结合"临界层理论"，提出了防控支流水华的三峡水库"潮汐式"生态调度方法，即通过水库短时间的水位抬升和下降来实现对生境的适度扰动、增大干支流间的水体交换、破坏库湾水体分层状态、增大支流泥沙含量等机制来抑制藻类水华，包括春季"潮汐式"调度方法、夏季"潮汐式"调度方法和秋季"提前分期蓄水"调度等方法。

众多研究表明，"潮汐式"生态调度对三峡水库支流库湾水华有一定的防控效果，尤其是受三峡水库调度影响较大的坝前各支流，而对于库中及库尾等一些支流效果不明显。

7.1.3 梅溪河支流库湾水体富营养化削减与调控措施

通过《重点流域水污染防治规划（2011—2015）》《三峡工程后续工作总体规划》，"十一五""十二五"水专项和"十三五"国家重点研发计划研究工作，目前对三峡水库蓄水以来的水环境状况及存在的主要水生态安全问题有了一定认识，通过一系列关键技术研发与工程示范，形成了流域重点企业污水减排、城乡镇一体污染减排、次级河流污染削减、流域农业面源立体防控、消落带生态环境保护、湖滨带水环境治理、支流湖湾水体富营养化削减与防控等的技术体系，为应对与解决水库蓄水后出现的生态安全问题提供重要支撑。本方案根据上述规划及关键技术研发成果，针对梅溪河流域主要水环境问题及库湾周边污染特征，梳理了梅溪河支流库湾水体富营养化削减与生物调控措施（表7.1-2），涵盖流域污染源头控制、过程阻断、末端拦截、水体营养盐原位削减与水生态系统修复诸多环节，涉及范围包括回水淹没区以上的流域、水陆交错带及支流库湾水域。其中水陆交错带地表潜流末端拦截技术（反硝化墙）、基于植物营养竞争的新型网式浮床技术、基于食物网结构与功能优化的生物调控技术是本课题此次重点研发的技术，并通过示范工程验证了该技术的有效性和适用性。

表7.1-2　　三峡库区梅溪河支流库湾水体富营养化削减与生物调控措施

控污环节	技术名称	下一级技术
源头控制与过程阻断	1. 城镇生活点源污染治理与减排技术	(1) 污水处理厂升级与提标改造技术 • A_2/O（厌氧-缺氧-好氧生物脱氮除磷） • SBR（序批式反应器）法 • 人工湿地 • 微絮凝-纤维素过滤
	2. 农业农村面源污染控制技术	(2) 小流域农村面源污染立体防控技术 (3) 农田种植面源污染控制技术 • 测土配方技术 • 保护性耕作技术 • 坡耕地改造技术（"大横坡＋小顺坡"耕作、梯田工程、退耕还林还草） • 植物篱＋植物缓冲带＋生态拦截沟技术 (4) 规模化畜禽养殖污染控制技术 (5) 分散畜禽养殖污染控制技术 (6) 农村生活污染控制技术 • 三格化粪池＋厌氧滤池＋人工湿地技术 • 三格化粪池＋厌氧滤池＋生物接触氧化技术 • 三格化粪池＋厌氧滤池处理技术
末端拦截	3. 水陆交错带地表潜流末端拦截技术	(7) 反硝化墙技术
	4. 消落带生态修复技术	(8) 消落带阶梯形湿地构建技术
水体营养盐原位削减与水生态系统修复	5. 水体营养盐原位削减技术	(9) 基于植物营养竞争的新型网式浮床技术
	6. 生物操控技术	(10) 基于食物网结构与功能优化的生物调控技术

7.2　三峡水库梅溪河支流库湾水环境容量与总量削减方案

容量总量控制和水质目标管理是有效落实"水十条"和河（湖）长制的重要抓手，也是加强三峡库区流域及各支流库湾水污染综合治理与河湖水质保护的最佳管理办法。水环境容量通常是指水体功能在不受破坏的条件下，一定时段内水体所能受纳污染物的最大数量。梅溪河支流库湾水环境容量是以梅溪河库湾水功能区划水域为对象，按照给定的水质目标（Ⅲ类）和设计的水量水质条件，建立梅溪河支流库湾水环境数学模型，给出库湾水体中污染物排放、干支流来水状况与库湾内水质变化的定量响应关系，核定满足支流库湾水质保护目标需求的入库污染物总量，从而可为梅溪河支流库湾水质评价预测、污染物总量控制和制定适宜的污染物排放标准提供科学依据。

7.2.1　水环境容量总量控制因子筛选

根据近年来三峡水库、梅溪河支流库湾水环境质量现状评价和库湾水体营养状态评价结果，目前梅溪河库湾亟须解决由氮、磷等营养盐过量输入造成的水体富营养化及藻类水华问题。根据我国水污染物总量控制现状、流域污染源状况及支流库湾水质现状，选择 COD/COD_{Mn} 和 TN、TP 作为梅溪河支流库湾水环境容量计算的总量控制因子。

7.2.2　水环境容量核定的边界条件设计

1. 典型水文年选取

面源负荷输入是三峡库区最主要的污染物来源，2017 年水华敏感期（6—9 月）随降雨径流输入的面源负荷占梅溪河流域全年入库总量的 70% 左右，且三峡库区各支流库湾的营养盐输入受干支流水情影响十分显著，即干支流来水越多，支流库湾接收的入库污染物总量就越大，支流库湾内积存的营养物质就越多，在适宜的水温和光照条件下，库湾水体的富营养化程度就越高，相应地暴发藻类水华的风险就越大。

对比近年来三峡库区长江干流和梅溪河支流来水情况（图 7.2 − 1）可知，2017 年长江干流为平偏枯年份（水文频率 $P=69.23\%$）、梅溪河支流为特丰年份（水文频率 $P=4.08\%$）；2018 年长江干流为特丰年份（水文频率 $P=5.1\%$）、梅溪河支流为特枯年份（水文频率 $P=96\%$），这两年梅溪河支流库湾中上部均发生藻类水华；而 2019 年长江干流为平偏丰年份（水文频率 $P=28.21\%$）、梅溪河支流为特枯年份（水文频率 $P=98\%$），支流库湾未见明显水华，且水体富营养化程度在最近 3 年内相对最轻。

基于梅溪河支流库湾水体富营养化演变成因及其驱动机制研究成果，三峡库区干流来水越多（即遭遇特大洪水年），经梅溪河河口倒灌入支流库湾的污染物就越多，对支流库湾上游来水的顶托作用就越明显；同时根据梅溪河支流库湾水环境容量计算的相关规程规范要求，支流来水应选取不利水文条件作为其设计流量。由于受支流库湾上游来水和三峡水库常态化调度影响，梅溪河支流库湾水动力条件十分复杂，无法用常规方法确定，并设计流量边界，故在综合考虑三峡库区上游来水的不确定性、三峡水库工程调度的复杂性和成库后水文序列过程的有限性，选择 2018 年作为梅溪河支流库湾水环境容量计算的典型水文年。

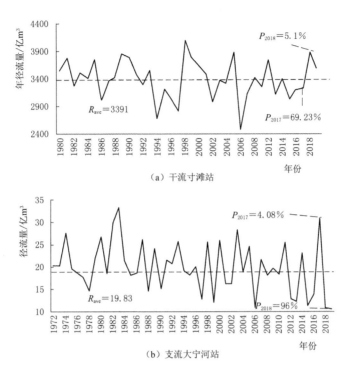

图 7.2-1 梅溪河支流库湾干支流来水径流量年际变化过程

2. 水质目标值

以研究水域水功能区相对应的环境质量标准类别的上限值为水质目标值。根据《重庆市地面水域适用功能类别划分规定》水体功能区划及梅溪河"一河一策"等水质管理目标要求，梅溪河上游来水采用《地表水环境质量标准》（GB 3838—2002）中Ⅲ类水质标准，长江干流处于奉节工业、景观娱乐用水区，水质管理目标为Ⅱ类，梅溪河支流库湾水质管理目标为湖库Ⅲ类，考虑到梅溪河支流库湾缓流型水体易出现水体富营养化及藻类水华问题，同时结合当前梅溪河支流库湾三峡库区干流与支流实际来水情况（图 7.2-2 和图 7.2-3）和水质保护目标基本不劣于现状原则，合理确定梅溪河支流库湾及干支流汛期及非汛期的水质目标浓度限值，其结果见表 7.2-1。

表 7.2-1　　　　　　梅溪河支流库湾及干支流来水水质管理目标　　　　　　单位：mg/L

河　段	水质指标		COD	COD$_{Mn}$	TN	TP
梅溪河	管理目标（Ⅲ类）值		20	6	—	0.20
	现状	汛期		4.72	3.12	0.15
		非汛期		2.17	2.25	0.08
三峡库区长江干流	管理目标（Ⅱ类）值		15	4	—	0.10
	现状	汛期		7.16	2.51	0.14
		非汛期		2.07	2.31	0.08

续表

河　段	水质指标		COD	COD$_{Mn}$	TN	TP
梅溪河 支流库湾	管理目标（Ⅲ类）值		20	6	1.00	0.05
	现状	汛期		5.58	2.07	0.11
		非汛期		2.06	1.90	0.07
	水质保护 目标限值	汛期		6.00	1.00	0.05
		非汛期		2.50	1.00	0.05

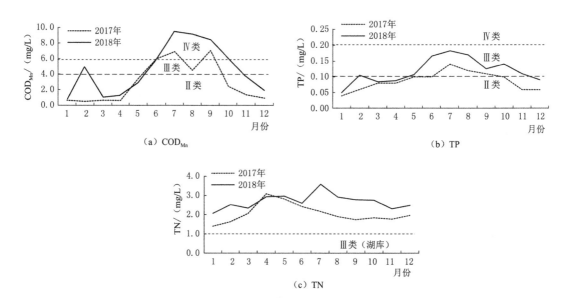

图 7.2-2　2017—2018 年梅溪河支流库湾库区干流来水水质年内变化过程

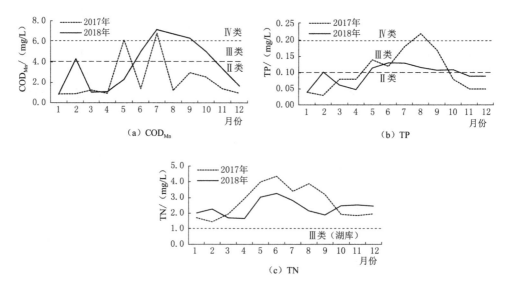

图 7.2-3　2017—2018 年梅溪河支流库湾上游来水水质年内变化过程

7.2.3 梅溪河支流库湾水环境容量核定

1. 计算模型

梅溪河支流库湾存在的主要环境问题为水体富营养化，其主要水质指标波动不产生毒理影响，可以以月平均浓度进行控制。在梅溪河支流库湾三维水动力模型模拟计算成果的基础上，统计得到各分区（河口、库中、库尾）逐日的进出水量，并采用稳态条件下零维水质模型计算各分区的纳污容量，从而可获得梅溪河支流库湾水环境容量及其时空分布特征。稳态条件下零维非保守物质的方程的容量表达式为

$$W_c = QC_s + KC_sV \tag{7.2-1}$$

式中：W_c 为水环境容量；V 为湖泊中水的体积，m^3；Q 为平衡时流入与流出湖泊的流量，m^3/s；C_s 为水质目标浓度，mg/L；K 为一阶综合降解速率，$1/s$。同时可根据量纲关系将 W_c 转换为日负荷、月负荷、年负荷。式中等号右端第一项为稀释容量，第二项为自净容量。

根据梅溪河现状水环境情况，基于构建的梅溪河水动力与水质模型，输入梅溪河现状污染负荷量和流场计算条件，进行河段浓度场分布计算，如果统计得到的各水质分区平均浓度均能满足并接近各水质分区相应的水质控制浓度，则认为假定的入河污染负荷量即为梅溪河支流库湾各分区的水环境容量，经反复试算，最后得到梅溪河支流库湾的整体水环境容量，并依此提出水质保障的入湖污染负荷削减比例。基于梅溪河支流库湾水体富营养化数学模型的参数率定与验证结果，同时参考国内大型湖库总氮、总磷、高锰酸盐指数等参数取值研究成果，综合确定梅溪河支流库湾总氮、总磷、高锰酸盐指数的综合降解系数分别为 $0.002 \sim 0.006/d$、$0.002 \sim 0.006/d$ 和 $0.005 \sim 0.01/d$。

2. 梅溪河支流库湾各分区进出水量计算

梅溪河支流库湾各特征断面进出水量包括两部分：梅溪河天然径流量和三峡水库干流倒灌输入水量。长江干流对梅溪河支流库湾的顶托倒灌作用由两部分构成，第一部分为长江水位年内变化造成的流出水量；第二部分为扣除水位涨落影响，长江在梅溪河支流库湾造成温度环流而引起的水交换量。基于 2018 年梅溪河支流库湾三维水动力逐日流场模拟结果，统计得到梅溪河支流库湾分区（河口、库中、库尾）倒灌输入和支流上游流入水量，其结果详见表 7.2-2。

表 7.2-2　　　　　2018 年梅溪河支流库湾各分区水量收支情况　　　　　单位：m^3/s

月份	河口区				库中区				库尾区		
	流入		流出		流入		流出		流入		流出
	干流倒灌	库中流入	进入库区	倒灌入库中	河口区倒灌	库尾区流入	进入河口区	倒灌入库尾	库中区倒灌	上游来水	流入库中区
1	236.74	82.49	251.34	68.88	68.88	46.44	82.49	33.80	33.80	11.17	46.44
2	181.21	63.39	202.11	46.99	46.99	34.07	63.39	20.94	20.94	7.53	34.07
3	175.01	55.95	203.33	31.06	31.06	29.56	55.95	7.40	7.40	17.86	29.56
4	281.56	76.68	304.90	53.13	53.13	30.66	76.68	7.54	7.54	22.94	30.66
5	203.84	73.58	266.54	19.05	19.05	49.31	73.58	1.22	1.22	38.10	49.31

| 月份 | 河口区 | | | | 库中区 | | | | 库尾区 | | |
| | 流入 | | 流出 | | 流入 | | 流出 | | 流入 | | 流出 |
	干流倒灌	库中流入	进入库区	倒灌入库中	河口区倒灌	库尾区流入	进入河口区	倒灌入库尾	库中区倒灌	上游来水	流入库中区
6	162.92	35.97	193.34	8.70	8.70	24.69	35.97	0.36	0.36	20.37	24.69
7	119.96	29.90	119.38	26.35	26.35	16.78	29.90	10.66	10.66	11.23	16.78
8	130.64	37.85	145.81	22.98	22.98	24.60	37.85	10.26	10.26	13.98	24.60
9	164.20	25.96	146.61	31.36	31.36	19.73	25.96	17.13	17.13	17.01	19.73
10	343.21	74.59	331.18	78.95	78.95	35.19	74.59	34.65	34.65	9.30	35.19
11	285.13	72.70	298.92	59.21	59.21	50.04	72.70	37.02	37.02	12.50	50.04
12	278.04	67.83	290.05	55.57	55.57	62.79	67.83	50.68	50.68	12.19	62.79
平均值	213.54	58.07	229.46	41.85	41.85	35.32	58.07	19.31	19.31	16.18	35.32

3. 梅溪河支流库湾水环境容量计算成果

以 2018 年（三峡库区干流为特丰水年、梅溪河为特枯水年）为设计水文条件，在梅溪河支流库湾各特征断面（河口、库中和库尾）水质目标约束（满足湖库Ⅲ类）和枯水期基本不劣于现状水质条件下，核算得到梅溪河支流库湾 COD_{Mn}、TP、TN 三种指标的水环境容量分别为 18417t/a、373t/a、7528t/a，从年内变化特征看，汛期（6—9 月）水环境容量较小，仅占年总量的 23.3%，非汛期约占 76.7%；从空间分布特征看，梅溪河支流库湾中上部仅占 8.2%，河口区约占 91.8%。梅溪河支流库湾水环境容量的时空分布特征分别见图 7.2-4 和图 7.2-5。

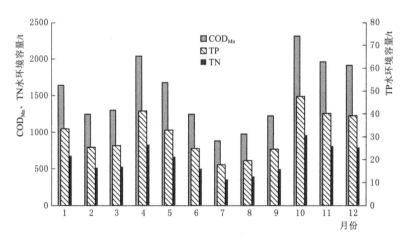

图 7.2-4　梅溪河支流库湾水环境容量的年内变化过程

7.2.4　梅溪河支流库湾入库污染物总量控制与削减方案

梅溪河支流库湾污染物主要来自梅溪河上游和三峡库区长江干流倒灌输入，以梅溪河支流库湾水环境容量计算结果为总量约束条件，研究了梅溪河支流库湾水环境容量的空间分配方案，提出了干支流的入库污染物限制排污总量需求，制定了梅溪河支流库湾入湖

污染物总量控制与削减方案，分别见表
7.2-3 和表 7.2-4 及图 7.2-6 和图 7.2-
7。现状年梅溪河支流库湾 COD_{Mn}、TP、
TN 入库污染负荷总量分别 29056t、796t、
18770t，结合库区水质现状和水环境容量状
况，COD_{Mn}、TP、TN 指标负荷量需分别削
减 10639t、422t、11243t，其中梅溪河支流
入库的 TP、TN 负荷量需分别削减 43.1%、
54.4%（COD_{Mn} 总量负荷不需要削减），三
峡库区干流倒灌的 COD_{Mn}、TP、TN 指标
负荷量需分别削减 39.2%、53.8%、
60.3%，从空间分布上看三峡库区干流负荷
削减率较梅溪河支流稍高。

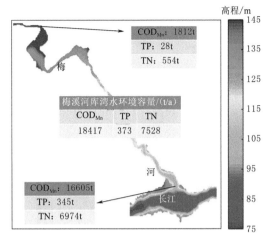

图 7.2-5 梅溪河支流库湾水环境容量
的空间分布特征

表 7.2-3   **梅溪河支流库湾总量控制与削减方案**   单位：t

河 段	项 目	COD_{Mn}	TP	TN
梅溪河库湾	现状入库量	29056	796	18770
	水环境容量	18417	373	7528
	削减量	10639	422	11243
	削减率/%	36.6	53.1	59.9
梅溪河支流	现状入库量	1738	49	1213
	水环境容量	1812	28	554
	削减量		21	659
	削减率/%		43.1	54.4
三峡库区干流	现状入库量	27318	747	17557
	水环境容量	16605	345	6974
	削减量	10713	401	10583
	削减率/%	39.2	53.8	60.3

表 7.2-4   **梅溪河支流库湾分水期总量控制与削减方案**   单位：t

河 段	项 目		COD_{Mn}	TP	TN
梅溪河支流	汛期	水环境容量	584	8.9	178
		现状入库量	1001	19.7	415
		削减率/%	41.69	54.71	57.04
	非汛期	水环境容量	1228	18.8	375
		现状入库量	736	29.0	798
		削减率/%		35.20	52.96
长江干流	汛期	水环境容量	3744	77.9	1572
		现状入库量	12089	237.8	4385
		削减率/%	69.03	67.25	64.14
	非汛期	水环境容量	12861	267.5	5402
		现状入库量	15229	509.1	13173
		削减率/%	15.55	47.45	58.99

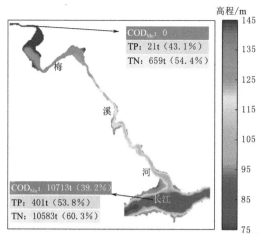

图 7.2-6　梅溪河支流库湾入库污染物
总量削减方案

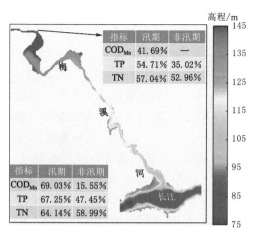

图 7.2-7　梅溪河支流库湾分水期入库污染物
总量削减方案

7.3　三峡水库典型支流库湾水体营养状态控制与总量削减方案

梅溪河支流库湾水体富营养化是流域内污染物过量输入的直接体现，按照水环境容量总量控制要求，并结合支流库湾水体营养状态综合指数与特征水质指标（TP、TN、COD_{Mn}）间的关联性特征，科学地提出梅溪河支流库湾水体营养状态综合指数的控制需求及分阶段总量控制目标要求。

7.3.1　梅溪河支流库湾水体营养状态目标控制需求

根据近 3 年（2017—2019 年）梅溪河库湾水体综合营养状态指数年内及年际变化过程（图 7.3-1）可知，梅溪河支流库湾水质汛期（6—9 月）表现为轻度富营养水平，其余月份均为中营养水平，其中 1—2 月临近贫营养水平。故梅溪河支流库湾水体富营养化削减与控制共分以下 2 个层次。

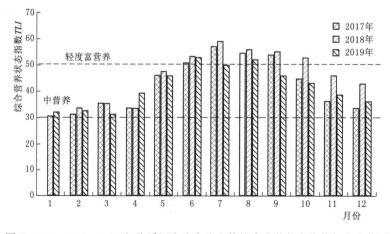

图 7.3-1　2017—2019 年梅溪河支流库湾水体综合营养状态指数年内变化图

（1）近期：消除主汛期轻度富营养状态，全年营养状态水平均达到中营养。

（2）中远期：枯水期间（12月至次年4月）营养状态水平达到贫营养，年内其余时段为中营养（$TLI \leqslant 40$）。

7.3.2 梅溪河支流库湾水体营养状态指数削减方案设计

1. 典型水文年选取

2017—2019年期间干支流来水条件下的梅溪河支流库湾水体富营养状态指数变化分析结果表明：干流和支流遭遇大水年都将对支流库湾水体富营养化及藻类水华产生明显不利影响。故从可操作性角度，选择2017年（即梅溪河支流为特丰水年、干流为平偏枯水年）为梅溪河支流库湾水体富营养化削减方案设计的典型水文年，可充分反映梅溪河流域面源污染防控对支流库湾水体营养状态的影响及其贡献大小，并对梅溪河支流水体富营养化演替及藻类水华现象发生风险十分不利。

2. 方案设计

2017年梅溪河上游来水除个别月份外，COD_{Mn}、TP基本均满足地表水Ⅲ类水质标准（参照湖库标准，TN全年均为Ⅳ～劣Ⅴ类，见图7.3-2），虽然上游来水水质基本达到水功能区划水质保护目标要求，但由于河流与湖库评价标准不同，现有的入库河流水质不足以使支流库湾水质达标，同时亦为支流库湾水体富营养化提供了丰富的营养物质。

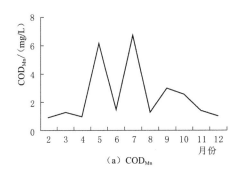
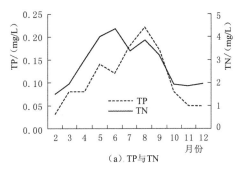

图7.3-2　2017年梅溪河来水水质年内变化图

梅溪河支流库湾水体富营养化削减与控制的终极目标是既实现支流库湾水质全面达标，又实现库湾水体营养状态指数由水华敏感期的轻度富营养→水华敏感期的中营养＋枯水期的贫营养→全年整体贫营养的逐步转变，故以现状年（2017年）为不利的设计水文条件，针对梅溪河库湾水体富营养化现状以及支流库湾水体营养状态控制需求，以2017年梅溪河支流来水水质现状为基础，设计4个不同水平来水水质浓度削减方案（表7.3-1）。

方案1。TP：汛期Ⅲ类，非汛期Ⅱ类；TN：汛期Ⅴ类，非汛期Ⅳ类；COD_{Mn}：Ⅰ～Ⅲ类。

方案2。TP：Ⅱ类（0.03～0.10mg/L）；TN：汛期Ⅳ类，非汛期Ⅲ类；COD_{Mn}：Ⅰ～Ⅱ类。

方案3。TP：Ⅱ类（0.025～0.05mg/L）；TN：汛期Ⅲ类，非汛期Ⅱ类；COD_{Mn}：Ⅰ类。

表 7.3-1　　　　　　　　　　梅溪河库湾上游来水水质浓度削减方案　　　　　　　　　单位：mg/L

方案	指标	1月	2月	3月	4月	5月	6月	7月	8月	9月	10月	11月	12月
现状	TP	0.03	0.03	0.08	0.08	0.14	0.12	0.18	0.22	0.17	0.08	0.05	0.05
		Ⅱ类	Ⅱ类	Ⅱ类	Ⅱ类	Ⅲ类	Ⅲ类	Ⅲ类	Ⅳ类	Ⅲ类	Ⅱ类	Ⅱ类	Ⅱ类
	TN	1.45	1.45	1.95	2.93	3.99	4.35	3.39	3.88	3.19	1.92	1.85	1.96
		Ⅳ类	Ⅳ类	Ⅴ类	劣Ⅴ类	劣Ⅴ类	劣Ⅴ类	劣Ⅴ类	劣Ⅴ类	劣Ⅴ类	Ⅴ类	Ⅴ类	Ⅴ类
	COD_Mn	0.88	0.88	1.25	0.93	6.17	1.38	6.82	1.22	2.97	2.55	1.38	0.95
		Ⅰ类	Ⅰ类	Ⅰ类	Ⅰ类	Ⅳ类	Ⅰ类	Ⅳ类	Ⅱ类	Ⅱ类	Ⅱ类	Ⅰ类	Ⅰ类
方案1	TP	0.03	0.03	0.08	0.08	0.1	0.12	0.15	0.15	0.15	0.08	0.05	0.05
		Ⅱ类	Ⅱ类	Ⅱ类	Ⅱ类	Ⅲ类	Ⅲ类	Ⅲ类	Ⅲ类	Ⅲ类	Ⅱ类	Ⅱ类	Ⅱ类
	TN	1.45	1.45	1.5	1.5	1.5	2	2	2	2	1.5	1.5	1.5
		Ⅳ类	Ⅳ类	Ⅳ类	Ⅳ类	Ⅳ类	Ⅴ类	Ⅴ类	Ⅴ类	Ⅴ类	Ⅳ类	Ⅳ类	Ⅳ类
	COD_Mn	0.88	0.88	1.25	0.93	6	1.38	6	1.22	2.97	2.55	1.38	0.95
		Ⅰ类	Ⅰ类	Ⅰ类	Ⅰ类	Ⅲ类	Ⅰ类	Ⅲ类	Ⅰ类	Ⅱ类	Ⅱ类	Ⅰ类	Ⅰ类
方案2	TP	0.03	0.03	0.08	0.08	0.08	0.1	0.1	0.1	0.1	0.08	0.05	0.05
		Ⅱ类	Ⅱ类	Ⅱ类	Ⅱ类	Ⅱ类	Ⅱ类	Ⅱ类	Ⅱ类	Ⅱ类	Ⅱ类	Ⅱ类	Ⅱ类
	TN	1	1	1	1	1	1.5	1.5	1.5	1.5	1	1	1
		Ⅲ类	Ⅲ类	Ⅲ类	Ⅲ类	Ⅲ类	Ⅳ类	Ⅳ类	Ⅳ类	Ⅳ类	Ⅲ类	Ⅲ类	Ⅲ类
	COD_Mn	0.88	0.88	1.25	0.93	4	1.38	4	1.22	2.97	2.55	1.38	0.95
		Ⅰ类	Ⅰ类	Ⅰ类	Ⅰ类	Ⅱ类	Ⅰ类	Ⅱ类	Ⅰ类	Ⅱ类	Ⅱ类	Ⅰ类	Ⅰ类
方案3	TP	0.025	0.025	0.025	0.025	0.05	0.05	0.05	0.05	0.05	0.025	0.025	0.025
		湖库Ⅱ类	湖库Ⅱ类	湖库Ⅱ类	湖库Ⅱ类	湖库Ⅲ类	湖库Ⅲ类	湖库Ⅲ类	湖库Ⅲ类	湖库Ⅲ类	湖库Ⅱ类	湖库Ⅱ类	湖库Ⅱ类
	TN	0.5	0.5	0.5	0.5	0.5	1	1	1	1	0.5	0.5	0.5
		Ⅱ类	Ⅱ类	Ⅱ类	Ⅱ类	Ⅱ类	Ⅲ类	Ⅲ类	Ⅲ类	Ⅲ类	Ⅱ类	Ⅱ类	Ⅱ类
	COD_Mn	0.88	0.88	1.25	0.93	2	1.38	2	1.22	2	2	1.38	0.95
		Ⅰ类	Ⅰ类	Ⅰ类	Ⅰ类	Ⅰ类	Ⅰ类	Ⅰ类	Ⅰ类	Ⅰ类	Ⅰ类	Ⅰ类	Ⅰ类
方案4	TP	0.02	0.02	0.02	0.02	0.02	0.025	0.025	0.025	0.025	0.02	0.02	0.02
		TP阈值	TP阈值	TP阈值	TP阈值	TP阈值	湖库Ⅱ类	湖库Ⅱ类	湖库Ⅱ类	湖库Ⅱ类	TP阈值	TP阈值	TP阈值
	TN	0.20	0.20	0.20	0.20	0.25	0.5	0.5	0.5	0.5	0.20	0.20	0.20
		Ⅰ类	Ⅰ类	Ⅰ类	Ⅰ类	Ⅱ类	Ⅱ类	Ⅱ类	Ⅱ类	Ⅱ类	Ⅰ类	Ⅰ类	Ⅰ类
	COD_Mn	0.88	0.88	1.25	0.93	2	1.38	2	1.22	2	2	1.38	0.95
		Ⅰ类	Ⅰ类	Ⅰ类	Ⅰ类	Ⅰ类	Ⅰ类	Ⅰ类	Ⅰ类	Ⅰ类	Ⅰ类	Ⅰ类	Ⅰ类

方案 4：TP：Ⅰ～Ⅱ类（0.02～0.025mg/L）；TN：Ⅱ类（0.25～0.50mg/L）；COD_Mn：Ⅰ类。

7.3.3　梅溪河水体营养状态指数与上游来水间的响应关系

　　在三峡库区干流水质满足《地表水环境质量标准》（GB 3838—2002）中的Ⅱ类水质标准并不劣于现状的条件下，基于表7.3-1中的梅溪河上游来水水质浓度削减方案，利用梅溪河支流库湾水环境数学模型，模拟得到不同削减方案下梅溪河支流库湾各特征断面的年内水质变化情况，并对水体营养状态水平进行评价。结果表明：

　　（1）在梅溪河流域来水满足地表水Ⅲ类水质目标时，库湾内各特征断面的综合营养状态指数及其年内过程无明显变化，7—9月为轻度富营养，其余月份为中营养（表7.3-2～表7.3-4）。

表7.3-2　　2017年上游水质达标条件下梅溪河库湾营养状态评价表（河口断面）

月　份	营养状态指数					TLI	营养状态等级
	COD$_{Mn}$	TP	TN	Chl-a	SD		
1	0	9	11	3	8	31.7	中营养
2	0	9	11	5	8	32.8	中营养
3	0	10	12	6	8	36.0	中营养
4	1	9	11	7	8	35.4	中营养
5	2	11	13	10	8	44.1	中营养
6	4	11	12	12	8	47.0	中营养
7	8	11	11	16	10	56.6	轻度富营养
8	9	10	11	16	10	55.9	轻度富营养
9	6	10	11	14	9	50.5	轻度富营养
10	3	10	11	11	8	43.9	中营养
11	1	9	11	7	8	35.7	中营养
12	0	8	12	7	8	35.0	中营养

表7.3-3　　2017年上游水质达标条件下梅溪河库湾营养状态评价表（库湾中部断面）

月　份	营养状态指数					TLI	营养状态等级
	COD$_{Mn}$	TP	TN	Chl-a	SD		
1	0	8	11	4	8	31.1	中营养
2	0	9	11	4	8	32.5	中营养
3	1	10	11	7	8	36.8	中营养
4	0	8	12	7	8	34.2	中营养
5	3	10	12	11	8	43.9	中营养
6	3	11	12	12	8	46.3	中营养
7	9	11	11	16	10	56.7	轻度富营养
8	9	10	11	16	10	56.3	轻度富营养
9	7	10	11	14	9	51.2	轻度富营养
10	3	10	10	11	8	42.4	中营养
11	1	9	10	8	8	35.5	中营养
12	1	9	10	7	8	34.7	中营养

表 7.3 - 4 **2017 年上游水质达标条件下梅溪河库湾营养状态评价表（库湾尾部断面）**

月 份	营养状态指数					TLI	营养状态等级
	COD_{Mn}	TP	TN	Chl - a	SD		
1	0	9	11	3	8	30.9	中营养
2	0	9	11	6	8	34.1	中营养
3	0	10	12	7	8	36.7	中营养
4	1	10	12	8	8	37.7	中营养
5	3	10	12	11	8	43.8	中营养
6	3	11	12	12	8	46.0	中营养
7	9	11	11	16	10	56.7	轻度富营养
8	9	10	11	16	10	56.5	轻度富营养
9	6	10	11	14	9	51.0	轻度富营养
10	3	10	11	11	8	43.6	中营养
11	1	9	11	7	8	35.9	中营养
12	1	8	11	7	8	35.3	中营养

（2）在上游来水水质满足 Ⅱ 类水质目标时，河口、库湾中部及库湾尾部断面 7—9 月基本仍为轻度富营养（表 7.3 - 5～表 7.3 - 7）。

表 7.3 - 5 **2017 年上游 Ⅱ 类水质来水下梅溪河库湾营养状态评价表（河口断面）**

月 份	营养状态指数					TLI	营养状态等级
	COD_{Mn}	TP	TN	Chl - a	SD		
1	0	9	11	3	8	32.0	中营养
2	0	9	11	3	8	31.0	中营养
3	0	10	12	4	8	33.0	中营养
4	1	9	11	7	8	35.4	中营养
5	2	11	13	10	8	43.9	中营养
6	3	11	12	11	8	46.3	中营养
7	8	11	11	16	10	56.4	轻度富营养
8	9	10	11	16	10	55.6	轻度富营养
9	6	10	11	14	9	50.2	轻度富营养
10	3	10	11	11	8	43.7	中营养
11	1	9	11	7	8	35.6	中营养
12	0	8	12	6	8	34.8	中营养

表 7.3-6　　　2017 年上游 Ⅱ 类水质来水下梅溪河库湾营养状态评价表（库湾中部断面）

月　份	营养状态指数					TLI	营养状态等级
	COD_{Mn}	TP	TN	Chl-a	SD		
1	0	8	11	4	8	31	中营养
2	0	9	11	4	8	32	中营养
3	0	10	11	5	8	34	中营养
4	0	8	12	6	8	32.8	中营养
5	3	10	12	10	8	43.1	中营养
6	3	10	12	11	8	45.5	中营养
7	8	11	11	16	10	55.8	轻度富营养
8	9	10	10	16	10	55.5	轻度富营养
9	6	10	10	14	9	50.3	中营养
10	2	10	10	10	8	40.8	中营养
11	1	9	10	7	8	34.8	中营养
12	1	9	10	7	8	34.1	中营养

表 7.3-7　　　2017 年上游 Ⅱ 类水质来水下梅溪河库湾营养状态评价表（库湾尾部断面）

月　份	营养状态指数					TLI	营养状态等级
	COD_{Mn}	TP	TN	Chl-a	SD		
1	0	9	11	3	8	30.2	中营养
2	0	9	10	6	8	33.4	中营养
3	0	10	11	7	8	35.9	中营养
4	1	10	11	7	8	37.0	中营养
5	3	10	11	11	8	42.5	中营养
6	3	10	11	11	8	44.5	中营养
7	8	11	10	16	10	55.1	轻度富营养
8	9	10	10	16	10	55.0	轻度富营养
9	6	10	10	14	9	49.4	中营养
10	3	10	10	11	8	42.9	中营养
11	1	9	10	7	8	35.1	中营养
12	1	8	10	7	8	34.5	中营养

（3）当上游来水水质满足湖库 Ⅲ 类水质标准时，库尾断面基本可实现全年中营养水平（表 7.3-10），而库中和河口区受三峡水库干流倒灌影响，仍无法实现全年中营养水平的

治理目标（表 7.3 - 8 和表 7.3 - 9）。

表 7.3 - 8   2017 年上游来水满足湖库Ⅲ类时梅溪河库湾营养状态评价表（河口断面）

月 份	营养状态指数					TLI	营养状态等级
	COD_{Mn}	TP	TN	Chl - a	SD		
1	0	9	11	3	8	31.0	中营养
2	0	9	11	3	8	30.0	中营养
3	0	10	11	4	8	33.0	中营养
4	1	9	11	7	8	35.1	中营养
5	2	10	12	10	8	43.5	中营养
6	3	11	12	11	8	45.9	中营养
7	8	11	11	15	10	55.6	轻度富营养
8	9	10	10	16	10	54.7	轻度富营养
9	6	10	11	14	9	49.8	中营养
10	3	10	11	11	8	43.0	中营养
11	1	9	11	7	8	34.9	中营养
12	0	8	11	6	8	34.2	中营养

表 7.3 - 9   2017 年上游来水满足湖库Ⅲ类时梅溪河库湾营养状态评价表（库湾中部断面）

月 份	营养状态指数					TLI	营养状态等级
	COD_{Mn}	TP	TN	Chl - a	SD		
1	0	8	11	4	8	29.92	贫营养
2	0	9	11	4	8	31.39	中营养
3	0	9	11	5	8	32.99	中营养
4	0	7	11	6	8	31.52	中营养
5	2	10	12	10	8	42.50	中营养
6	3	10	12	11	8	44.53	中营养
7	8	10	11	15	10	54.02	轻度富营养
8	9	9	10	16	10	53.90	轻度富营养
9	6	9	10	14	9	48.69	中营养
10	2	10	10	10	8	39.36	中营养
11	1	8	10	7	8	32.80	中营养
12	0	8	10	6	8	32.17	中营养

表 7.3 - 10　　　　　2017 年上游来水满足湖库 Ⅲ 类时梅溪河库湾营养状态评价表（库湾尾部）

月　份	营养状态指数					TLI	营养状态等级
	COD_{Mn}	TP	TN	Chl - a	SD		
1	0	8	10	3	8	29.1	贫营养
2	0	9	10	5	8	32.2	中营养
3	0	9	11	7	8	34.7	中营养
4	1	9	11	7	8	35.6	中营养
5	2	9	11	10	8	41.1	中营养
6	3	10	10	11	8	42.5	中营养
7	8	10	9	15	10	50.7	中营养
8	8	9	9	15	10	50.6	中营养
9	6	9	9	14	9	47.7	中营养
10	3	10	10	11	8	41.2	中营养
11	1	8	10	7	8	33.7	中营养
12	1	8	9	7	8	33.1	中营养

7.3.4　梅溪河支流库湾富营养状态削减总量控制需求

　　根据数值模拟与计算结果，在仅控制梅溪河上游来水水质条件下，对库湾尾部和库湾中部位置水体营养状态水平有一定降低效果，而河口位置主要受长江干流来水影响，综合营养状态指数无明显下降（图 7.3 - 3）。当梅溪河上游来水满足湖库 Ⅱ 类水质标准（方案 4）时，梅溪河支流库湾中部及以上区域才能实现全年中营养及以下水平，但从目前来看是无法实现的。故从梅溪河支流库湾水华高发区（库湾尾部）富营养状态削减需求出发，通过控制支流库湾流域点、面源污染负荷，让梅溪河流域雨季入湖的 TP、TN 负荷达到湖库 Ⅲ 类水质标准还是有可能实现的。

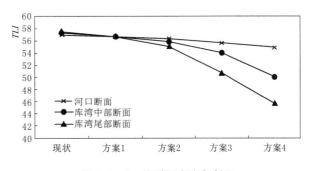

图 7.3 - 3　梅溪河库湾各断面
不同方案的 TLI 变化图（7月）

　　对比梅溪河流域 2017—2018 年现状来水水质与湖库 Ⅲ 类水质标准（表 7.3 - 11）可知，为降低梅溪河支流库湾藻类水华风险，基本消除汛期梅溪河支流库湾水华高发区（库尾浅水区）的轻度富营养状态，使之达到中营养水平，梅溪河流域上游来水 TP、TN 浓度负荷削减率将超过 65% 以上，详细结果见表 7.3 - 11。

表 7.3-11		梅溪河支流库湾富营养控制的流域来水水质及削减需求			单位：mg/L
水 质 指 标		COD	COD$_{Mn}$	TN	TP
管理目标（Ⅲ类）		20	6	—	0.20
现状	汛期		4.72	3.12	0.15
	非汛期		2.17	2.25	0.08
富营养状态控制需求	汛期		4.00	1.00	0.05
	非汛期		2.00	1.00	0.05
梅溪河入库水质浓度 削减率/%	汛期		15.3	67.9	66.0
	非汛期		7.7	55.5	33.8

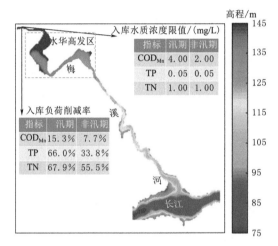

图 7.3-4　梅溪河支流库湾尾部富营养控制的总量削减与水质目标管理需求

7.4　三峡水库典型支流库湾水质达标的适应性管理方案

　　"控源截污、生态修复"已成为湖库水体富营养化问题防治的共识。对于目前三峡水库支流库湾面临的水体富营养化及藻类水华问题，要明确意识到"问题在水中，根源在岸上"，不能只从水体层面谋求解决问题，要从生态系统整体性和流域系统性出发，追根溯源、系统治理，要正确认识"山水林田湖草"是一个生命共同体，生态是统一的自然系统，是相互依存、紧密联系的有机链条，同时干支流将协同影响梅溪河支流库湾水环境质量演变及水质目标的可达性，但干流水质牵涉范围更广、管控难度更大，故遵循先易后难原则，做好梅溪河流域自身的事情，从而提出满足梅溪河支流库湾水质保护目标并逐步削减与控制水华敏感区的水体富营养状态的水质目标适应性管理方案。

7.4.1　梅溪河支流库湾分级总量控制与精细化管理需求

　　以入库河流水质达标的总量控制为三峡库区流域点面源治理、河库水质逐步好转发挥了极为重要的作用，但依托流域水功能区划确定的入库河流水质目标，与支流库湾极为缓慢的水动力条件和适宜承载的入库污染物能力仍存在较大差距，尤其是受河流与湖库间水动力条件差异影响下的总磷和总氮指标，亟须以支流库湾水环境容量、营养状态水平及其年内动态变化特征为依据，研究满足其容量总量控制和营养状态水平削减需求的入库河流水质目标精细化管理方案，以适应新时期全面推进河湖长制的管理需求，促使支流库湾水生态系统功能逐步恢复并最终实现良性循环。

1. 满足梅溪河库湾水质达标的干支流水质精细化管理方案

以满足梅溪河支流库湾各特征断面的水质保护目标要求为前提，以梅溪河支流库湾各入湖河流单元限制排污总量为约束条件，在设计水文条件（2018 年）下，干支流入库的 COD_{Mn} 指标的浓度限值为 2.50～6.30mg/L，TP 指标的浓度限值为 0.052～0.055mg/L，TN 指标的浓度限值为 1.05～1.10mg/L。分水期干支流入库的水质浓度管理限值详见表 7.4-1 及图 7.4-1。

表 7.4-1　　　　　　梅溪河支流库湾总量约束下干支流入库水质浓度限值需求　　　　单位：mg/L

河　段	时　段	COD_{Mn}	TP	TN
梅溪河支流	汛期	6.30	0.054	1.10
	非汛期	3.60	0.055	1.10
三峡库区干流	汛期	6.30	0.052	1.05
	非汛期	2.50	0.052	1.05

2. 满足梅溪河库湾水华敏感区富营养控制的水质精细化管理方案

梅溪河支流库湾水体营养状态指数与梅溪河上游来水水质间的响应关系的研究成果表明：梅溪河支流库湾河口区营养状态指数主要受三峡库区干流来水的影响与控制，在库区干流来水总体满足地表水 Ⅱ 类水质条件时，即使梅溪河上游来水水质达到湖库Ⅲ类及更好，河口区也无法消除水体的轻度富营养状态，梅溪河支流库湾水华敏感区（库尾段）也仅勉强可以消除轻度富营养状态，使之达到中营养水平。以梅溪河支流库湾水华高发时段 7 月为例，随着梅溪河流域村镇分散式生活污水集中

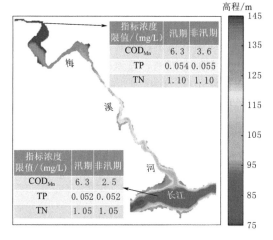

图 7.4-1　总量约束条件下梅溪河支流库湾
入库水质浓度限值需求

处理、坡耕地系统治理和农田面源治理后，上游来水中的 N、P 负荷将逐步减少，使上游来水逐步满足地表水Ⅲ类、Ⅱ类及湖库Ⅲ类时，梅溪河支流库湾库尾断面的综合营养状态指数呈逐渐下降趋势，而河口区无明显变化（图 7.4-2）。

以满足梅溪河支流库湾库尾水华敏感区的水体富营养状态控制要求，在设计水文条件（2017 年）下，三峡库区长江干流水质不劣于现状条件（COD_{Mn} 为 1.30～6.00mg/L，TP 为 0.07～0.10mg/L，TN 为 2.00mg/L），梅溪河支流入库的 COD_{Mn} 指标的浓度限值为 2.00～4.00mg/L，TP 指标的浓度限值为 0.05mg/L，TN 指标的浓度限值为 1.00mg/L。干支流入库的水质浓度管理限值详见图 7.4-3。

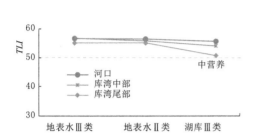

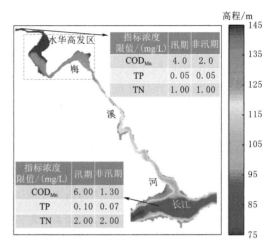

图 7.4-2　上游来水水质变化下梅溪河库湾
各特征断面综合营养状态指数变化过程

图 7.4-3　梅溪河库湾尾部富营养控制
的入库水质浓度限值需求

7.4.2　梅溪河支流库湾水体富营养化防治技术筛选

基于三峡库区支流库湾环境问题识别，系统梳理了梅溪河流域水环境容量总量和水体富营养状态控制约束条件下，可进一步落实的水污染综合防治与水体生态修复措施（表7.4-2），并结合"汉丰湖流域水污染综合防治集成方案"成果，发现效果最好的4个措施分别为提高乡村镇污水收集与处理率、提高畜禽养殖粪便收集与综合利用率、退耕还林措施和测土配方措施，总氮削减率依次可达18.84%、23.29%、35.52%和4.33%，总磷削减率依次可达34.88%、63.01%、11.52%和1.85%。同时通过4种措施的各种优化组合，最终推荐同时使用提高乡村镇污水收集与处理率、提高畜禽养殖粪便收集与综合利用率和退耕还林三种措施组合。

表 7.4-2　　　　　　　　　汉丰湖流域各单项措施的实施效果模拟结果　　　　　　　　单位：t/a

单项措施情景	总　氮			总　磷		
	点源	非点源	削减率/%	点源	非点源	削减率/%
背景值	1946.90	1942.78		127.37	131.51	
退耕还林	1946.90	561.33	35.52	127.37	101.70	11.52
坡改梯	1946.90	1885.78	1.47	127.37	128.93	1.00
生态保育	1946.90	1794.45	3.81	127.37	124.90	2.55
测土配方	1946.90	1774.42	4.33	127.37	126.71	1.85
规模化畜禽养殖	1284.95	1698.83	23.29	37.82	54.94	63.01
提高污水处理率	1440.76	1716.34	18.84	66.01	102.60	34.88
河道生态治理	1852.22	1898.54	3.57	117.51	130.43	4.23

基于小江汉丰湖流域水污染综合防治集成方案推荐的流域治理组合方案，结合梅溪河流域容量总量控制和库湾尾部水华高发区富营养状态指数削减需求，梅溪河支流库湾水体富营养化削减与调控的技术组合方案见图7.4-4。

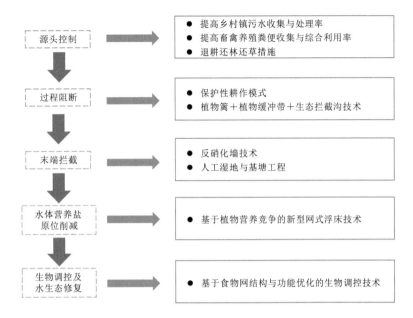

图 7.4 - 4　梅溪河支流库湾水体富营养化削减与调控的技术组合方案

7.4.3　梅溪河支流库湾水质目标适应性管理方案

梅溪河支流库湾是因三峡工程建设蓄水运行而形成，库湾水体在汛期（6—9 月）处于轻度富营养状态，农业面源污染已成为梅溪河支流库湾水体中氮、磷等营养元素的主要营养来源。梅溪河库湾与库周陆域之间形成明显的水陆交错带，维持健康的交错带生态系统对生物多样性维持和保护、调控坡面散流营养盐输入、减少河岸土壤侵蚀、维持水体水生态环境等有着积极作用。库湾消落带（145～175m）是坡面散流面源污染物等进入水体的最后屏障，也是受人类活动影响较大的生态环境脆弱区。梅溪河支流库湾水体富营养防治，需遵循"源头控制-过程阻断-末端拦截-水体原位削减-水生态系统修复"的系统治理思路，集成"三峡库区面源污染控制与消落带生态恢复技术与示范"技术研发成果，梅溪河支流库湾水质目标适宜性管理方案如下。

（1）源头区（包括康乐镇、石岗乡、公平镇、汾河镇、大树镇、洞鹿乡、大阳镇、平安乡、新政乡、竹园镇等）：采用提高乡镇污水收集与集中处理率、规模化养殖畜禽粪便回收与农田综合利用和陡坡（坡度大于 25°）地退耕还林还草加强生态保育等措施，可从源头上减少 50％以上的流域点面源污染负荷的产生与输出。

（2）过程阻断（包括康乐镇、石岗乡、公平镇、汾河镇、大树镇、洞鹿乡、大阳镇、平安乡、新政乡、竹园镇等）：采取保护性耕作模式和"植物篱＋植物缓冲带＋生态拦截沟技术"相结合的技术手段，可强化污染物在随降雨径流输移过程中的阻断功效，负荷拦截效率将超过 10％。

（3）末端拦截（水陆交错带区 145～175m）：针对农田种植相对集中区域，在库区水位 170.00～175.00m 区域布设适当规模的反硝化墙体，并和人工湿地、基塘湿地相结合，可使坡面散流（非暴雨径流）中的 TN、TP 负荷削减 30％以上；针对康乐镇排污口，利用反硝化墙体技术可使污水处理厂尾水 TN 负荷削减 60％以上。

（4）水体原位削减（水华和水景观敏感区）：针对支流库湾水华高风险区或藻类易富集区，采用布设适当面积的网式浮床并种植具有较高食用价值的蕹菜、黄花水龙、水芹菜、黑麦草等，可使局部水域的 TN、TP 负荷削减率超过 25％以上，并形成不利于藻类水生繁殖的局部环境（Chl－a 削减率也接近 10％）。

（5）生物调控与水生态系统修复：重点针对支流库湾中上部藻类水华高发区进行规划建设拦网（图 6.4－5），拦网水域中构建以鲢与鳙为主，杂食性鱼类为辅（鲢、鳙及杂食性鱼类比例控制在 6∶2∶2 为宜），密度适宜的组合调控方案（鲢、鳙鱼种规格为 250～500g/尾，密度以 3kg/亩为宜），辅以周期性捕捞出库的管理措施，从而有利于通过鱼体吸收和带出氮、磷等营养物质，降低敏感水域的藻类密度，其叶绿素 a 浓度将降低 15％以上，年削减总磷、总氮浓度分别超过 $1.0mg/m^3$、$5.00mg/m^3$。

综上所述，通过源头控制-过程阻断-末端拦截-水体原位削减-生物调控与水生态系统修复全过程治理，可以实现梅溪河流域水环境容量与支流库湾水华高发区富营养状态控制，满足对入库污染物总量与入库水质浓度限值要求。梅溪河支流库湾水质目标适应性管理方案示意图详见图 7.4－5。

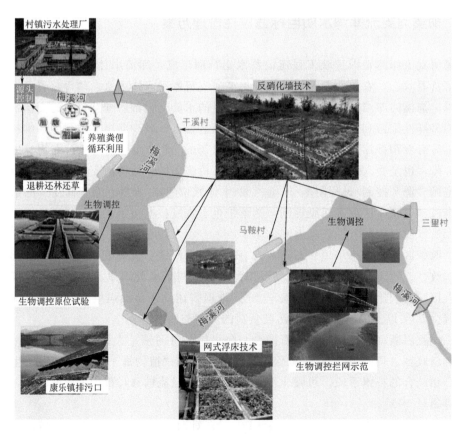

图 7.4－5　梅溪河支流库湾水质目标适应性管理方案示意图

7.5 小结

（1）三峡水库水体富营养化治理，作为推动长江经济带高质量发展的有机组成部分，应坚持"生态优先、绿色发展"理念，遵循"源头控制-过程阻断-末端拦截-水体原位削减-水生态修复"的系统治理思路，并针对梅溪河流域存在的主要水环境问题和库湾周边污染源特征，系统性地梳理并提出了梅溪河支流库湾水环境容量总量控制、水体富营养化削减与生物调控的技术措施体系，以逐步解决三峡水库水体富营养化问题，为长江经济带高质量发展提供安全的水资源条件支撑。

（2）以梅溪河支流库湾水功能区划水质保护目标（Ⅲ类）为约束，在不利来水条件（三峡库区干流为特丰水年、梅溪河支流为特枯水年）和支流库湾及干支流来水满足水质保护目标且基本不劣于现状条件下，计算得到梅溪河支流库湾 COD_{Mn}、TP、TN 三指标的水环境容量分别为 18417t/a、373t/a、7528t/a，同时基于现状入库负荷制定了梅溪河支流库湾入库污染物总量控制与削减方案。2018 年梅溪河库湾 COD_{Mn}、TP、TN 入库污染物总量分别 29056t、796t、18770t，三指标需分别削减 10639t、422t、11243t，其中梅溪河支流入库的 TP、TN 负荷量需分别削减 43.1％、54.4％，三峡库区干流倒灌的 COD_{Mn}、TP、TN 指标负荷量需分别削减 39.2％、53.8％、60.3％，从空间分布上看三峡库区干流负荷削减率较梅溪河支流稍高。

（3）梅溪河支流库湾水体富营养化是流域内污染物过量输入的直接体现，按照水环境容量总量控制要求，并结合支流库湾水体营养状态综合指数与特征水质指标（TP、TN、COD_{Mn}）间的关联性特征，提出了梅溪河支流库湾水体营养状态综合指数的控制需求及干支流来水的水质浓度限值，即当三峡库区干流水质满足Ⅱ类且梅溪河支流来水满足湖库Ⅲ类水质标准（TP≤0.05mg/L，TN≤1.00mg/L）时，支流库湾水华高发区（库尾断面）基本可实现全年中营养水平，基本消除轻度富营养状态。从总量控制与削减角度，汛期梅溪河支流上游来水的 TP、TN 浓度负荷削减率将超过 65％以上。

（4）以入库河流水质达标的总量控制为三峡库区流域点面源治理发挥了极为重要的作用，但依托流域水功能区划确定的入库河流水质目标，与支流库湾缓慢的水动力条件和水环境承载能力仍存在较大差距，亟须以支流库湾水环境容量、营养状态水平及其年内动态变化特征为依据，研究满足其容量总量控制和营养状态水平削减需求的入库河流水质目标精细化管理方案。在支流库湾各特征断面水质达标约束条件下，梅溪河支流库湾干支流入库的 COD_{Mn}、TP、TN 指标浓度限值分别为 2.50～6.40mg/L、0.052～0.055mg/L、1.05～1.10mg/L；在满足梅溪河支流库湾库尾水华高发区的富营养状态控制要求条件下，三峡库区干流水质不劣于现状条件（COD_{Mn} 为 1.30～6.00mg/L，TP 为 0.07～0.10mg/L，TN 为 2.00mg/L）时，梅溪河支流入库的 COD_{Mn}、TP、TN 指标浓度限值分别为 2.00～4.00mg/L、0.05mg/L、1.00mg/L。

（5）梅溪河支流库湾水体富营养防治，需遵循"源头控制-过程阻断-末端拦截-水体原位削减-水生态修复"的系统治理思路，在源头区采用提高乡村镇污水收集与集中处理率、规模化畜禽养殖粪便回收与农田综合利用、陡坡（坡度大于25°）地退耕还林还草加强生态保育等措施，并采取保护性耕作模式和"植物篱＋植物缓冲带＋生态拦截沟技术"相结合强化污染物在随降雨径流输移过程中的阻断功效，可从源头上减少 50％以上的流域点面源污染负荷的产生与输出，并在输送过程中拦截超过 10％以上的污染负荷；在水陆交错带（水位 170.00～175.00m）针对农田种植相对集中区域和分散式村镇排污口，布设适当规模的反硝化墙体，并和人工湿地、基塘湿地相结合，可使坡面散流（非暴雨径流）中的 TN、TP 负荷削减 30％以上，使污水处理厂尾水 TN 负荷削减 60％以上；针对支流库湾水华高风险区或藻类易富集区，采用布设水面面积占比约为 15％～20％的新型网式浮床，并种植具有较高食用价值的蕹菜、黄花水龙、水芹菜、黑麦草等，可使局部水域的 TN、TP 负荷削减率超过 25％以上，并形成不利于藻类水生繁殖的局部环境（Chl－a 削减率也接近 10％）；同时针对支流库湾中上部藻类水华高发区进行规划建设拦网，拦网水域中构建以鲢与鳙为主，杂食性鱼类为辅（鲢、鳙及杂食性鱼类比例控制在 6∶2∶2 为宜），密度适宜的组合调控方案（鲢、鳙鱼种规格为 250～500g/尾，密度以 3kg/亩为宜），辅以周期性捕捞出库的管理措施，从而可通过鱼体吸收和带出氮、磷等营养物质，降低敏感水域的藻类密度，其叶绿素 a 浓度将降低 15％以上，年削减总磷、总氮浓度分别超过 $1.0mg/m^3$、$5.00mg/m^3$。

（6）在梅溪河支流库湾水功能区划水质保护目标约束和入库污染物总量控制条件下，"植物营养竞争＋以鱼类结构与功能优化为主体的生物调控"的立体调控技术体系，可使梅溪河支流库湾富营养化及藻类水华高发水域表层的 Chl－a、TP、TN 浓度削减率达到 25％以上，可为梅溪河支流库湾水质保护提供一定的安全余量，并较大程度地降低支流库湾发生藻类水华的风险。

第 8 章

研 究 结 论 与 建 议

长江干流是推动长江经济带高质量发展、打造中国经济新支撑带的黄金水道，更是我国生态文明建设的一张绿色名片。坚持生态优先、绿色发展，把生态环境保护摆上优先位置是推动长江经济带高质量发展的重要前提和基础。近年来，长江经济带生态环境保护工作取得了阶段性进展，三峡水库干流水质优良，但库区部分支流库湾水体富营养化问题较为突出且水华现象频发，严重威胁库区水生态环境安全，支流库湾水体富营养化及水华问题已成为三峡水库目前亟待解决的一项重担。本研究针对三峡水库支流库湾水深、流速慢、干支流交互作用频繁和水环境容量小的特点，以梅溪河和黄金河支流库湾为典型代表，识别了三峡水库支流库湾水体富营养化的主要环境影响因素、发生条件及驱动机制，研究了典型支流库湾水体富营养化调控的可能途径，研发了以反硝化墙、植物营养竞争、生物操控为核心的水体富营养化防治立体调控技术，研究确定了相关的关键技术参数并通过工程示范得到了验证，提出了基于容量总量控制与水华敏感区富营养化状态削减的水质目标适应性管理方案，可为三峡水库支流库湾水体富营养化防治提供科学的技术支撑。

8.1 主要研究结论

（1）以梅溪河支流库湾为典型代表，科学阐释了支流库湾的水环境演化过程，揭示了梅溪河支流库湾水体富营养化驱动机制。

1）2017—2019 年期间梅溪河库湾整体水质类别为Ⅲ～Ⅳ类（TN 指标参评时多为劣Ⅴ类），且呈现自河口至库尾逐渐升高的过程，是三峡水库水质污染问题较为突出、藻类水华问题最为严重的支流之一，主要超标指标为 TP、TN，其中 TP 超标多集中在汛期，TN 浓度全年均高于湖库Ⅲ类水质标准。库湾内 N、P 营养盐水平均远高于国际公认的富营养化发生阈值（TN$\geqslant$0.2mg/L、TP$\geqslant$0.02mg/L），全年均处在中营养水平以上，其中 6—9 月达到轻度富营养状态，库湾尾部营养状态指数最高，是藻类水华发生的高风险区。

2）梅溪河库湾整体流速较小（－0.05cm/s$\leqslant u \leqslant$5.00cm/s），受干支流来水交互作用影响，库湾内不同特征断面（河口、库中、库尾）和不同层位（表、中、底）均存在明显的流速与流向空间变异特征，库湾内表层和底层流场全年相反，并与长江干流存在频繁的水量交换。汛前消落期（2—5 月），长江干流从表层倒灌进入支流库湾，支流从底层汇入库区干流，河口处底层流速略高，库湾中部和尾部流速差别较小；汛期（6—9 月），长江干流从中层倒灌进入库湾，支流则从表、底层汇入库区干流，库尾和河口处流速较大，库中流速较小；汛后蓄水期（10—11月）和枯水运用期（12月至次年1月）干支流水体交互特征是表层倒灌进入支流库湾，支流来水自底层流出库湾。干支流水交换量在河口、中部和尾部的年均值分别为210.15m³/s、83.60m³/s和77.21m³/s，并呈现自下而上逐渐减小特征，河口处的水交换量是库湾中上部的2.5～3.0倍。

3）从年尺度上看，三峡库区干流是梅溪河支流库湾N、P等营养盐负荷的主要来源，库湾内河口、库中和库尾的N、P收支总量分别为8868t/a、4238.75t/a、4060.05t/a，780.88t/a、420.46t/a、404.17t/a，其中河口区干流倒灌输入的N、P占比约67%～76%，梅溪河流域面源输入约占20%～30%，流域点源仅占3%～4%；库湾中上部干流倒灌输入约占38～50%，流域面源输入约占42%～59%，流域点源仅占5%～8%。水华敏感期（3—10月）和水华高发期（7月），流域面源输入是支流库湾易发生水华区营养盐的最主要来源。水华敏感期，库湾中上部区长江干流倒灌输入的TP约占24%～28%，流域面源输入约占68%～72%，流域点源仅占4%～5%。在水华高发时节，流域面源输入的TP、TN分别占库湾中上部断面收支总量的74%、72%，是库湾水华发生时段最主要的磷和氮贡献源，而长江倒灌输入的磷、氮仅分别占20%、17%，因此，流域面源负荷是梅溪河支流库湾水体富营养化控制与削减的关键，但支流的来水过程和降雨径流产生的面源负荷过程都将对支流库湾的水华发生产生重要影响。

4）梅溪河支流库湾水体富营养化演变及藻类水华发生是三峡水库蓄水后水文水动力条件变化、入库污染物迁移扩散特征、干支流交互作用引起的水体层化现象及自然气象条件等综合作用的结果，其中水库蓄水导致水位急剧抬升、水深急剧增加、水文水动力条件显著改变是支流库湾水体富营养化演变的主要驱动因素，缓流态导致陆域输入的大量营养盐易在库湾中上部不断累积，为藻类大量生长和繁殖提供了充足的营养物质条件，干支流水温差引起的分层异重流和水体分层是支流库湾浮游植物群落演替及水华生消的关键因素，而水体层化现象则有利于藻类利用气囊上浮并在水体表面聚集形成水华。在当前支流库湾中营养盐条件十分充足且对藻类生长繁殖无限制性影响时，梅溪河支流库湾藻类水华主要受到温度和光照等气候条件影响与控制。

（2）基于"山水林田湖草"生命共同体理念和全过程治理思路，针对库区普遍存在坡面散流氮污染问题突出、局部库湾易出现藻类富集和水华敏感区存在食物网结构的缺失与冗余环节等问题，有针对性地研发了以反硝化墙、新型网式浮床、基于食物网结构与功能优化的生物调控为核心的支流库湾水体富营养化防治立体调控技术。

1）针对农业面源污染是三峡库区水体营养物质的最主要来源且氮污染十分突出的问题，并结合支流库湾水体富营养化防治的系统治理思路和技术需求，选用渗透反应墙（反硝化墙）技术构建了三峡库区水陆交错带地表潜流末端拦截/阻控技术，通过农业固废碳源的优选实验，筛选获得脱氮效果好和安全性高的反硝化碳源为花生壳和刨花，碳源：土壤为1：10，并通过加入海绵铁以改进反硝化基质组成，可提高反硝化墙脱氮性能与脱氮效率10%～20%。在重庆市忠县凤凰村的反硝化墙示范工程运行结果表明：反硝化墙可以有效实现坡面散流的末端截污和氮素阻控，水力负荷为0.5m³/(m²·d)时NO₃⁻-N去除率最大达到86.86%，并随着水力负荷的增加其脱氮性能呈现降低趋势，即使在较高水力负荷下运行 TN 去除率仍可达到 30%。反硝化墙技术具有环境效益好、占地和投入少、维护成本低、适用条件广等特点，还可应用于分散式村落污水处理及其尾水水质净化等。

在三峡水库水陆交错带（水位 170.00～175.00m）针对农田种植相对集中的坡面散流区和库湾周边污水处理厂尾水排口，推广应用布设适当规模的反硝化墙体（投资成本 512 元/m²，年运行成本 130 元/m²），其中坡面散流的服务范围参数为 1～6 亩/m²，乡村污水处理厂尾水净化的服务参数为 1250 人/100m²，可使坡面散流（非暴雨径流时段）中的 TN 负荷削减 30% 以上，使污水处理厂尾水 TN 负荷削减 60% 以上。如果和人工湿地、基塘湿地相结合，脱氮除磷效果会更佳。

2）针对支流库湾水体中氮磷等营养盐丰富、水流缓慢且藻类易在局部水域累积并出现藻类水华问题，并结合支流库湾水体富营养化防治的系统治理思路和技术需求，选用基于植物营养竞争的新型网式浮床原位削减技术，研发了适宜于春夏季（3—9 月）的蕹菜＋黄花水龙 2∶1 混植生态浮床系统和适宜于秋冬季（10 月至次年 2 月）的水芹菜＋黑麦草 1∶1 混植生态浮床系统（混植密度以 96 株/m² 为佳）的水体营养盐原位削减技术。工程示范结果表明：网式浮床利于浮床植物从水体中有效吸收吸附营养盐（浮床系统积累的氮、磷含量净增值分别为 4666.08g/m² 和 224.12g/m²），有效削减表层水体中氮磷负荷（TN、TP 浓度削减率分别为 55.45%、26.92%），降低水体中的叶绿素 a 含量（Chl-a 浓度削减率约为 8.57%），并可在敏感水域形成良好的水景观环境，同时通过定期收割 4 种可食用的浮床植物还可以产生一定的经济效益（净收益约为 3000 元/亩），环境与经济社会效益均较好，适合在三峡库区支流库湾推广应用。

针对三峡水库各支流库湾水华高风险区或藻类易富集区，采用布设水面面积占比为 15%～20% 的网式浮床并种植具有较高食用价值的蕹菜、黄花水龙、水芹菜、黑麦草等，可使浮床临近水域表层水中的 TN、TP 负荷削减率超过 25%，并形成不利于藻类生长繁殖的局部环境（Chl-a 削减率也接近 10%），浮床植物可带走水体中氮、磷量分别为 11.91g/m² 和 0.70g/m²，全年浮床系统平均可削减水体中氮、磷含量 1.56～2.08mg/m³、0.10～0.13mg/m³，每年可获得经济收益约 200 元/m²，同时可促进就业（1～2 人/1000m²），扣除固定设施投入、材料和采摘成本后净收益约为 6000 元/亩，经济效益十分可观。

3）针对三峡水库支流库湾藻类水华问题突出、浮游植物在食物网中的食性依赖相对较低及捕食浮游植物、内源碎屑等的鱼类种类和数量不足等问题，以滤食性鱼类的生物调控为主要对象，构建了水质、水生生物类群和食物网结构与功能诊断的综合技术体系，解析了黄金河支流库湾的水生态结构组成，诊断了黄金河支流库湾的食物网结构特征，明晰了黄金河下游拦网水域食物网存在的主要问题，提出了黄金河支流库湾的生物调控方向与技术策略，制定了生物调控技术的原位试验方案。通过原位的生物调控试验，构建了以鲢、鳙为主、杂食性鱼类为辅和密度适宜的组合调控方案，获取了生物调控的组合方案及其关键技术参数：鲢与鳙比例为 7∶3（鲢、鳙及杂食性鱼类比例为 6∶2∶2）和放养密度 80g/m³，同时建设了 3500～6500m²（低水位期-高水位期）的生物调控技术示范区，通过工程示范验证了生物调控技术参数的可靠性和生态环境效益的有效性。工程示范结果表明：基于食物网结构与功能优化的生物调控技术可使水体中叶绿素 a 浓度降低 16.20%，藻类生长抑制效果明显，同时结合黄金河 2017—2020 年拦网捕捞出库数据，估算平均每年生态养殖捕捞出库移除水体的氮、磷负荷分别超过 8.9t 和 1.7t，年削减总磷、总氮浓度分别超过 $1.0mg/m^3$、$5.00mg/m^3$。生物调控技术，因其鱼类种类可获得性强、富营养化削减效果较好、可采用库湾或支流拦网形式在库区支流库湾开展大规模推广应用，并呈现出生态效益较好、经济效益大和社会效益显著的多赢格局。

4）在梅溪河支流库湾水功能区划水质保护目标为约束和入库污染物总量控制条件下，以"植物营养竞争＋以鱼类结构与功能优化为主体的生物调控"的立体防治技术体系，可使梅溪河支流库湾富营养化及藻类水华高发水域表层的 Chl-a、TP、TN 浓度削减率达到 25％以上，可为梅溪河支流库湾总量控制与水质保护提供一定的安全余量，并较大程度地降低支流库湾发生藻类水华的风险。

（3）基于容量总量控制与水体富营养状态削减需求，提出了梅溪河支流库湾入库污染物总量控制与水体富营养状态指数削减方案，制定了满足梅溪河支流库湾水质达标和水华敏感区富营养状态控制的水质目标适应性管理方案。

1）以梅溪河支流库湾水功能区划水质保护目标（Ⅲ类）为约束，在不利来水条件、支流库湾及其干支流来水满足水质保护目标且基本不劣于现状条件下，计算得到梅溪河支流库湾 COD_{Mn}、TP、TN 三指标的水环境容量分别为 18417t/a、373t/a、7528t/a，而2018 年梅溪河库湾 COD_{Mn}、TP、TN 入库污染物总量分别 29056t、796t、18770t，三指标需分别削减 10639t、422t、11243t，其中梅溪河上游入库的 TP、TN 负荷量需分别削减 43.1％、54.4％，库区干流倒灌的 COD_{Mn}、TP、TN 负荷量需分别削减 39.2％、53.8％、60.3％。同时结合库湾水体营养状态综合指数与特征指标间的关联性特征，提出了梅溪河库湾营养状态综合指数的控制需求和干支流来水的水质浓度限值，即当三峡库区干流水质满足Ⅱ类且梅溪河支流来水满足湖库Ⅲ类水质标准（TP≤0.05mg/L，TN≤1.00mg/L）时，支流库湾水华高发区（库尾断面）基本可实现全年中营养水平，基本消除轻度富营养状态。从总量控制与削减角度看，汛期梅溪河支流上游来水的 TP、TN 浓度负荷削减率将超过 65％以上。

2）以入库河流水质达标的目标管理为三峡库区流域点面源治理发挥了极为重要的作用，但依托流域水功能区划确定的入库河流水质目标，与支流库湾缓慢的水动力条件和水环境承载力仍存在较大差距，亟须以支流库湾水环境容量、营养状态水平控制及其年内动态变化特征为依据，研究提出满足其容量总量控制和营养状态水平削减需求的入库河流水质目标精细化管理方案。在支流库湾各特征断面水质达标约束条件下，梅溪河库湾干支流入库的 COD_{Mn}、TP、TN 指标浓度限值分别为 $2.50\sim6.40mg/L$、$0.052\sim0.055mg/L$、$1.05\sim1.10mg/L$；在满足梅溪河库湾库尾水华高发区的富营养状态控制要求条件下，三峡库区干流水质不劣于现状条件（COD_{Mn} 为 $1.30\sim6.00mg/L$，TP 为 $0.07\sim0.10mg/L$，TN 为 2.00mg/L）时，梅溪河支流入库的 COD_{Mn}、TP、TN 指标浓度限值分别为 $2.00\sim4.00mg/L$、0.05mg/L、1.00mg/L。

3）梅溪河支流库湾水体富营养化防治，需遵循"源头控制-过程阻断-末端拦截-水生态系统修复"的综合治理思路，在源头区采用提高乡镇污水收集与集中处理率、规模化养殖畜禽粪便回收与农田综合利用、陡坡（坡度大于 25°）地退耕还林还草加强生态保育等措施，并采取保护性耕作模式和"植物篱＋植物缓冲带＋生态拦截沟技术"相结合强化污染物在随降雨径流输移过程中的阻断功效，可从源头上减少 50％以上的流域点面源污染负荷的产生与输出，并在污染负荷输送过程中拦截超过 10％；在水陆交错带（水位170.00～175.00m）针对农田种植相对集中区域和分散式村镇排污口，布设适当规模的反硝化墙体（投资成本 512 元/m²，年运行成本 130 元/m²），其中坡面散流的服务范围参数为 1～6 亩/m²，乡村污水处理厂尾水净化的服务参数为 1250 人/100m²，可使坡面散流（非暴雨径流）中的 TN 负荷削减 30％以上，使污水处理厂尾水 TN 负荷削减 60％以上，如果和人工湿地、基塘湿地相结合，脱氮除磷效果更佳；针对支流库湾水华高风险区或藻类易富集区，采用布设水面面积占比为 15％～20％的网式浮床并种植具有较高食用价值的蕹菜、黄花水龙、水芹菜、黑麦草等，可使局部水域表层水中的 TN、TP 负荷削减率超过 25％以上，并形成不利于藻类生长繁殖的局部环境（Chl-a 削减率也接近 10％）；针对支流库湾中上部藻类水华高发区进行规划建设拦网，拦网水域中构建以鲢与鳙为主，杂食性鱼类为辅（鲢、鳙及杂食性鱼类比例控制在 6∶2∶2 为宜），密度适宜的组合调控方案（鲢、鳙鱼种规格为 250～500g/尾，密度以 3kg/亩为宜），辅以周期性捕捞出库的管理措施，从而可通过鱼体吸收和带出氮磷等营养物质，降低敏感水域的藻类密度，其叶绿素a 浓度将降低 15％以上，年削减总磷、总氮浓度分别超过 1.0mg/m³、5.00mg/m³。

8.2　下一步研究建议

　　三峡工程是我国规模最大的水利枢纽工程，三峡工程修建对保障长江中下游地区的防洪安全、促进长江经济带建设与高质量发展有着十分重要的战略意义。然而对巨型工程形成的超大型水库生态环境演化及流域保护的科学认知依然十分有限，对超大型水库建设引起的支流库湾水体富营养化与藻类水华问题控制仍在不断探索，库区的生态环境保护与水生态系统修复面临巨大压力。

　　针对三峡库区部分支流库湾水体富营养化问题较为突出且水华现象频发问题，本研究选择水质污染相对较重、藻类水华问题最为突出的梅溪河支流库湾作为典型代表，通过构建的三维水动力与水体富营养化模型对梅溪河支流库湾水动力特性、水环境演变及水体富营养化过程进行演化与反演研究，并以 2017 年、2018 年为典型年开展了支流库湾水环境容量核算、水体综合营养状态指数与入库湾水质之间的响应关系等研究，在研究过程中由于诸多条件限制，仍存在诸多不足，有待进一步探讨和深入研究。

　　（1）三峡水库库区回水长度达 663km，沿岸支流库湾众多，受地形地势及距离三峡水库坝址远近影响，干支流交互作用对各支流库湾水动力条件、水体富营养化演替过程影响十分复杂，藻类水华类型、发生时节及位置分布复杂多样，尽管梅溪河支流库湾的研究成果具有一定的代表性，但无法反映诸多差异性，应选择更多的具有代表性的支流库湾进行研究，以充分反映三峡水库支流库湾水体富营养化驱动机制的差异性与多样性。

　　（2）三峡库区地域宽广、环境条件复杂多变，各支流库湾的干支流来水情况非常复杂且每年都不尽相同，故对于梅溪河支流库湾营养盐来源解析尚需系统分析不同水文年型组合工况，以便进一步完善支流库湾的营养源解析成果，进一步科学刻画水文情势变化条件下干支流来水对支流库湾营养物质基础的影响程度及其贡献大小。

（3）三峡水库支流库湾面临的水体富营养化和藻类水华问题，要明确意识到"问题在水中，根源在岸上"，同时干支流将协同影响梅溪河等支流库湾水环境质量的演变和水质目标的可达性，但干流水质牵涉范围更广、管控难度更大，故本次遵循先易后难原则，先做好梅溪河流域自身的事情，从而提出满足梅溪河支流库湾水质保护目标并逐步削减与控制水华敏感区的水体富营养状态的水质目标适应性管理方案。在下一步工作中应结合长江经济带高质量发展下的库区干流水质可能出现的水质改善情况，加强干支流水质的双管控，完善梅溪河支流库湾水质目标适应性管理方案。

（4）遵循"山水林田湖草沙"生命共同体理念和"源头控制-过程阻断-末端拦截-水体原位削减-水生态系统修复"系统治理思路，结合梅溪河流域的实际情况，进一步采取有针对性的"源头控制-过程阻断"措施，预测其点面源管控效果，进一步完善梅溪河支流库湾水质目标适应性管理方案，以便为梅溪河流域河湖长制和支流库湾水体富营养防治提供科学的决策依据。

参 考 文 献

卜发平，2011. 临江河回水河段富营养化特性、机制及人工浮床控制技术研究 [D]. 重庆：重庆大学.

刘培桐，1985. 环境学导论 [M]. 北京：高等教育出版社.

蔡庆华，胡征宇，2006. 三峡水库富营养化问题与对策研究 [J]. 水生生物学报，30 (1)：7-11.

曹华盛，李进林，2016. 三峡库区水系形态分形特征及地貌发育指示 [J]. 科技通报，32 (9)：30-34.

陈建中，刘志礼，李晓明，等，2010. 温度、pH 和氮、磷含量对铜绿微囊藻（Microcystis aeruginosa）生长的影响 [J]. 海洋与湖沼，41 (5)：714-718.

陈伟民，陈宇炜，秦伯强，等，2000. 模拟水动力对湖泊生物群落演替的实验 [J]. 湖泊科学，12 (4)：343-352.

陈秀秀，宋林旭，纪道斌，等，2016. 春季敏感时期三峡库区典型支流富营养化评价 [J]. 中国农村水利水电，2016 (11)：48-51，57.

陈洋，杨正健，黄钰铃，等，2013. 混合层深度对藻类生长的影响研究 [J]. 环境科学，34 (8)：3049-3056.

陈永灿，俞茜，朱德军，等，2014. 河流中浮游藻类生长的可能影响因素研究进展与展望 [J]. 水力发电学报，33 (4)：186-195.

陈作志，邱永松，贾晓平，等，2008. 基于 Ecopath 模型的北部湾生态系统结构和功能 [J]. 中国水产科学，15 (3)：460-468.

此里能布，毛建忠，黄少峰，2012. 经典与非经典生物操纵理论及其应用 [J]. 生态科学，31 (1)：86-90.

丁雪坤，王云琦，韩玉国，等，2020. 三峡库区人类活动净氮输入量估算及其影响因素 [J]. 中国环境科学，40 (1)：206-216.

樊兰英，2016. 生态化学计量学的基本理论及应用领域 [J]. 山西林业科技，45 (1)：37-39.

冯德祥，陈亮，李云凯，等，2011. 基于营养通道模型的淀山湖生态系统结构与能量流动特征 [J]. 中国水产科学，18 (4)：867-876.

高阳俊，阮仁良，孙从军，等，2011. 淀山湖千墩浦河口生态浮床试验工程净化效果 [J]. 水资源保护，27 (6)：28-31.

葛铜岗，2009. 菖蒲浮床系统净化临江河回水区污染河水的试验研究 [D]. 重庆：重庆大学.

韩超南，秦延文，马迎群，等，2020. 三峡支流大宁河库湾水质分布变化原因及其生态效应 [J]. 环境科学研究，33 (4)：893-900.

韩菲，陈永灿，刘昭伟，2003. 湖泊及水库富营养化模型研究综述 [J]. 水科学进展，14 (6)：785-791.

韩瑞，陈求稳，王丽，等，2016. 基于生态通道模型的长江口水域生态系统结构与能量流动分析 [J]. 生态学报，36 (15)：2-11.

韩新芹，叶麟，徐耀阳，等，2006. 香溪河库湾春季叶绿素 a 浓度动态及其影响因子分析 [J]. 水生生物学报，2006 (1)：89-94.

胡菊香，米玮洁，沈强，等，2016. 汤浦水库水生态系统结构调控措施及实施效果评价 [R]. 2016 年中国水产学会学术年会论文摘要集.

黄佳维，纪道斌，宋林旭，等，2019. 三峡水库夏季不同支流倒灌特性及其影响分析 [J]. 水力发电学报，38 (4)：63-74.

黄孝锋，邴旭文，陈家长，2012. 基于 Ecopath 模型的五里湖生态系统营养结构和能量流动研究 [J]. 中国水产科学，19 (3): 471 - 481.

黄亚男，纪道斌，龙良红，等，2017. 三峡库区典型支流春季特征及其水华优势种差异分析 [J]. 长江流域资源与环境，26 (3): 461 - 470.

黄钰铃，2007. 三峡水库香溪河库湾水华生消机理研究 [D]. 杨凌：西北农林科技大学.

纪道斌，2011. 三峡水库典型支流分层异重流特性及其水环境效应 [D]. 武汉：武汉大学.

蒋跃，童琰，由文辉，等，2011. 3 种浮床植物生长特性及氮、磷吸收的优化配置研究 [J]. 中国环境科学，31 (5): 774 - 780.

焦军丽，马巍，裴倩楠，等，2018. 三峡库区支流库湾水体富营养化演变特征研究 [J]. 中国水利水电科学研究院学报，16 (6): 544 - 548.

孔繁翔，宋立荣，2011. 蓝藻水华形成过程及其环境特征研究 [M]. 北京：科学出版社.

孔松，刘德富，纪道斌，等，2012. 香溪河库湾春季藻华生长的影响因子分析 [J]. 三峡大学学报（自然科学版），34 (1): 23 - 28.

郎宇鹏，朱琳，刘春光，等，2006. 鲢鱼对淡水浮游植物的抑制作用研究 [J]. 农业环境科学学报，25: 683 - 686.

李华，沈洪艳，李双江，等，2018. 富营养化对白洋淀底栖-浮游耦合食物网结构和功能的影响 [J]. 生态学报，38 (6): 2017 - 2030.

李锦秀，廖文根，2003. 三峡库区富营养化主要诱发因子分析 [J]. 科技导报，21: 49 - 52.

李锦秀，廖文根，黄真理，2002. 三峡工程对库区水流水质影响预测 [J]. 水利水电技术，33 (10): 22 - 25.

李琪，李德尚，熊邦喜，1993. 放养鲢鱼对水库围隔浮游生物群落的影响 [J]. 生态学报，13 (1): 30 - 37.

李威，司马小峰，陈晓国，等，2012. 人工浮床对汾江河水质净化的研究 [J]. 环境工程学报，6 (11): 4041 - 4046.

李雪梅，杨中艺，简曙光，等，2000. 有效微生物群控制富营养化湖泊蓝藻的效应 [J]. 中山大学学报（自然科学版），39 (1): 81 - 85.

李中才，徐俊艳，吴昌友，等，2011. 生态网络分析方法研究综述 [J]. 生态学报，31 (18): 10.

刘德富，杨正健，纪道斌，等，2016. 三峡水库支流水华机理及其调控技术研究进展 [J]. 水利学报，47 (3): 443 - 454.

刘广龙，余明星，石巍方，等，2017. 三峡水库不同水位运行下大宁河水动力过程模拟 [J]. 水资源与水工程学报，28 (5): 150 - 155.

刘建康，谢平，1999. 揭开武汉东湖蓝藻水华消失之谜 [J]. 长江流域资源与环境，8 (3): 312 - 319.

刘建康，谢平，2003. 用鲢鳙直接控制微囊藻水华的围隔试验和湖泊实践 [J]. 生态科学，22 (3): 193 - 196.

刘敏，徐敏娟，许迪亮，等，2010. 鲢、鳙非经典生物操纵作用的研究进展与应用现状 [J]. 水生态学杂志，3 (3): 99 - 103.

刘其根，2005. 千岛湖保水渔业及其对湖泊生态系统的影响 [D]. 上海：华东师范大学.

刘曦，陈芳清，杨丹等，2015. 三峡库区消落带狗牙根和牛鞭草人工湿地对总氮的去除效应 [J]. 安徽农业科学，43 (13): 210 - 212.

刘信安，张密芳，2008. 重庆主城区三峡水域优势藻类的演替及其增殖行为研究 [J]. 环境科学，29 (7): 1838 - 1843.

刘永明，贾绍凤，蒋良维，等，2003. 三峡水库重庆段一级支流回水河段富营养化潜势研究 [J]. 地理研究，22 (1): 67 - 72.

刘玉生，林毅雄，1995. 光照，温度和营养盐对滇池微囊藻生长的影响 [J]. 环境科学研究，8 (6): 7 - 11.

罗固源，刘国涛，王文标，1999. 三峡库区水环境富营养化污染及其控制对策的思考 [J]. 重庆建筑大学学报，21（3）：1-4.

罗固源，韩金奎，肖华，等，2008. 美人蕉和风车草人工浮床治理临江河 [J]. 水处理技术，34（8）：52.

罗光富，2014. 支流河口水动力作用对三峡库区干支流营养盐交换的影响 [D]. 上海：华东师范大学.

马孟磊，陈作志，许友伟，等，2018. 基于 Ecopath 模型的胶州湾生态系统结构和能量流动分析 [J]. 生态学杂志，37（2）：462-470.

聂军，廖育林，谢坚，等，2009. 自然降雨条件下香根草生物篱对菜地土壤地表径流和氮流失的影响 [J]. 水土保持学报，23（1）：12-17.

裴廷权，王里奥，韩勇，等，2008. 三峡库区小江流域水体富营养化的模糊评价 [J]. 农业环境科学学报，27（4）：1427-1431.

彭福利，何立环，于洋，等，2017. 三峡库区长江干流及主要支流氮磷叶绿素变化趋势研究 [J]. 中国科学：技术科学，47：845-855.

乔斌，2016. 农田生态沟渠对稻田降雨径流氮磷的去除实验与模拟研究 [D]. 天津：天津大学.

秦伯强，杨柳燕，陈非洲，等，2006. 湖泊富营养化发生机制与控制技术及其应用 [J]. 科学通报，51（16）：1857-1866.

邱东茹，吴振斌，1998. 生物操纵、营养级联反应和下行影响 [J]. 生态学杂志，17（5）：27-32.

邱光胜，涂敏，叶丹，等，2008. 三峡库区支流富营养化状况普查 [J]. 人民长江，39（13）：4.

任健，蒋名淑，商兆堂，等，2000. 太湖蓝藻暴发的气象条件研究 [J]. 气象科学，28（4）：221-226.

桑文璐，杨霞，宋林旭，等，2018. 香溪河营养盐时空分布趋势研究 [J]. 水生态学杂志，39（4）：38-45.

申丽娟，丁恩俊，谢德体，2012. 三峡库区农业面源污染控制技术体系研究 [J]. 农机化研究，34（9）：223-226.

史方，陈小娟，杨志，等，2016. 三峡水库小江流域鱼类营养层次研究 [J]. 水生态学杂志，37（4）：2017-2030.

史静，卢谌，张乃明，2013. 混播草带控制水源区坡地土壤氮、磷流失效应 [J]. 农业工程学报，29（4）：151-156.

孙启鑫，宋林旭，纪道斌，等，2019. 汛期三峡库区水华发生期间相关因子关系分析 [J]. 中国农村水利水电，（10）：17-23，33.

汤同欢，2019. 粉绿狐尾藻浮床对富营养水体的净化效果、机制研究及工程示范 [D]. 苏州：苏州科技大学.

唐浩，熊丽君，鄢忠纯，等，2012. 缓冲带截除农业面源强污染的效果 [J]. 农业工程学报，28（2）：186-190.

田泽斌，刘德富，杨正健，等，2012. 三峡水库香溪河库湾夏季蓝藻水华成因研究 [J]. 中国环境科学，32（11）：2083-2089.

仝龄，Pauly D，2000. 渤海生态通道模型初探 [J]. 应用生态学报，11（3）：435-440.

汪婷婷，杨正健，刘德富，2018. 香溪河库湾不同季节叶绿素 a 浓度影响因子分析 [J]. 水生态学杂志，39（3）：14-21.

王凤珍，唐毅，2019. 食物网关键种的判定及其对稳健性的影响 [J]. 生物多样性，27（10）：1132-1137.

王红萍，夏军，谢平，等，2004. 汉江水华水文因素作用机理 [J]. 长江流域资源与环境，13（3）：282-285.

王丽卿，许莉，陈庆江，等，2011. 鲢鳙放养水平对淀山湖浮游植物群落影响的围隔实验 [J]. 环境工程学报，5（8）：1790-1794.

王寿兵，屈云芳，徐紫然，2016. 基于生物操纵的富营养化湖库蓝藻控制实践 [J]. 水资源保护，32

（5）：1 - 4.

王业耀，孟凡生，2004. 地下水污染修复的渗透反应格栅技术 [J]. 地下水，（2）：97 - 100.

王志超，王智超，缪晨霄，等，2019. 混合浮床对南海湖湿地富营养化水体修复的作用 [J]. 水土保持通报，39（4）：120 - 126，133.

吴晓辉，李其军，2010. 水动力条件对藻类影响的研究进展 [J]. 生态环境学报，19（7）：1732 - 1738.

向太吉，郝霆，张平录，等，2020. 3 种生态浮床植物去除鲤鱼塘氮、磷效果比较 [J]. 水产养殖，41（11）：23 - 27.

谢慧，郭秀锐，程水源，等，2014. 基于 SWAT 模型的三峡库区非点源污染控制分区及方案研究 [J]. 安全与环境学报，14（4）：170 - 175.

谢平，2003. 鲢、鳙与藻类水华控制 [M]. 北京：科学出版社.

邢伟，吴昊平，史俏，等，2015. 生态化学计量学理论的应用、完善与扩展 [J]. 生态科学，34（1）：190 - 197.

胥丁文，陈玲娜，马前，2010. 生态浮床技术的应用及研究新进展 [J]. 中国给排水，26（14）：11 - 15.

徐姗楠，陈作志，何培民，2008. 杭州湾北岸大型围隔海域人工生态系统的能量流动和网络分析 [J]. 生态学报，28（5）：2065 - 2072.

徐姗楠，陈作志，郑杏雯，等，2010. 红树林种植-养殖耦合系统的养殖生态容量 [J]. 中国水产科学，17（3）：393 - 403.

许思思，宋金明，李学刚，等，2011. 渔业捕捞对渤海渔业资源及生态系统影响的模型研究 [J]. 资源科学，33（6）：1153 - 1162.

颜润润，逄勇，陈晓峰，等，2008. 不同风等级扰动对贫富营养下铜绿微囊藻生长的影响 [J]. 环境科学，29（10）：2749 - 2753.

杨姣姣，过龙根，尹成杰，等，2019. 富营养化初期湖泊放养鲢（Hypophthalmichthys molitrix）、鳙（Aristichthys nobilis）控藻生态效果的初步评估 [J]. 湖泊科学，31（2）：386 - 396.

杨正健，刘德富，马骏，等，2012. 三峡水库香溪河库湾特殊水温分层对水华的影响 [J]. 武汉大学学报（工学版），45（1）：1 - 9，15.

杨正健，俞焰，陈钊，等，2017. 三峡水库支流库湾水体富营养化及水华机理研究进展 [J]. 武汉大学学报（工学版），50（4）：507 - 516.

杨正健，2010. 基于藻类垂直迁移的香溪河水华暴发模型及三峡水库调控方案研究 [D]. 宜昌：三峡大学.

姚东方，2014. 长江口芦苇生态浮床对浮游生物及鱼类群落结构的影响 [D]. 上海：上海海洋大学.

姚绪姣，刘德富，杨正健，等，2012. 三峡水库香溪河库湾水华高发期浮游植物群落结构分布特征 [J]. 四川大学学报（工程科学版），4（2）：211 - 220.

袁超，陈永柏，2011. 三峡水库生态调度的适应性管理研究 [J]. 长江流域资源与环境，20（3）：269 - 275.

曾庆飞，谷孝鸿，毛志刚，等，2010. 鲢鳙控藻排泄物生态效应研究进展 [J]. 生态学杂志，29（9）：1806 - 1811.

曾艳艺，黄翔鹄，2007. 温度，光照对小环藻生长和叶绿素 a 含量的影响 [J]. 广东海洋大学学报，27（6）：36 - 40.

张庆文，宋林旭，纪道斌，等，2019. 香溪河库湾水质特征与非回水区水华响应关系 [J]. 中国环境科学，39（7）：3018 - 3026.

张远，郑丙辉，刘鸿亮，2006. 三峡水库蓄水后的浮游植物特征变化及影响因素 [J]. 长江流域资源与环境，15（2）：254 - 258.

张远，赵长森，杨胜天，等，2018. 基于关键功能组的河道内生态需水计算 [J]. 南水北调与水利科技，16（1）：108 - 113.

赵文，董双林，张兆琪，等，2001. 鲢放养和施肥对盐碱池塘围隔生态系统浮游生物群落的影响 [J]. 应用生态学报，12（2）：299 – 303.

周建军，程根伟，袁杰，等，2013. 三峡水库动库容特征及其在防洪调度上的应用度 [J]. 水力发电学报，32（1）：163 – 167.

朱晓明，2018. 三峡水库支流水华暴发机理分析 [J]. 科技经济导刊，26（12）：81.

Abell J M，Özkundakci D，Hamilton D P，2010. Nitrogen and phosphorus limitation of phytoplankton growth in New Zealand lakes：implications for eutrophication control [J]. Ecosystems，13（7）：966 – 977.

Allan J D，1995. Stream ecology，structure and function of running waters [M]. New York：Chapman & Hall.

Ao C，Yang P L，Zeng W Z，et al. ，2020. Development of an ammonia nitrogen transport model from surface soil to runoff via raindrop splashing [J]. Catena，189（C）：1044 – 1073.

Arin L，Marrase C，Maar M，et al. ，2002. Combined effects of nutrients and small – scale turbulence in a microcosm experiment. I. Dynamics and size distribution of osmotrophic plankton [J]. Aquatic Microbial Ecology，29（1）：51 – 61.

Atkinson M J，Smith S V，1983. C：N：P rations of benthic marine plants [J]. Limnology and Oceanography，28（3）：568 – 574.

Babatunde A O，Zhao Y Q，O'Neill M，et al. ，2008. Constructed wetlands for environmental pollution control：A review of developments，research and practice in Ireland [J]. Environment International，34（1）：116 – 26.

Bowes M J，Smith J T，Jarvie H P，et al. ，2008. Modelling of phosphorus inputs to rivers from diffuse and point sources [J]. Science of the Total Environment，395（2）：125 – 138.

Caspers H，1982. Eutrophication of waters：Monitoring，assessment and control [M]. Paris：Organisation for Economic Co – operation and Development.

Chapin F S，Zavaleta E S，Eviner V T，et al. ，2000. Consequences of changing biodiversity [J]. Nature，405（6783）：234 – 242.

Christensen V，Carl W，2003. Ecopath with ecosim：methods，capabilities and limitations [J]. Ecological Model，172（2）：109 – 139.

Coll M，Palomera I，Tudela S，et al. ，2008. Food – web dynamics in the South Catanla Sea ecosystem（NW Mediterrannean）for 1978 – 2003 [J]. Ecological Modelling，217（1）：95 – 116.

Cui N X，Cai M，Zhang X，et al. ，2020. Runoff loss of nitrogen and phosphorus from a rice paddy field in the east of China：Effects of long – term chemical N fertilizer and organic manure applications [J]. Global Ecology and Conservation，22（1）：101 – 111.

Dillon P，Rigler F，1974. A test of a simple nutrient budget model predicting the phosphorus concentration in lake water [J]. Journal of the Fisheries Research Board of Canada，31（11）：1771 – 1778.

Domaizon I，Devaux J，1999. Experimental study of the impacts of silver carp on plankton communities of eutrophic Villerest reservoir（France）[J]. Aquatic Ecology，33（2）：193 – 204.

Domingues R，Barbosa A，Galvão H，2008. Constraints on the use of phytoplankton as a biological quality element within the Water Framework Directive in Portuguese waters [J]. Marine Pollution Bulletin，56（8）：1389 – 1395.

Dortch Q，Whitledge T E，1992. Does nitrogen or silicon limit phytoplankton production in the Mississippi River plume and nearby regions? [J]. Continental Shelf Research，12（11）：1293 – 1309.

Duchemin M，Hogue R，2008. Reduction in agricultural non – point source pollution in the first year following establishment of an integrated grass/tree filter strip system in southern Quebec（Canada）[J].

Agriculture, Ecosystems & Environment, 131 (1): 85 – 97.

Elliott J A, Defew L, 2012. Modelling the response of phytoplankton in a shallow lake (Loch Leven, UK) to changes in lake retention time and water temperature [J]. Hydrobiologia, 681 (1): 105 – 116.

Fay P, 1988. Viability of akinetes of the planktonic cyanobacterium Anabaena circinalis [J]. Proceedings of the Royal society of London. Series B. Biological Sciences, 234 (1276): 283 – 301.

Filardo M J, Dunstan W M, 1985. Hydrodynamic control of phytoplankton in low salinity waters of the James River Estuary, Virginia, USA [J]. Estuarine, Coastal and Shelf Science, 21 (5): 653 – 667.

Gilbert F W, 1988. The environmental effects of the high dam at aswan [J]. Environment: Science and Policy for Sustainable Development, 30 (7): 4 – 40.

Glenn B M, Larelle D F, 2008. Dominance of Cylindrospermopsis raciborskii (Nostocales, Cyanoprokaryota) in Queensland tropical and subtropical reservoirs: Implications for monitoring and management [J]. Lakes & Reservoirs: Research & Management, 5 (3): 195 – 205.

Gosselain V, Viroux L, Descy J P, 1998. Can a community of small – bodied grazers control phytoplankton in rivers? [J]. Freshwater Biology, 39 (1): 9 – 24.

Hairston N G, Smith F E, Slobodkin L B, 1960. Community structure, population control and competition [J]. The American Naturelist, 94 (879): 421 – 425.

He S J, Lu J, 2016. Contribution of baseflow nitrate export to non – point source pollution [J]. Science China – Earth Sciences, 59 (10): 1912 – 1929.

Hilton J, Irons G P, 1998. Determining the causes of" apparent eutrophication" effects [M]. Environment Agency R&D technical report.

Hilton J, O'Hare M, Bowes M J, et al., 2006. How green is my river: A new paradigm of eutrophication in rivers [J]. Science of the Total Environment, 365 (1): 66 – 83.

Huang Y L, Zhang P, Yang Z J, et al., 2014. Nutrient spatial pattern of the upstream, mainstream and tributaries of the Three Gorges Reservoir in China [J]. Environmental Monitoring & Assessment, 186 (10): 6833 – 6847.

Huisman J, Hulot F D, 2005. Harmful cyanobacteria [M]. The Netherlands: Springer.

Huisman J, Weissing F J, 1999. Biodiversity of plankton by species oscillations and chaos [J]. Nature, 402 (6760): 407 – 410.

Shapiro J, Wright D, 1984. Lake restoration by biomanipulation: Round Lake, Minnesota, the first two years [J]. Freshwater Biology, 14 (4): 371 – 383.

Benndorf J, Wiebke B, Jochen K, et al., 2002. Top – down control of phytoplankton: the role of time scale, lake depth and trophic state [J]. Freshwater Biology, 47 (12): 2282 – 2295.

Kajak Z, Rybak J, Slxxtniewska I, 1975. Influence of the planktivorous fish, Hypophthalmichthys molitrix, on the plankton and benthos of the eutrophic lake [J]. Polskie Archiwum Hydrobiologii, 22 (2): 301 – 310.

Kawara O, Yura E, Fujii S, et al., 1998. A study on the role of hydraulic retention time in eutrophication of the Asahi River Dam reservoir [J]. Water Science and Technology, 37 (2): 245 – 252.

Kröger R, Moore M T, Locke M A, et al., 2009. Evaluating the influence of wetland vegetation on chemical residence time in Mississippi Delta drainage ditches [J]. Agricultural Water Management, 96 (7): 1175 – 1179.

Li Q, Li D S, Xiong B X, et al., 1993. Influence of silver carp (Hypophthalmichthys molitrix) on plankton community in reservoir enclosures [J]. Acta Ecological Sinica, 13 (1): 30 – 37.

Li Y, Song B, Chen Y, et al., 2009. Changes in the trophic interactions and the community structure of lake taihu (china) ecosystem from the 1960s to 1990s [J]. Aquatic Ecology, 44 (2): 337 – 348.

Lin Q, Jin X S, Zhang B, 2013. Trophic interactions, ecosystem structure and function in the southern Yellow Sea [J]. Chinese Journal of Oceanology and Limnology, 31 (1): 46 - 58.

Liu Q G, Chen Y, 2007. The food web structure and ecosystem properties of a filter - feeding carps dominated deep reservoir ecosystem [J]. Ecological Modelling, 203 (3): 279 - 289.

Long T Y, Wu L, Meng G H, et al. , 2011. Numerical simulation for impacts of hydrodynamic conditions on algae growth in Chongqing section of Jialing River, China [J]. Ecological Modelling, 222 (1): 112 - 119.

Lovell S T, Sullivan W C, 2006. Environmental benefits of conservation buffers in the United States: evidence, promise, and open questions [J]. Agriculture Ecosystems & Environment, 112 (4): 249 - 260.

Meijer M L, Boois I D, Scheffer M, et al. , 1999. Biomanipulation in shallow lakes in the netherlands: an evaluation of 18 case studies [J]. Hydrobiologia, 408 - 409: 13 - 30.

Mehner T, Arlinghaus R, Berg S, et al. , 2004. How to link biomanipulation and sustainable fisheries management: a step - by - step guideline for lakes of the european temperate zone [J]. Fish Manage Ecology, 11 (3 - 4): 261 - 275.

Mischke U, Venohr M, Behrendt H, 2011. Using phytoplankton to assess the trophic status of german rivers [J]. International Review of Hydrobiology, 96 (5): 578 - 598.

Mitrovic S M, Oliver R L, Rees C, et al. , 2003. Critical flow velocities for the growth and dominance of anabaena circinalis in some turbid freshwater rivers [J]. Freshwater Biology, 48 (1): 164 - 174.

Mur L R, Gons H J, Liere L V, 1978. Competition of the green alga Scenedesmus and the blue - green alga Oscillatoria [J]. Mittelungen, 21 (1): 473 - 479.

Ning D, Yong H, Pan R, et al. , 2014. Effect of eco - remediation using planted floating bed system on nutrients and heavy metals in urban river water and sediment: A field study in China [J]. Science of the Total Environment, 485 - 486 (jul. 1): 596 - 603.

Ong S A, Katsuhiro U, Daisuke I, et al. , 2010. Performance evaluation of laboratory scale up - flow constructed wetlands with different designs and emergent plants [J]. Bioresource Technology, 101 (19): 7239 - 7244.

Paerl H W, Huisman J, 2008. Blooms like it hot [J]. Science, 320 (5872): 57 - 58.

Polovina J J, 1984. An overview of the ecopath model [J]. Fishbyte, 2 (2): 5 - 7.

Redfield A C, 1958. The biological control of chemical factors in the environment [J]. American Scientist, 46 (3): 205 - 221.

Reynolds C S, 1987. Cyanobacterial water - blooms [J]. Advances in Botanical Research, 13 (4): 67 - 143.

Reynolds C, Reynolds C S, Reynolds C, et al. , 1984. The ecology of freshwater phytoplankton [J]. Journal of Ecology, 73 (2): 722.

Steiberg C E W, Hartmann H M, 1988. Planktonic bloom forming cyanobacteria and the eutrophication of lake and rivers [J]. Freshwater Biology, 20 (2): 279 - 287.

Schmidt C A, Clark M W, 2012. Evaluation of a denitrification wall to reduce surface water nitrogen loads [J]. Journal of Environmental Quality, 41 (3): 724 - 731.

Schneider S, Melzer A, 2003. The trophic index of macrophytes (TIM) - a new tool for indicating the trophic state of running waters [J]. International Review of Hydrobiology, 88 (1): 49 - 67.

Shapiro J, Lamarra V, Lynch M, 1975. Biomanipulation: an ecosystem approach to lake restoration [C]. Water quality management through ways, Gainesville: University Press of Florida: 85 - 86.

Smith D W, 2011. Biological control of excessive phytoplankton growth and the enhancement of aquacultural production [J]. Canadian Journal of Fisheries and Aquatic Sciences, 42 (12): 1940 - 1945.

Smith V H, 1983. Low nitrogen to phosphorus ratios favor dominance by blue - green algae in lake phyto-plankton [J]. Science, 221 (4611): 669 - 671.

Soballe D M, Kimmel B L, 1987. A large - scale comparison of factors influencing phytoplankton abun-dance in rivers, lakes, and impoundments [J]. Ecology, 68 (6): 1943 - 1954.

Sosnovsky A, Quiros R, 2009. Effects of fish manipulation on the plankton community in small hyper-trophic lakes from the Pampa Plain (Argentina) [J]. Limnologica, 39 (3): 219 - 229.

Sterner R, Kilham S, Johnson F, et al. , 1996. Factors regulating phytoplankton and zooplankton biomass in temperate rivers [J]. Limnol. Oceanogr, 41 (7): 1572 - 1577.

Sui Y Y, Ou Y, Yan B X, et al. , 2020. A dual isotopic framework for identifying nitrate sources in surface runoff in a small agricultural watershed, northeast China [J]. Journal of Cleaner Production, 246 (10): 119 - 174.

Sullivan B E, Prahl F G, Small L F, et al. , 2001. Seasonality of phytoplankton production in the Columbia River: A natural or anthropogenic pattern? [J]. Geochimica et Cosmochimica Acta, 65 (7): 1125 - 1139.

Sverdrup H U, 1953. On conditions for the vernal blooming of phytoplankton [J]. Journal of Marine Sci-ence, 18 (3): 287 - 295.

Tarczynska M, Romanowska D Z, Jurczak T, et al. , 2001. Toxic cyanobacterial blooms in a drinking wa-ter reservoircauses, consequences and management strategy [J]. Water Science & Technology: Water Supply, 1 (2): 237 - 246.

Tilman D, 1982. Resource Competition and Community Structure [M]. New Jersey: Princeton University Press.

Wang B Y, Yan D C, Wen A B, et al. , 2016. Influencing factors of sediment deposition and their spatial variability in riparian zone of the Three Gorges Reservoir, China [J]. Journal of Mountain Science, 13 (8): 1387 - 1396.

Ward J V, Stanford J A, 1979. The Ecology of Regulated Streams [M]. New York: Plennum Press.

Watters G M, Olson R J, Francis R C, et al. , 2003. Physical forcing and the dynamics of the pelagic eco-system in the eastern tropical Pacific: Simulations with ENSO - scale and global - warming climate drivers [J]. Canadian Journal of Fisheries and Aquatic Sciences, 60 (9): 1161 - 1175.

Wetzel R G, 2001. Limnology: lake and river ecosystems [M]. Access Online via Elsevier.

Whitton B A, Potts M, 2001. The ecology of cyanobacteria: their diversity in time and space [M]. Bos-ton: Kluwer Academic.

Withers P J A, Jarvie H P, 2008. Delivery and cycling of phosphorus in rivers: A review [J]. Science of the Total Environment, 400 (1 - 3): 379 - 395.

Ying Y, He C, Yang Z, 2010. Assessing changes of trophic interactions during once anthropogenic water supplement in Baiyangdian Lake [J]. Procedia Environmental Sciences, 2 (1): 1169 - 1179.

Zeng H, Song L, Yu Z, et al. , 2006. Distribution of phytoplankton in the Three - Gorge Reservoir during rainy and dry seasons [J]. Science of the Total Environment, 367 (2): 999 - 1009.

Zhao Y Y, Zheng B H, Jia H F, et al. , 2019. Determination sources of nitrates into the Three Gorges Reservoir using nitrogen and oxygen isotopes [J]. Science of the Total Environment, 687 (15): 128 - 136.